Easy C#（第2版）

[日]北村爱实◎著
邓珮　曹鉴华◎译

中国水利水电出版社
www.waterpub.com.cn
·北京·

内容提要

C#是一款由C和C++衍生出来的面向对象的编程语言，其很多特性也与Java相似，它继承了C和C++的强大功能，并综合了Visual Basic的可视化操作和C++的高运行效率等，是一款在.NET平台上广泛使用的高级程序设计语言。《Easy C#（第2版）》是一本面向编程零基础读者的C#超级入门书。本书使用浅显易懂的语言，结合大量生动有趣的插图，循序渐进地介绍了从环境安装到C#语法、面向对象、Windows应用程序开发所需的知识和技术。书中特别注重编程思维的培养，并在最后设计了消费税计算器、电话簿应用程序、天气预报程序、图书管理应用和绘图应用程序共5个大型的C# Windows应用程序的开发案例，特别适合作为C#编程初学者的第一本书，也可以作为大中专院校相关专业学生的教学参考书。

图书在版编目（CIP）数据

Easy C# / (日) 北村爱实著；邓珮，曹鉴华译. --2版. -- 北京：中国水利水电出版社, 2023.8

ISBN 978-7-5226-1461-8

Ⅰ.①E… Ⅱ.①北… ②邓… ③曹… Ⅲ.①C语言－程序设计 Ⅳ.①TP312.8

中国国家版本馆CIP数据核字(2023)第054091号

北京市版权局著作权合同登记号　图字:01-2021-7042

TASHIKANA CHIKARA GA MI NI TSUKU C#「CHO」NYUMON 2nd edition

书　　名	Easy C#（第2版）
	Easy C# (DI 2 BAN)
作　　者	［日］北村爱实 著
译　　者	邓珮　曹鉴华　译
出版发行	中国水利水电出版社
	（北京市海淀区玉渊潭南路1号D座 100038）
	网址：www.waterpub.com.cn
	E-mail：zhiboshangshu@163.com
	电话：（010）62572966-2205/2266/2201（营销中心）
经　　销	北京科水图书销售有限公司
	电话：（010）68545874、63202643
	全国各地新华书店和相关出版物销售网点
排　　版	北京智博尚书文化传媒有限公司
印　　刷	北京富博印刷有限公司
规　　格	190mm×235mm　16开本　22.25印张　508千字
版　　次	2023年8月第1版　2023年8月第1次印刷
印　　数	0001—5000册
定　　价	108.00元

前言

现在，程序不仅可以在计算机上运行，还可以在智能手机、游戏机、家电、玩具等设备上运行。可以说，程序几乎无处不在。随着时代的发展，程序的使用环境越来越广泛，未来时代的人才通常需要具备一定的编写程序的能力。实际上从 2020 年开始，编程就已经成了日本小学教育的必修课。掌握一定的编程能力，具备一定的编程思维，对处理事务的方式、提升解决问题的能力都是很有帮助的。

编程能力的重要性日益凸显，所以想学习编程的人越来越多，拿到这本书的你也一定是其中一员。本书介绍了 C# 编程语言的使用方法和技巧，内容涵盖从开发简单程序到开发复杂的 Windows 应用程序所需要的基础知识。C# 是 Microsoft 公司 2000 年发布的一款编程语言，也是很多开发现场使用的语言。著名的游戏开发引擎 Unity 也采用了 C#，这说明其运行速度和在大规模开发的稳定性方面是值得信赖的。

但是，C# 功能强大的同时，其入门学习的门槛也很高。因为 C# 是以 C++ 和 Java 语言为基础开发的，所以需要学习的内容非常多，除了基础语法外，还包括面向对象的思维方式以及集合和 LINQ 等比较新的功能。如果想要全部理解这些内容，那么将需要花费很长时间。因此，本书仅介绍了从 C# 语法到可以编写 Windows 应用程序所必需的最低限度的知识，带领读者完成 C# 的阶段性学习。

本书共 7 章，大致由三部分组成：语法、面向对象和 Windows 应用程序开发，每部分的知识都为下一部分的学习进行了必要的准备。其中，在语法部分介绍了 C# 中常用的语法。为了避免只学习了语法而在实际场景中不知道如何应用的问题，本书以游戏为例，详细介绍了语法在具体实践中的使用方法。关于面向对象，如果你刚开始学习编程，还没有编写大型程序的经验，那么可能很难切实感受到面向对象的便利性。因此，我们也以游戏为例，一边实践开发，一边理解面向对象的思想和使用场景。在最后一部分，主要介绍了如何使用 C# 开发 Windows 应用程序。

C# 作为一门编程语言，与英语、法语等语言一样，不是一朝一夕就能学会的。因此，即使你买了这本书，也不能马上写出干净流畅的程序。本书只是起到一个“师傅领进门”的作用，让读者快速进入 C# 编程的世界，并帮助读者思考应该如何学习 C#，实际学习时还是靠读者自己，多实践、勤思考、多交流，所谓“修行在个人”。学完本书后，请读者一定要熟练掌握使用 C# 开发应用程序的技巧和开发过程。如果你能通过本书发布自己开发的应用软件，作为本书的作者，我会非常高兴的。

北村爱实

配套资源下载

本书的配套资源可以通过如下方式下载。

（1）扫描右侧的“读者交流圈”二维码，加入圈子即可获取本书资源的下载链接（本书的勘误等信息也会及时发布在交流圈中）。直接扫描右侧的“人人都是程序猿”公众号，关注后，输入C#crm并发送到公众号后台，也可以获取资源的下载链接。

读者交流圈

人人都是程序猿

（2）将获取的资源链接复制到浏览器的地址栏中，按Enter键，即可根据提示下载（只能通过计算机下载，手机不能下载）。

下载后，请将文件部署并保存到本地环境中使用。配套资源由以下文件夹组成：

· list文件夹：收录了本书中的样例程序。

· sample文件夹：收录了本书中编写的样例的项目文件。

· answer文件夹：收录了练习题的答案。

说明：

- 本书中的各个样例、样例内使用的数据都受到著作权法的保护。未经授权，禁止擅自复印、复制、转载样例、数据的部分或全部内容。
- 各个样例的著作权归作者所有，经著作权人许可可以修改使用。如果未经许可，不可复印、复制或转载书中记载的样例文件。
- 可以自由使用样例文件。但对于使用样例文件产生的损害，著作权人和SB Creative公司概不负责。

致 谢

本书译者在将原书翻译为简体中文版时，为了便于读者理解和学习，将图片中的日文均翻译成了中文，同时采用中文版的操作软件进行截图演示。此外，保留了一些统一的表达元素，如Fig（图）、Table（表）、Note（备注）、List（代码清单）等。在翻译过程中，力求准确表达原文含义，尽量做到语句顺畅易懂，但是因为水平和时间关系，也可能存在个别不当之处，请读者多多包涵。您也可以与 zhiboshangshu@163.com 邮箱联系，将修改意见或建议反馈给我们，在此先对您表示感谢！

本书的出版离不开译者、编辑、排版、校对等相关人员的辛苦付出，在此也一并对他们表示感谢！

最后祝您的学习之旅顺利愉快！

编　者

目 录

Chapter 1

引言

本书的目标是学习编写可以在 Windows 上运行的“应用程序”。在第 1 章中，将介绍如何学习本书，同时介绍 C# 是一种什么样的语言以及什么是 .NET Framework。

1-1 本书学习内容

本书面向准备开始学习 C# 编程的人，目标是使大家能够从零开始学会 Windows 应用程序开发。为了达到这个目标，需要掌握**“C# 的语法”“面向对象”“集成开发环境（Visual Studio）的使用方法”**等知识。

C# 的语法较为复杂，即使是某一个知识点，在本书中也无法详尽描述。因此，本书省略了语法和面向对象相关的细枝末节，以“编写 Windows 应用程序所需的知识”为中心进行讲解。通过阅读本书，可以在学习“C# 的语法”→“面向对象”→“C# 的应用”→“Windows 应用程序”这一过程中，逐步掌握开发 Windows 应用程序所需的技术和知识。

Fig **本书的学习方法**

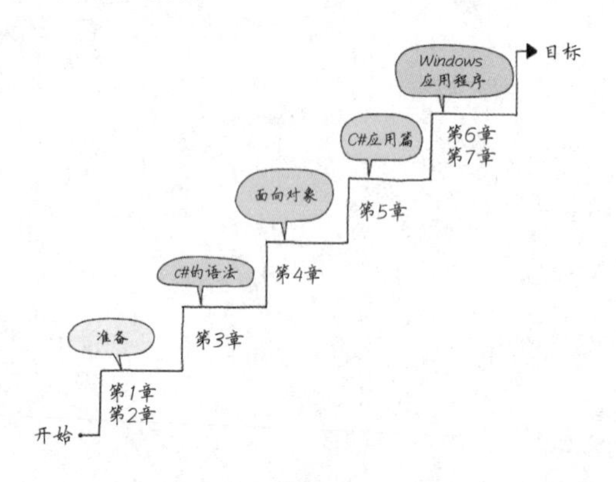

“编程语言”之所以称为语言，是因为其与英语、法语等一样，**“读”“写”“朗读”**的反复训练是非常重要的。因此，本书中给出的样例，不要仅仅阅读，还请务必亲自动手练习。大家可能会想，“朗读”是开玩笑的吧？其实并不是，一边读一边输入程序，用自己的语言解释说明编写的程序并大声读出来，这样更容易在脑海中形成记忆。

第 1 章和第 2 章介绍 C# 和 Visual Studio 的概要，为编程做准备。

第 3 章在编写样例程序的过程中学习 C# 的语法。并且准备了结合语法说明的练习题，请一边解题一边循序渐进地学习。通过每一次小小的实践积累，逐渐掌握编程的思维方法。

第 4 章介绍面向对象的相关内容。什么是面向对象？面向对象有什么优点？读者可一边编写样例程序一边学习体会。

第 5 章介绍 C# 更高级的语法。

第 6 章和第 7 章介绍 Visual Studio 的使用方法和 Windows 应用程序的开发方法。在本书中，将 Windows 应用程序的编写分为三个步骤进行说明。按照这个步骤，可以编写一些简单的应用程序。在第 6 章和第 7 章中请一边编写 Windows 应用程序，一边学习这些步骤。

在计算机中运行应用程序

平时使用的计算机由各种各样的部件构成。其中主要的部件是**CPU（Central Processing Unit，中央处理器）、存储器和内存**。

CPU是计算机程序处理的核心。存储器用于保存音乐文件、图像文件、文本文件和应用程序等数据。内存用于临时存储CPU处理的程序和数据。

Fig 构成计算机的主要部件

下面简单说明这三个部件是如何协同工作来运行应用程序的。

Windows应用程序全部保存在存储器中。启动应用程序后，应用程序将从存储器复制到内存中，接下来由CPU对其进行解释和执行。当退出应用程序时，复制到内存中的程序也将被删除。

Fig 执行应用程序的流程

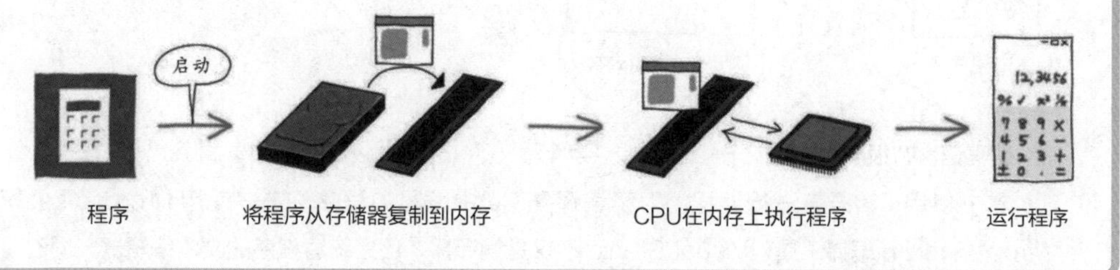

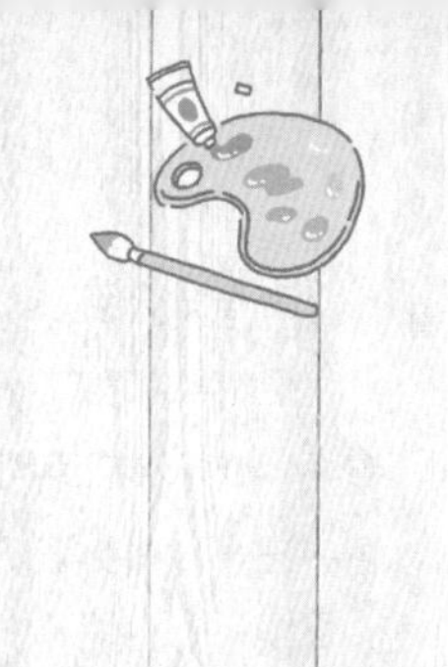

1-2 程序和C#

在本节中，将说明什么是程序，并介绍本书中学习的 **C#** 的特点。

 所谓程序

程序就像一个运行计算机的指令集。程序是用人类容易理解的**编程语言**编写的，并将其转换成计算机可以理解的用 0 和 1 表示的文件。计算机根据文件中所写的命令进行处理。

用我们可以理解的语言编写程序的过程叫作编程。此外，将程序转换成计算机能够理解的形式的过程称为**编译**，转换工具称为**编译器**。转换后的文件称为可**执行文件**或**应用程序**。

Fig 将程序转换成可执行文件

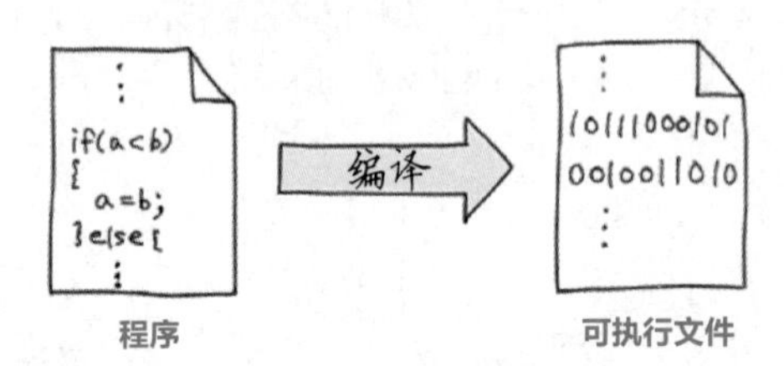

编程语言有很多种，如 C++、Java、C# 等。

本书使用 **C#** 语言进行编程。为了编译在 C# 中编写的程序，本书使用 Microsoft 公司的 **Visual Studio** 编译工具。Visual Studio 不仅是编译器，还是编写程序的文本编辑器，同时可以对程序进行分析调试，是一个将编程所需的重要工具整合在一起的**集成开发环境**。

Fig　Visual Studio是具有各种功能的集成开发环境

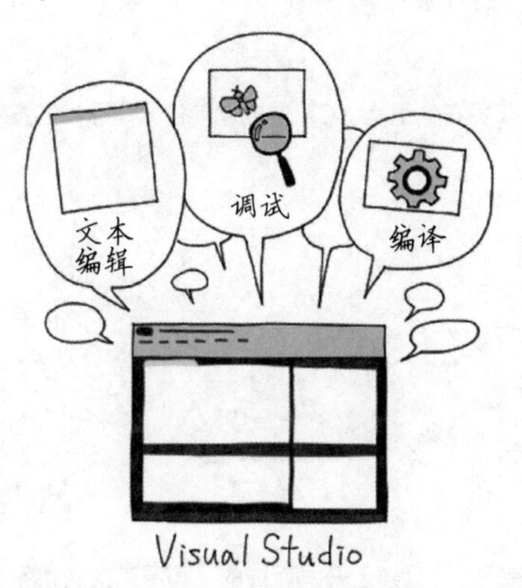

Visual Studio 的功能非常强大，第一次接触 Visual Studio 时，可能感觉很复杂。本书将针对**程序和 Windows 应用程序开发所需的功能**进行说明。请跟随本书循序渐进地学习吧！

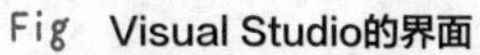
Fig　Visual Studio的界面

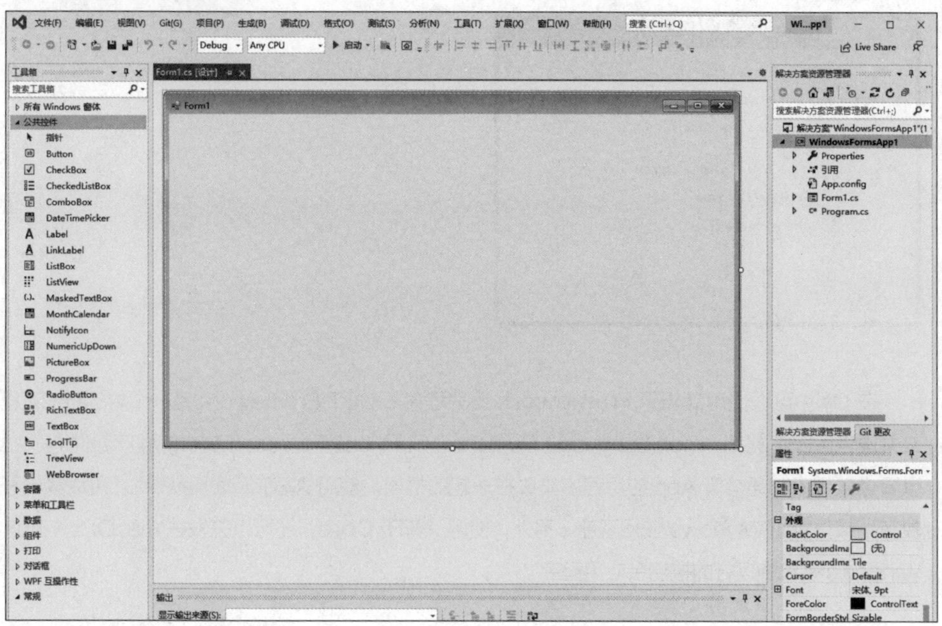

C#和.NET Framework

本书所学习的 C# 是 Microsoft 公司在 2002 年发布的语言。C# 形成之前各编程语言的发展历程总结如下。

Fig　**编程语言的发展历程**

各种编程语言并非完全不同，它们都是在已有语言的基础上开发而成的，而原有语言也不会停止使用。因为 C# 是后期发展的语言，它吸收了之前许多编程语言的优点，是一种非常好用的编程语言。C++ 中使用的面向对象和 Java 中使用的虚拟机等功能也被加入到 C# 中，因此在开发大规模的应用程序时效率非常高。

Fig　**C#程序样例**

```
class Program
{
    static void Main(string[] args)
    {
        float[] weights = new float[] { 41.2f, 42.5f, 44.9f};
        float max = 0;

        for (int i = 0; i < weights.Length; i++)
        {
            if (weights[i] > max)
            {
                max = weights[i];
            }
        }

    }
}
```

在 C# 中可以使用 **.NET Framework** 编写程序。.NET Framework 是一个将运行 C# 程序的公共语言运行库（Common Language Runtime，CLR）、由 Microsoft 提供的程序部件（称为类库）以及像数据库和通信等 App 应用程序集成在一起的框架。使用 .NET Framework，可以轻松开发出具有高级功能的 Windows 应用程序。另外，使用 **.NET Core**，还可以开发在 macOS、Linux 以及 Windows 系统中运行的控制台应用程序。

Fig　使用.NET Framework可以简单编写高级应用程序

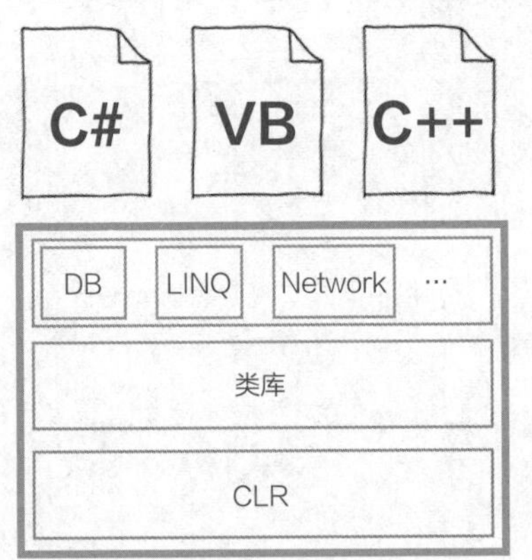

虚拟机

Java并不是直接把程序转变成可执行文件（计算机能理解的0和1的格式）的，而是先转换为称为**字节码**的中间语言，并将该字节码在Java虚拟机（Java VM）上运行。因为使用Java编写的程序是在Java VM上运行的，所以只要安装了Java VM，不管是macOS还是Windows等环境，都可以启动。

Fig　如果使用Java VM，可以不依赖环境

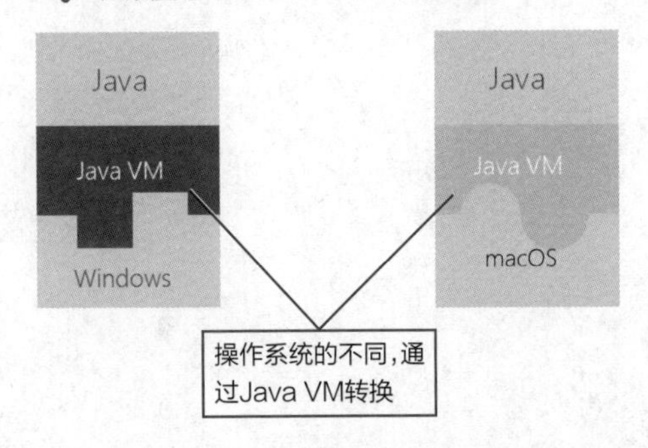

C#也和Java一样，其程序被转换为一种称为**MSIL**（Microsoft Intermediate Language）的中间语言，可以在.NET Framework中的名为**CLR**的虚拟机上运行。因此，C#程序可以在安装了.NET Framework（除Windows以外的.Net Core）的计算机上运行。

Fig　C#在CLR上运行

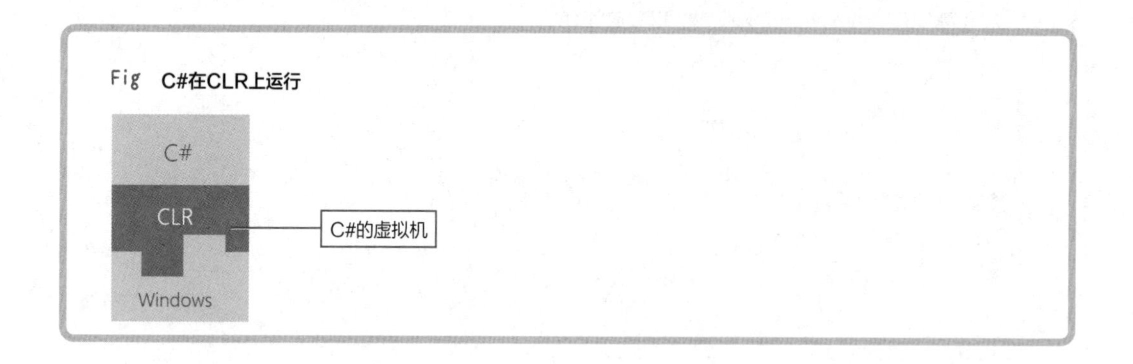

Chapter 1 的总结

本章学习了程序和编译等知识简介、C#语言特点、.NET Framework基本内容。在第2章中，将带领读者安装用于编写C#程序或Windows应用程序的集成开发环境Visual Studio。

准备开发环境

在本章中，为了使用 C# 进行编程、开发 Windows 应用程序，将介绍如何安装集成开发环境 Visual Studio，并使用这个开发环境编写“Hello，C#”的入门程序。相比程序的细节部分，本章需要读者理解并掌握编写程序的流程。

2-1 安装Visual Studio

正如第 1 章中说明的那样，开发程序需要编译工具。本节将介绍如何安装 Microsoft 公司提供的集成开发环境 **Visual Studio**。

 所谓Visual Studio

为了使编写的 C# 程序正常运行，需要编写程序的**代码编辑器**、可以将程序转换为可执行文件的**编译器**，以及 **Runtime**（运行时环境）等。

Visual Studio 是包含以上功能的集成开发环境（Integrated Development Environment，IDE）。因此，安装 Visual Studio 后，就能使用 C# 进行编程了。

Visual Studio 根据用户需要提供了 3 个版本。Community 社区版是每个人都可以免费使用的，所以初学者使用这个版本开始学习比较好。需要说明的是，本书使用的是 Visual Studio 2019 版本。

Table　Visual Studio的版本

版　本	用　途
Community 2019	面向个人开发者的免费集成开发环境
Professional 2019	面向小规模团队的专业开发人员工具
Enterprise 2019	可以进行大规模开发的企业级应用工具

 下载和安装

本书使用 **Visual Studio Community 2019 版本**进行讲解，安装时需要的系统要求如下。

Table 安装Visual Studio Community 2019版本所需的系统要求

项　目	要　求
OS	Windows 10以上
CPU	1.8GHz以上的高速处理器
内存	2GB以上的RAM
硬盘	800MB ~ 210GB的可用空间
分辨率	720px×1280px以上

确认好系统要求后，就可以从官方网站上下载 Visual Studio。如果需要安装到 macOS，请转到第 18 页。

Fig Visual Studio的下载页面

单击“下载 Visual Studio”按钮，在打开的下拉列表中选择 **Community 2019**。

Fig 选择版本

等待一会儿，安装包开始下载。下载结束后请启动安装程序（请根据各自的环境执行下载的文件）。

Fig 启动安装程序

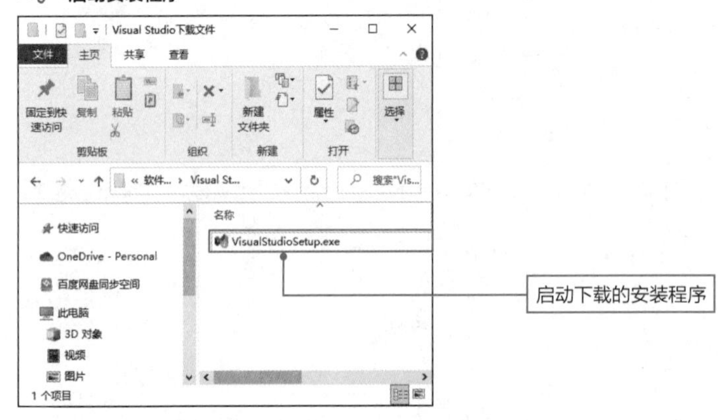

当显示以下画面，请单击“是”按钮。

Fig 允许安装

在显示的窗口中单击“继续”按钮，等待几分钟直到显示安装窗口 。

Fig 窗口的显示过程

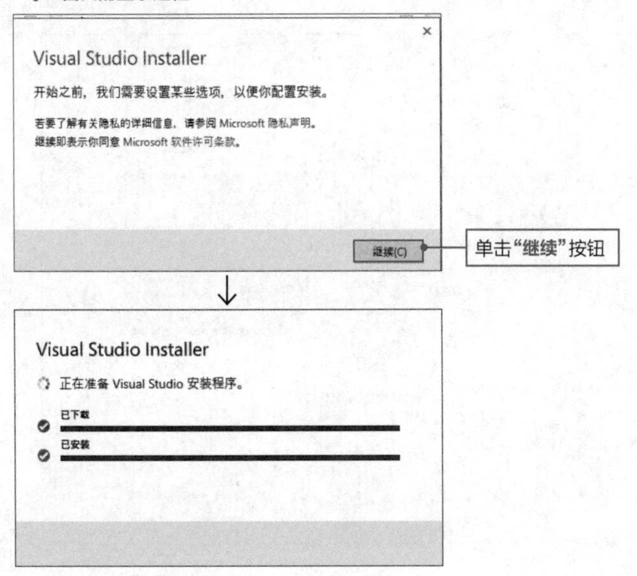

如果显示了安装窗口，❶勾选“.NET 桌面开发”和“通用 Windows 平台开发”复选框，❷单击“安装”按钮。

Fig 选择要安装的开发环境

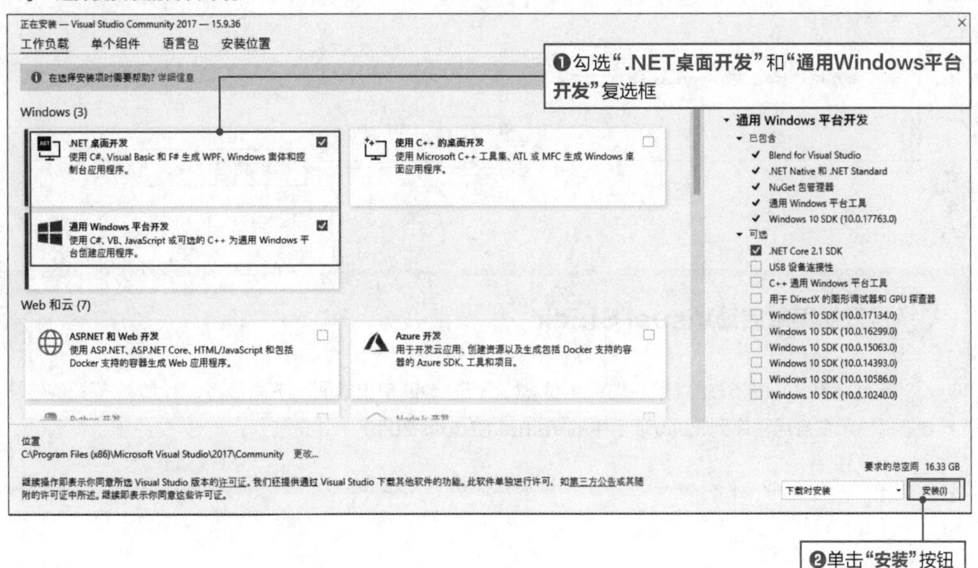

选择的开发环境已经开始安装，等待安装完成。

Fig　开始安装

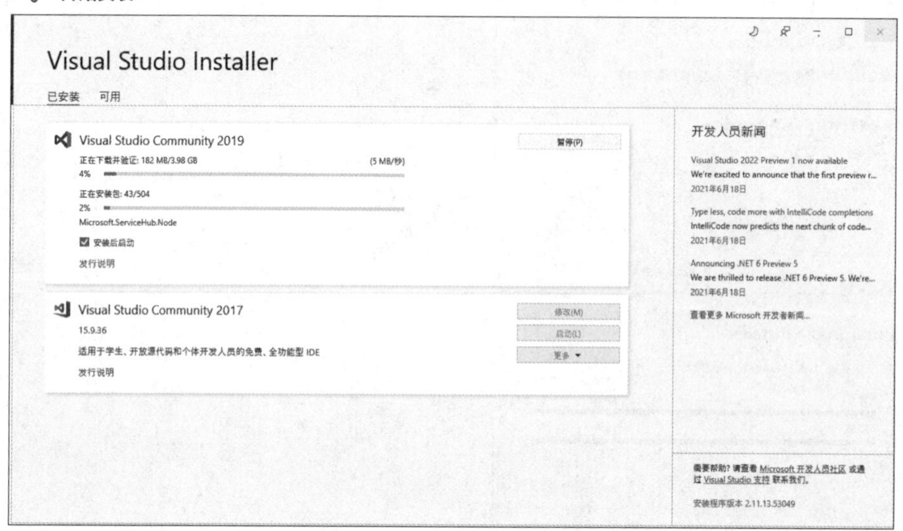

安装完成后，启动 Visual Studio。此外，安装后可能会要求重新启动计算机。此时，在显示的画面上单击**“重启”**按钮，重启计算机。

Fig　启动计算机

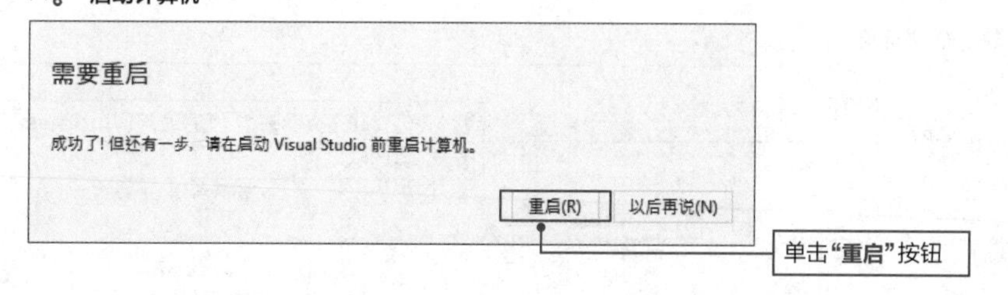

从开始菜单启动Visual Studio

在从Windows的开始菜单启动Visual Studio时，❶请单击桌面左下角带有Windows标记的按钮，❷选择显示在应用程序列表的V项目中的**Visual Studio 2019**。

Fig　从开始菜单启动

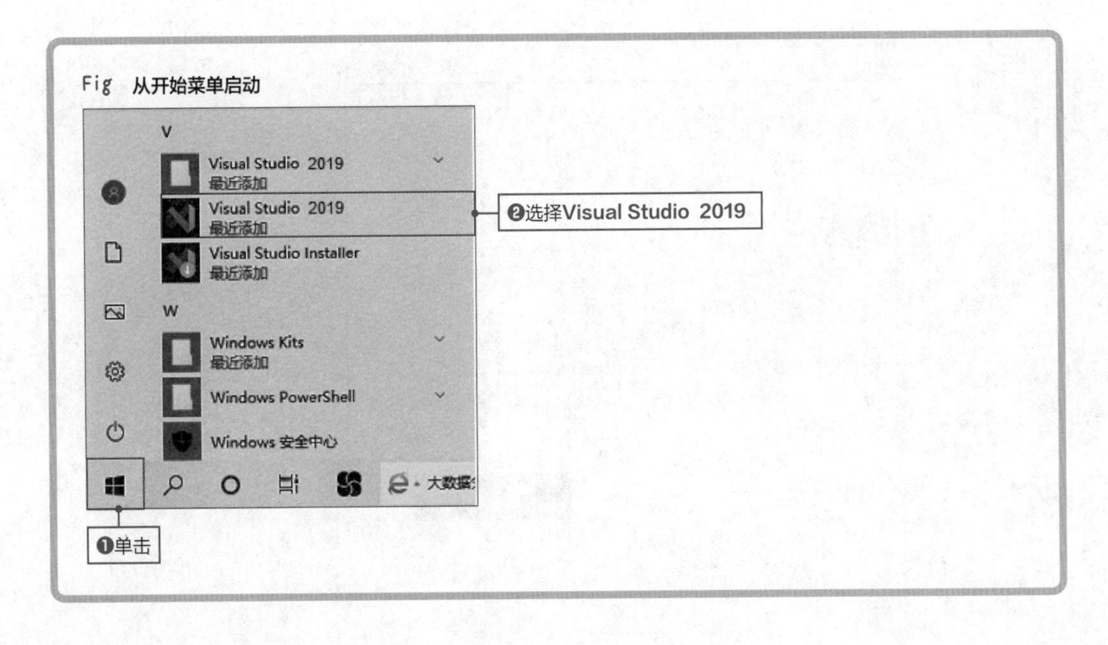

设置账户

如果是初次启动 Visual Studio，会要求设置账户。单击“登录”按钮，输入 **Microsoft 账户**。如果没有 Microsoft 账户，单击**“登录”**按钮下方的**“创建一个！”**按钮创建账户。通过登录可以解除 Visual Studio 30 日测试时长的限制。

Fig　使用Microsoft账户登录

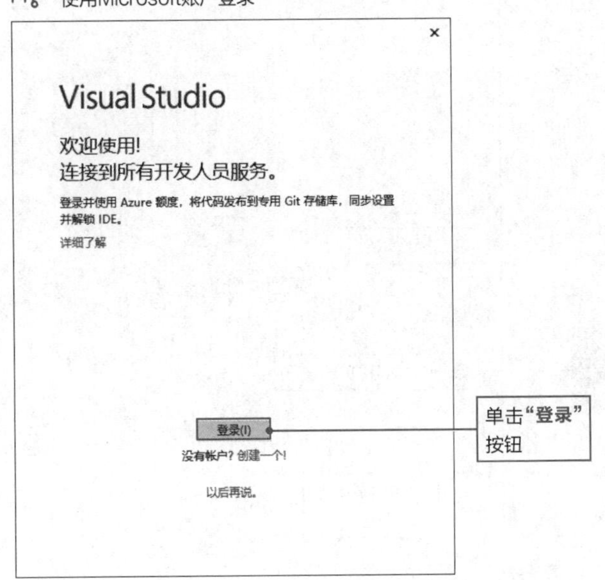

Fig　如果没有Microsoft账户，就创建

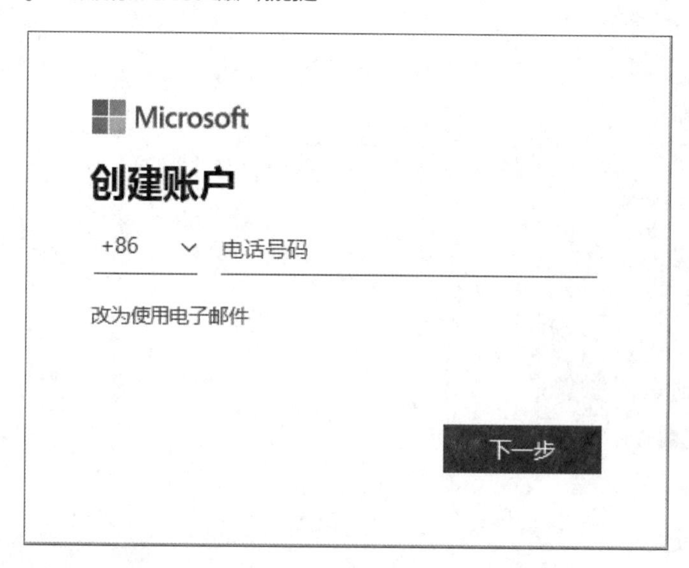

设置Visual Studio的环境

初次启动时会显示进行 Visual Studio 环境设定的界面。“开发设置”选择“常规”，颜色主题可以选择自己喜欢的颜色（本书使用**浅色**主题）。

Fig　选择环境

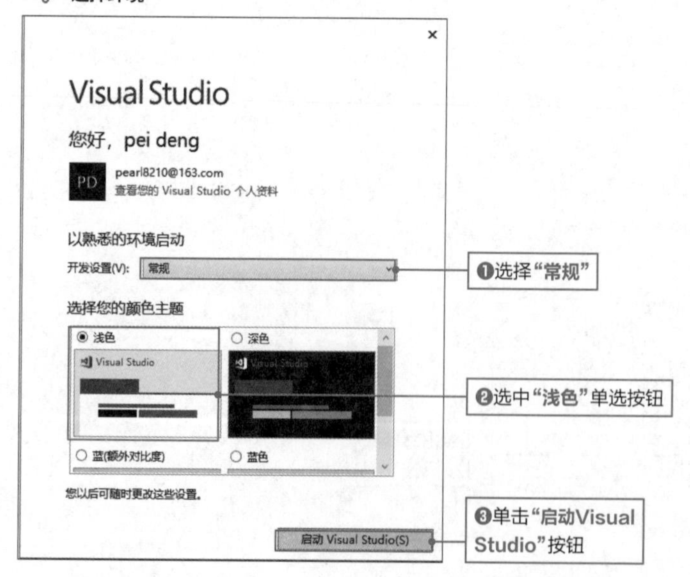

环境设置完成后，将显示以下窗口。

Fig 启动Visual Studio

更改主题颜色的方法

在菜单栏中选择“工具”→“选项”命令，打开对话框，从左边的项目中选择“环境”→“常规”命令。可以在视觉效果的配色主题中更改颜色。

找不到Visual Studio图标时的启动方法

如果是Windows 10，在桌面左下角显示的“在这里输入你要搜索的内容”栏中输入Visual Studio，然后单击出现在候选项中的图标。

在macOS中使用Visual Studio

在 macOS 中编写 C# 程序时，需要从 Microsoft 的下载网站下载 Visual Studio for Mac。注意在 macOS 中无法创建第 6 章和第 7 章的 Windows 应用程序。

Fig 下载适用于macOS的Visual Studio

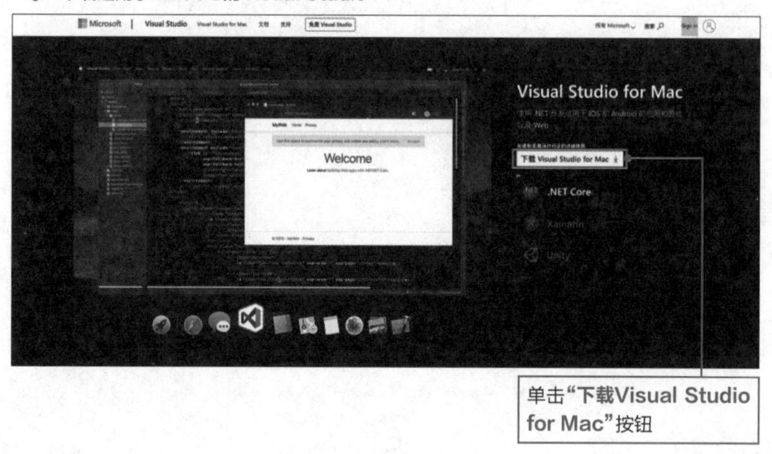

下载完成后，启动安装程序。

Fig 安装后启动

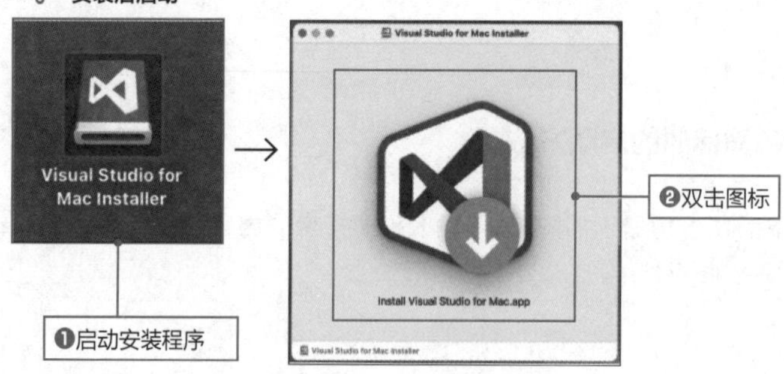

确认显示的信息后进行安装。

Fig 进行安装

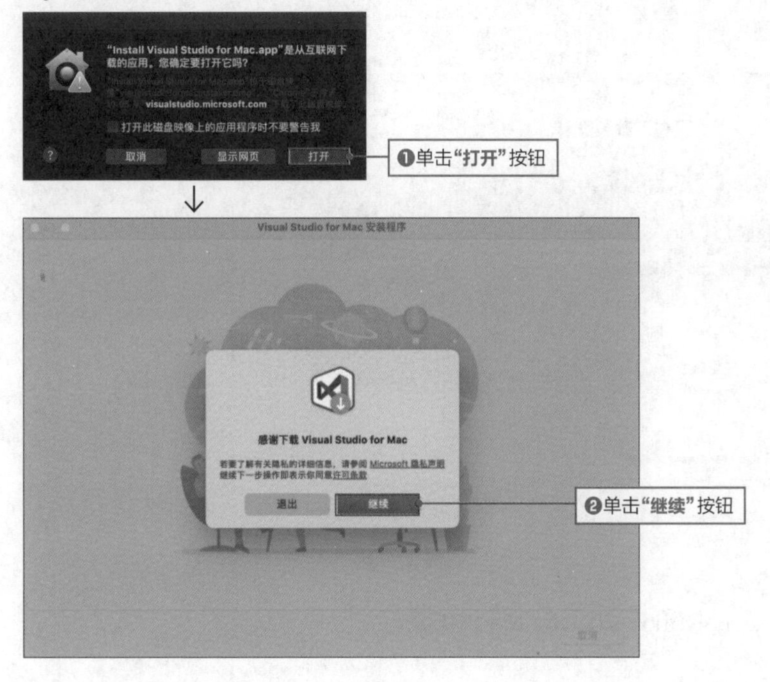

确认勾选了 .NET Core 复选框后，单击"安装"按钮。

Fig 选择要安装的开发环境

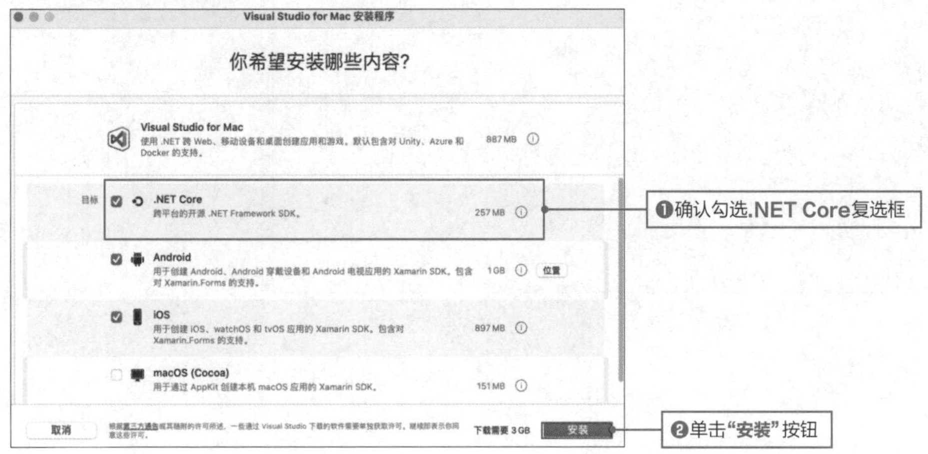

开发环境的安装一旦开始，就要等到安装结束，不可中断。安装过程中可能需要输入密码。此时输入 macOS 的登录密码后再进行下一步操作。

Fig 开始安装

安装完成后，Visual Studio 2019 for Mac 将启动。

Fig Visual Studio 2019 for Mac的启动画面

2-2 从创建项目到执行

Visual Studio 安装完成后，马上编写程序测试一下。在本节中，将编写在控制台上只显示“Hello，C#”的简单程序。

 创建项目

在用 Visual Studio 开发应用程序时，首先创建一个**项目**。创建项目后，每个项目都会创建文件夹。在创建的文件夹内，将对开发应用程序所需的程序和图像等进行统一管理。

Fig 应用程序由项目进行管理

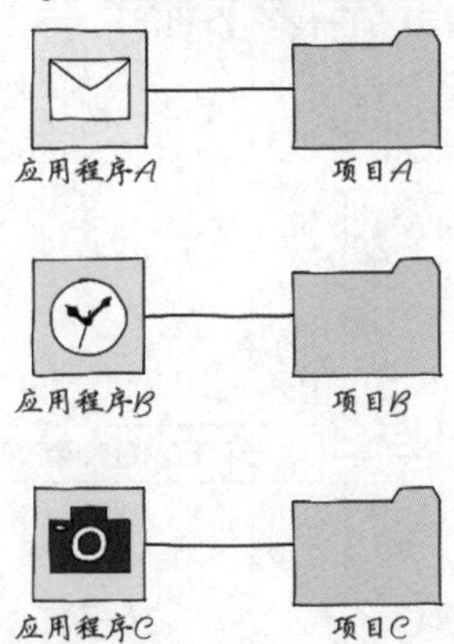

Point!

应用程序和项目

在Visual Studio中，每个项目都包括多个应用程序。

试着创建新的项目（如果是在 macOS 中，则转到第 23 页）。

在 Visual Studio 的启动窗口中选择**“创建新项目”**。

Fig 新建项目

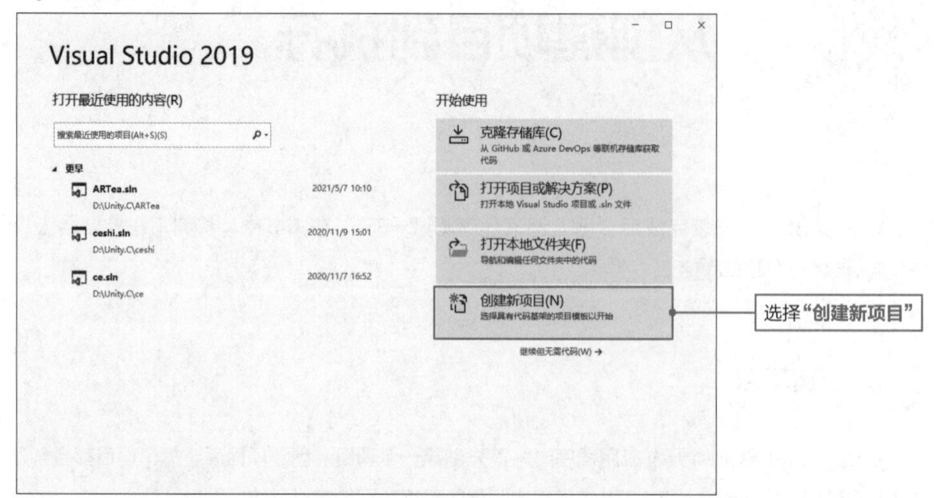

在“创建新项目”窗口的右侧选择**“控制台应用程序”**，然后单击**“下一步”**按钮。

Fig 选择项目的类型

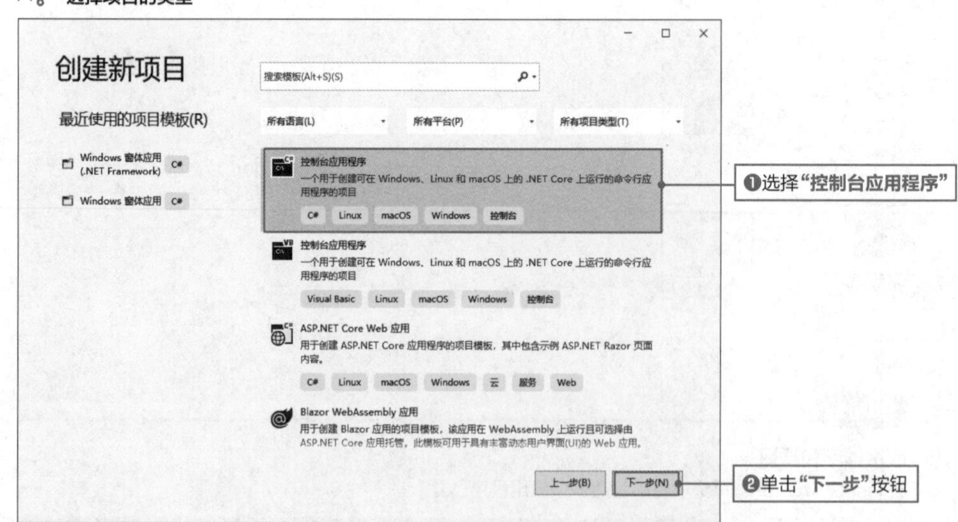

在项目名称中输入任意名称。这里输入 **Sample**。另外，请指定保存项目的位置（任意位置即可）。默认情况下，项目数据将保存在“C:\Users\ 用户名 \source\repos”文件夹下（驱动器名和用户名因环境而异）。单击 **“下一步”** 按钮可完成项目的创建。

Fig 输入项目名称

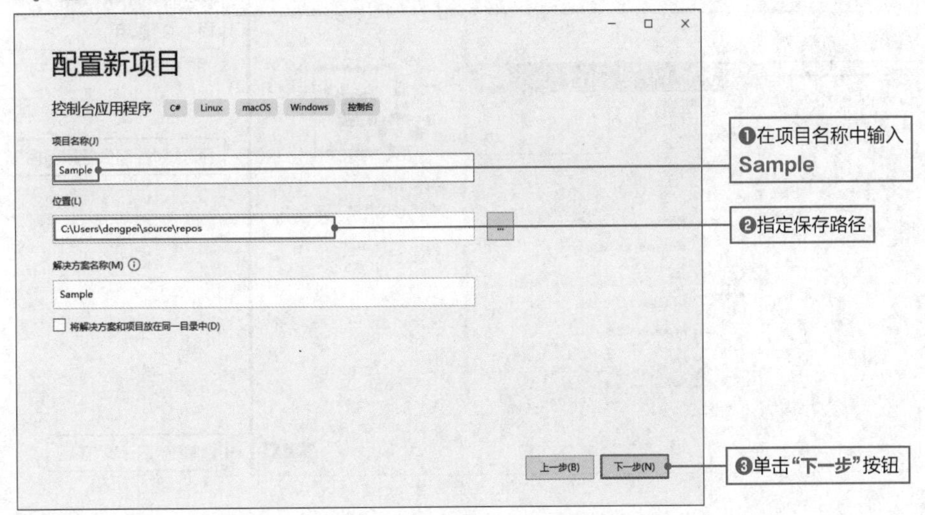

在macOS中创建项目

在使用 macOS 的情况下，在 Visual Studio 2019 for Mac 的启动窗口中选择 **“新建”**。

Fig 新建项目

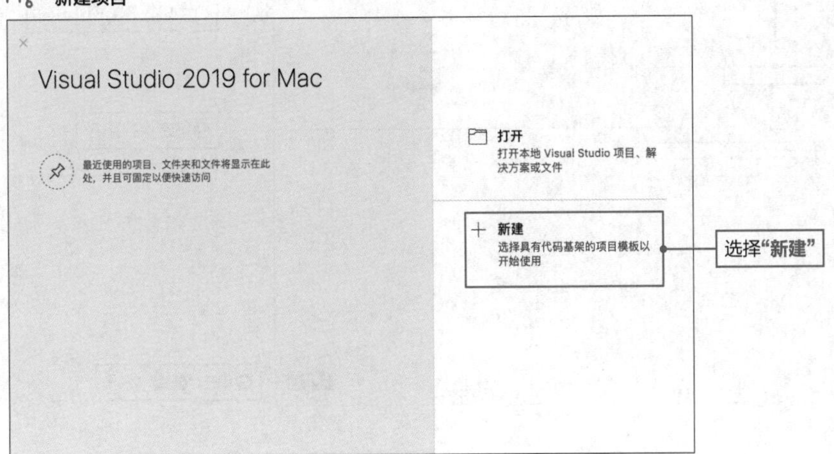

打开创建新项目的窗口，在窗口左侧的 **"Web 和控制台"** 栏中选择 **"应用"**，在窗口中央选择 **"控制台应用程序"**，然后单击 **"下一步"** 按钮。

Fig **选择项目的类型**

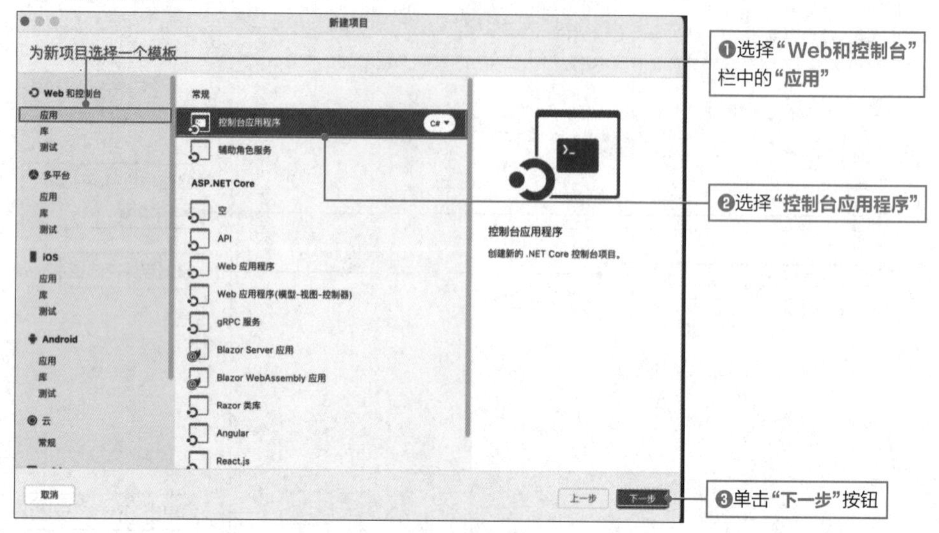

在"项目名称"文本框中输入 **Sample**，选择任意保存位置，单击 **"创建"** 按钮。

默认保存位置为"/Users/ 用户名 /Projects"（用户名根据各自的环境不同而不同）。

Fig **输入项目名称**

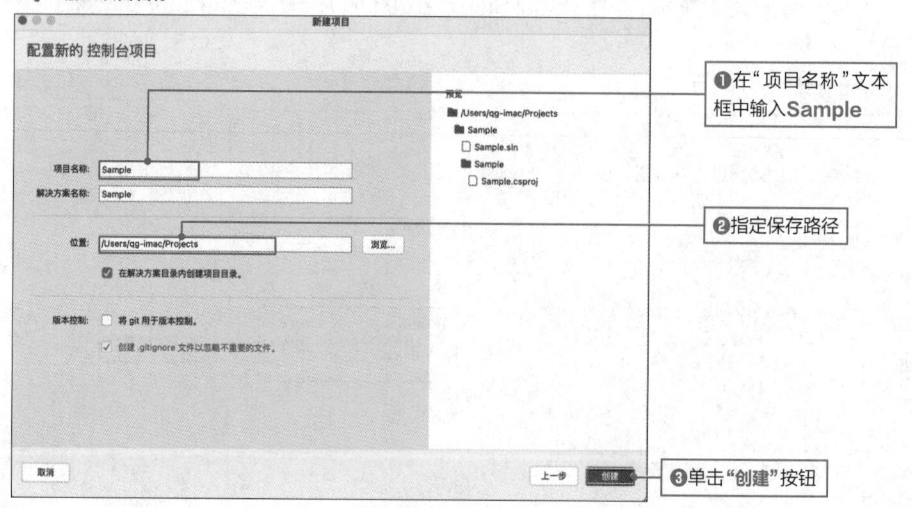

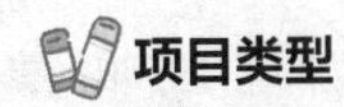

项目类型

创建项目时选择的“控制台应用程序”称为控制台窗口，用于显示程序指定字符的输入或输出窗口。当使用Windows编写带有按钮和图像的应用程序时，可以选择“ Windows窗体应用(.NET Framework)”(将在第6章和第7章中详细讲解)。

Fig 控制台应用程序和Windows应用程序

控制台应用程序

Windows应用程序

确认Visual Studio的窗口结构

“控制台应用程序”项目创建完成后，会显示以下界面。在开发控制台应用程序时，简单地看一下各个窗口的作用。

Fig 项目初始窗口

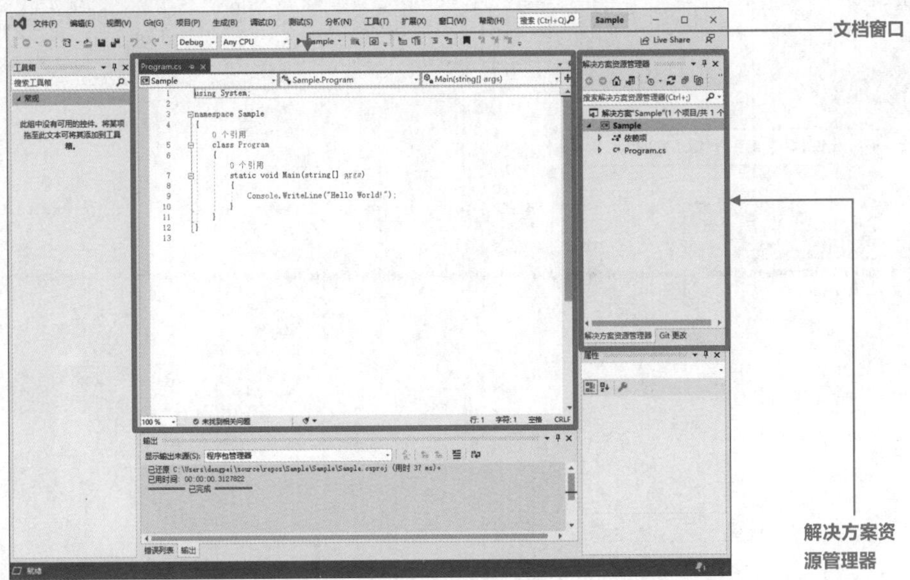

♦ 文档窗口

文档窗口用于输入程序。如果创建了项目，会自动生成 **Program.cs** 程序文件，并且可以在该文件中追加程序代码。

Visual Studio 可以在一个项目内编写多个程序文件。在编辑多个程序文件时，可以在窗口上方的选项卡中进行切换。

♦ 解决方案资源管理器

创建的项目中包含的程序文件、文本文件、图像文件等以列表形式显示在窗口中。可以从“解决方案资源管理器”中追加编写应用程序所需的程序和材料。

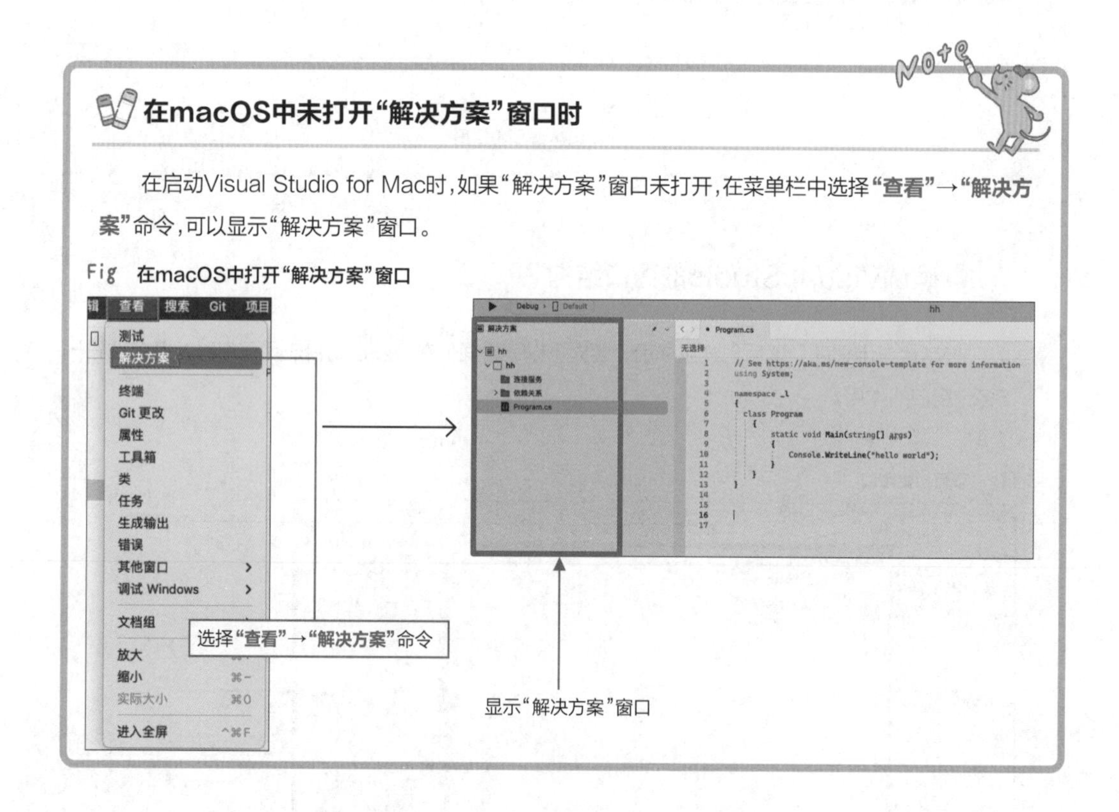

在macOS中未打开“解决方案”窗口时

在启动Visual Studio for Mac时，如果“解决方案”窗口未打开，在菜单栏中选择**“查看”→“解决方案”**命令，可以显示“解决方案”窗口。

Fig 在macOS中打开“解决方案”窗口

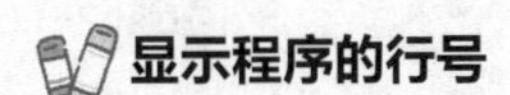

在使用Visual Studio编写程序时，显示行号会很方便。如果没有显示行号，可以通过设置将其显示出来。

在菜单栏中选择"工具"→"选项"命令。打开"选项"对话框后，在左边的项目中选择**"文本编辑器"→C#**，勾选**"行号"**复选框，单击**"确定"**按钮。

Fig 显示行号

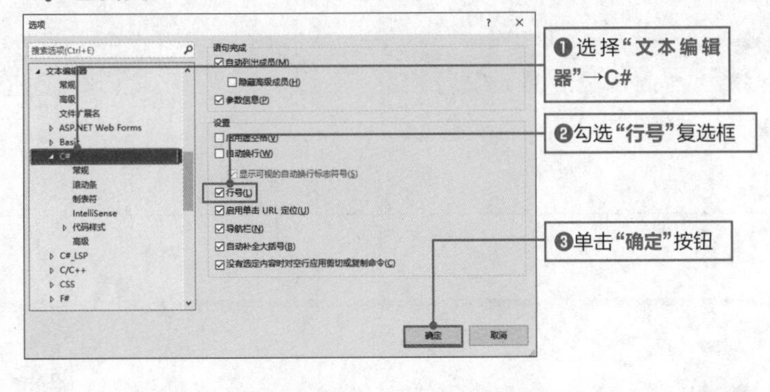

试着写一下程序

在文档窗口中，程序在初始状态下已经被写入。把这个改写一下，将其显示为"Hello, C#"。

♦ 录入程序

在文档窗口中，显示的程序代码中有以下一行 。

```
Console.WriteLine("Hello World!");
```

将这一行删除，改写成下面的程序。

List 2-1 第一个C#程序(Program.cs) List 2-1.txt

```
1 using System;
2
3 namespace Sample
4 {
5     class Program
6     {
7         static void Main(string[] args)
8         {
9             // 在控制台中输出如下字符串
10            Console.WriteLine("Hello, C#");
11        }
12    }
13 }
```

这里需要注意

通常,在第8行的"{"后面按**Enter**键,光标会自动缩进到该位置。如果要输入缩进部分,可以使用**Tab**键或**半角空格**输入。此外,不要忘记输入"Hello, C#"前后的英文双引号""",最后的";"也容易忘记,这里需要注意。

♦ 保存程序

输入程序后保存。在菜单栏中选择**"文件"**→**"保存 Program.cs"**命令或按 **Ctrl+S** 组合键保存(如果是 macOS,选择**"文件"**→**"保存"**命令或按 **Command+S** 组合键)。

Fig 保存程序

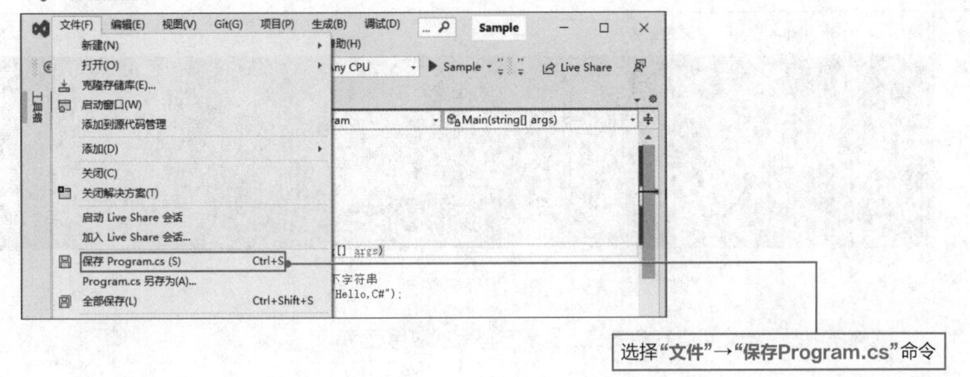

现在保存的程序文件位于名为 Sample 的项目文件夹中。刚刚创建项目时取的名字同时也是文件夹名。

♦ 运行程序

保存后，构建并执行。在 Visual Studio 中，编译程序、关联图像数据和创建应用程序等一系列流程称为构建。

在菜单栏中选择 **"调试"** → **"开始执行（不调试）"** 命令（或按 **Ctrl+F5** 组合键）（如果是 macOS，在菜单栏中选择 **"执行"** → **"开始执行（不调试）"** 命令）。

Fig 构建和执行

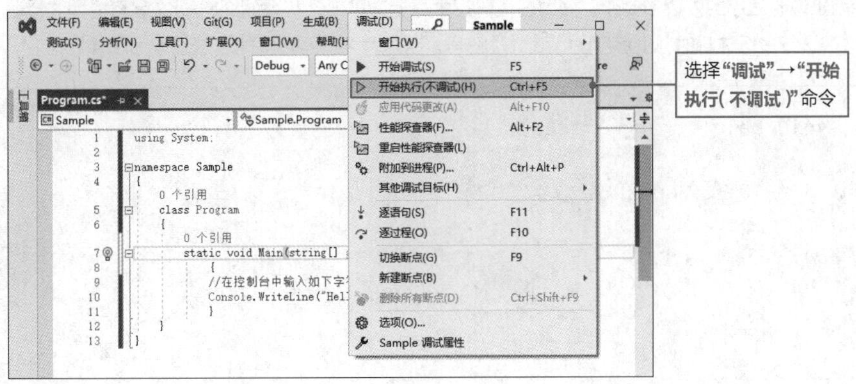

构建完成后，黑色窗口（控制台窗口，以下简称"控制台"）将被打开，在控制台中显示"**Hello, C#**"。按任意键，控制台关闭并退出程序（如果是 macOS，按 **Enter** 键后，单击关闭窗口按钮）。

如果程序有错误，会出现错误窗口，请参考第 32 页的"如果程序有错误"，查找错误。

Fig　在控制台上显示“Hello，C#”

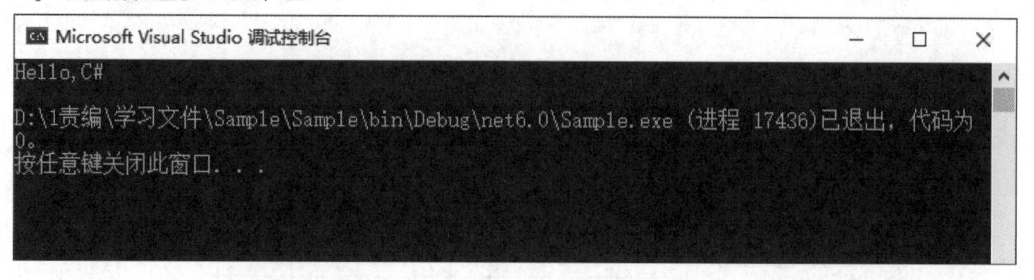

这样就创建了一个可以在控制台上显示字符串的应用程序。

Point!

执行控制台应用程序

在“开始执行（不调试）”状态下构建程序时，如果没有错误，则可以自动执行。

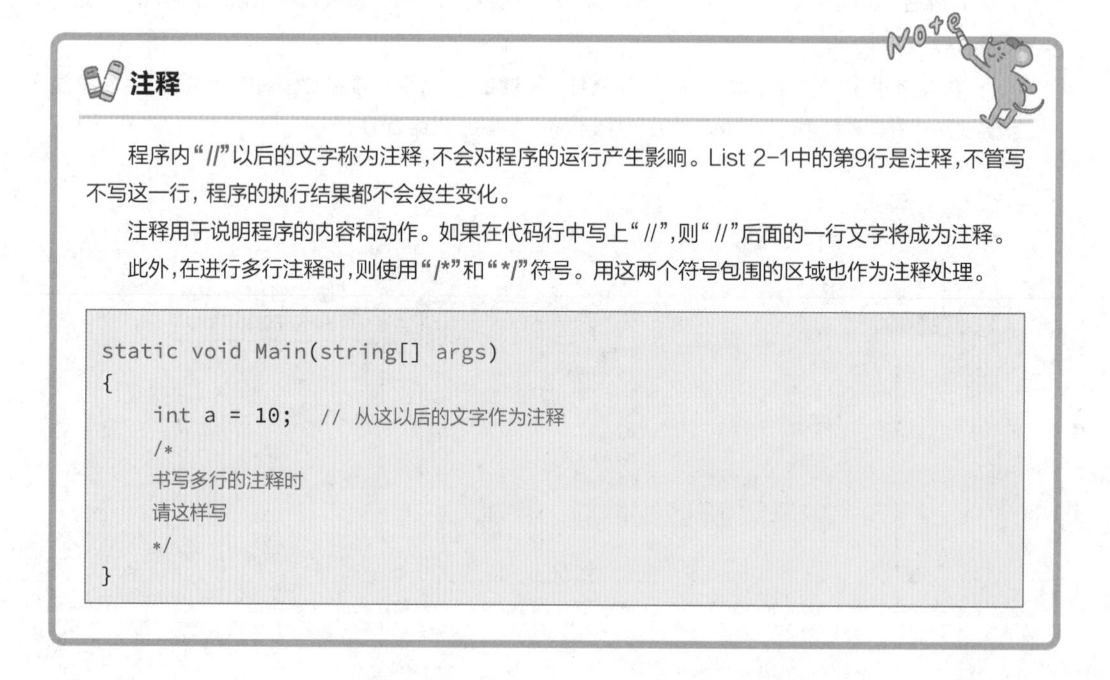

注释

程序内“//”以后的文字称为注释，不会对程序的运行产生影响。List 2-1中的第9行是注释，不管写不写这一行，程序的执行结果都不会发生变化。

注释用于说明程序的内容和动作。如果在代码行中写上“//”，则“//”后面的一行文字将成为注释。

此外，在进行多行注释时，则使用“/*”和“*/”符号。用这两个符号包围的区域也作为注释处理。

```
static void Main(string[] args)
{
    int a = 10;  // 从这以后的文字作为注释
    /*
    书写多行的注释时
    请这样写
    */
}
```

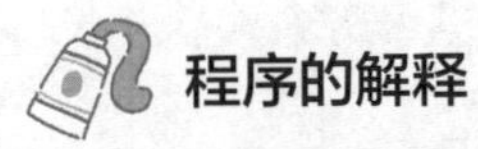

程序的解释

下面是输入的程序的内容。

构建并执行项目后，程序逐条运行 **Main {}** 中的程序（命令）。这次是 List 2-1 中的第 10 行，即在控制台上显示文字的程序。执行该行后，控制台上会显示“Hello，C#”。

Fig 执行写在Main{}中的程序

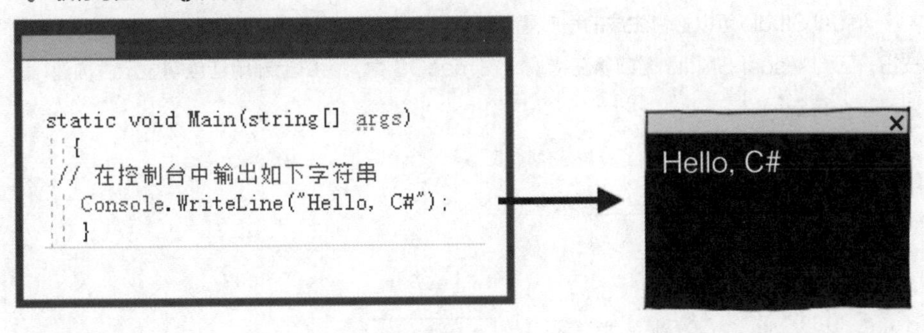

Point!

执行程序

构建和执行后，写在Main{}中的程序将被执行。

再仔细看一下第 10 行的程序。

这个程序使用 **Console.WriteLine() 方法**在控制台上显示字符（方法将在第 3 章中详细说明）。

请记住 Console.WriteLine() 方法是“在 Console（控制台窗口）中 WriteLine（输出 1 行）的功能”。

Console.WriteLine() 方法的括号中的字符会显示在控制台上。在这里，括号中写着“Hello，C#”，因此执行结果将显示字符串“Hello，C#”。

Fig 这里表示输出一行

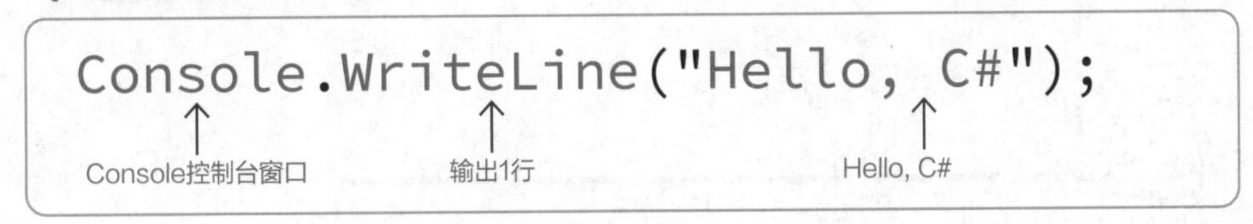

这里只简单解释了刚才输入的程序，至于其他程序，在现阶段没有必要完全理解。关于 **using** 和 **class** 等项目将在第 3 章以后详细说明，以便读者加深理解。

练习题 2-1

在控制台上显示自己的名字。

如果程序有错误

Visual Studio可以检查生成的程序是否有错误。当程序有错误时，会显示以下窗口。单击“否”按钮，回到 Visual Studio 窗口修正错误（在 macOS 中，窗口上部用红色字显示“构建：× 个错误，× 个警告”）。

Fig 程序有错误时显示的界面

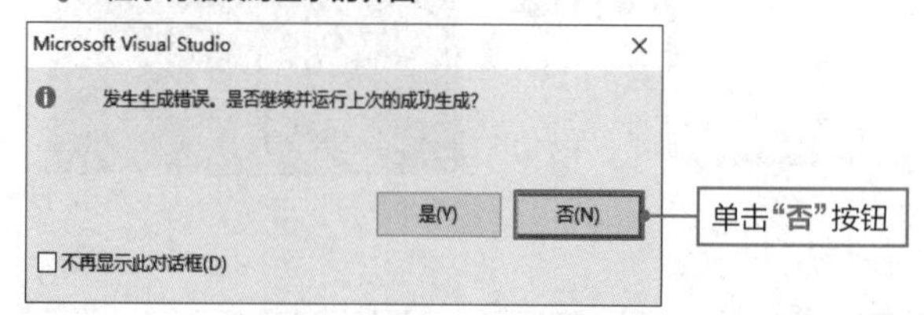

当程序有错误时，Visual Studio 窗口的左下角会显示错误列表（如果是在 macOS 中，单击画面下方的“错误”就会显示）。由于程序显示了错误列表，所以可以边看列表边修改程序。程序中的错误为 bug，消除错误的过程称为调试（debug）。

Fig 显示“错误列表”窗口的示例

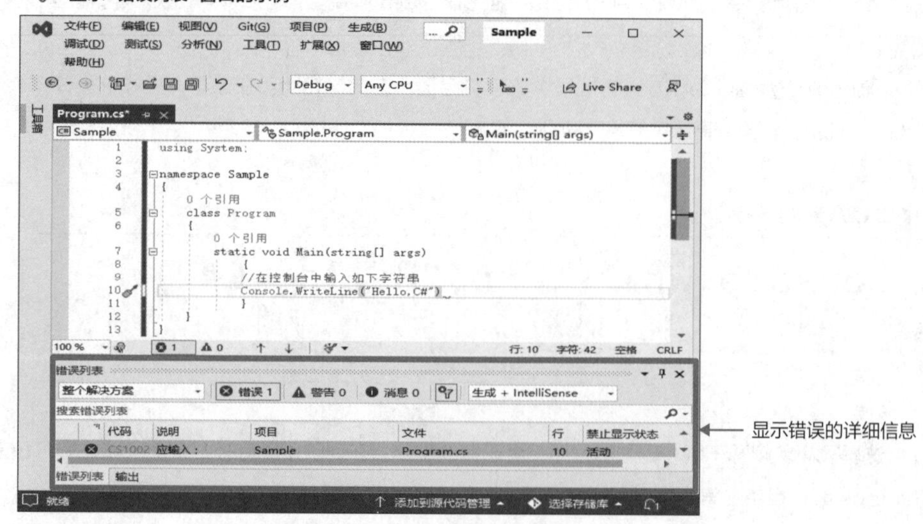

让我们来看看有错误内容的例子。重要的是错误列表中的“说明”和“行”的位置信息。在这个例子中，第 10 行中出现“应输入 ;”的错误（删除 List 2-1 中第 10 行结尾的“;”后，执行时出现此错误）。

Fig　显示的错误内容

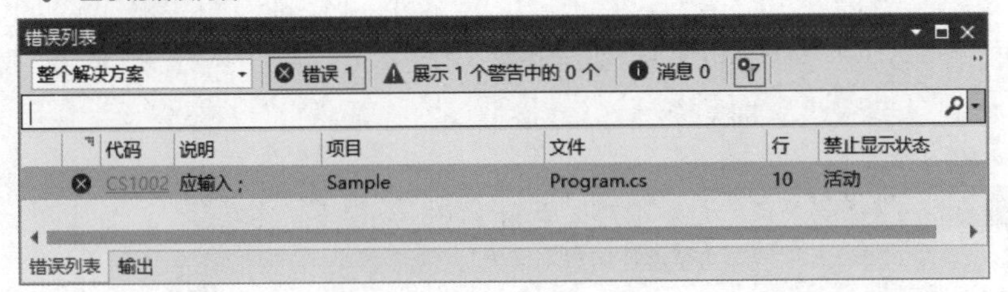

此外，在文档窗口中错误的地方会显示红色波浪线（本书图中未体现颜色，请读者在操作过程中多加注意代码中的颜色提示，后面不再指出）。

Fig　确认错误部分

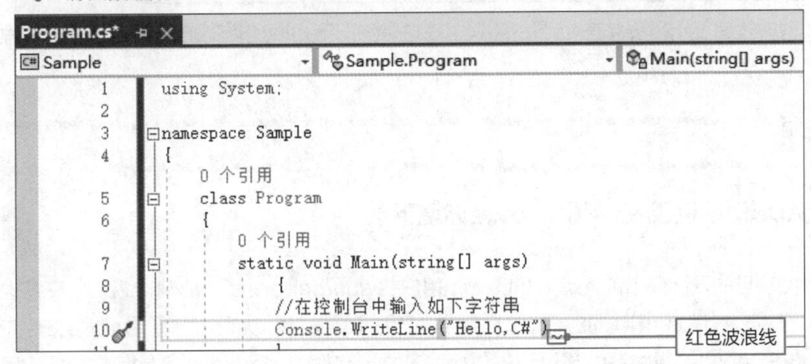

修正程序（在这种情况下输入“;”），从菜单栏中选择“调试”→“开始执行（不调试）”命令，开始再次执行程序。

在编写应用程序的过程中，有时会写错程序，有时也可能不会按照预期的结果运行，所以一边耐心地修改一边运行检查是很重要的。

“开始调试”和“开始执行（不调试）”的区别

如果在“开始调试”的情况下生成和执行程序，当程序执行结束时，控制台会立即关闭。在“开始执行（不调试）”的情况下，如第30页的结果画面那样，程序执行结束后，控制台不会立即关闭。

 错误内容和程序的错误有时不匹配

如果忘记写“;”,则错误列表中会出现“需要;”的说明,但某些关于错误内容的说明可能无法正确显示错误。

例如,忘记写“"Hello，C#"”前后的引号“" "”时,会出现以下错误。

Fig 忘记写“" "”时显示的错误

忘记写“" "”时并没有显示需要补充“" "”的错误。在这种情况下,请检查错误的行数附近几行的程序有没有错误。

 Visual Studio项目路径（Windows环境下）

Visual Studio项目的默认保存位置是“C:\Users\用户名\source\repos”（驱动器名和用户名根据环境的不同而不同）。在第2章构建的Sample项目中,项目文件夹的构成如下所示（Debug文件夹在构建后创建）。在Sample文件夹中,通过双击创建的可执行文件（Sample.exe）也可以执行应用程序。

Fig 项目文件夹的构成

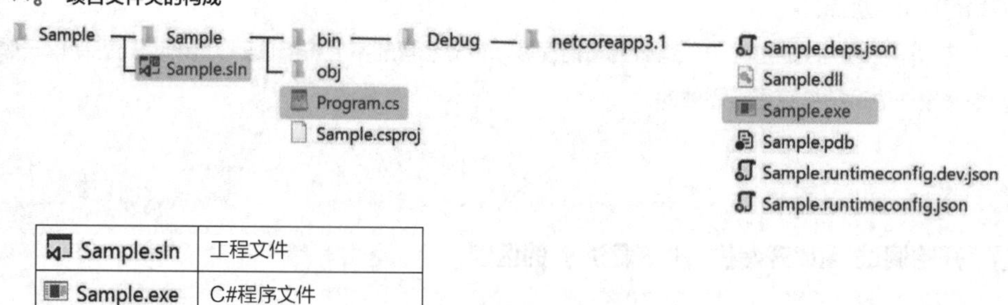

Sample.sln	工程文件
Sample.exe	C#程序文件
Program.cs	可执行文件

保存或重新启动正在处理的项目

如果要保存项目，则在菜单栏中选择**“文件”**→**“全部保存”**命令，或者按**Ctrl+Shift+S**组合键（如果是macOS，在菜单栏中选择**“文件”**→**“全部保存”**命令，或者按**Command+Option+S**组合键）。

此外，如果要打开项目文件，在菜单栏中选择**“文件”**→**“打开”**→**“项目/解决方案”**命令，或者在启动画面上选择**“打开项目或解决方案”**，然后选择项目文件夹中的**项目名称.sln文件**（如果是macOS，在菜单栏中选择**“文件”**→**“打开”**命令，或者在启动画面上选择“打开”，在项目文件夹中选择**文件名.sln**）。扩展名为.sln的文件称为**解决方案文件**，通过此文件来管理项目和解决方案。

练习题 2-2

请在控制台上显示以下两行。

```
Hello, C#!
Goodbye, C#!
```

Chapter 2 的总结

在本章中，为了编写C#程序，准备了Visual Studio开发环境。同时对程序的生成和执行方法进行了说明。第3章将正式学习C#的语法。

Chapter 3

C#的语法

本章将介绍 C# 的语法。首先，引入程序中基本变量的定义及其使用方法；其次，介绍使用 if 语句进行流程程序控制以及使用 for 语句和 while 语句重复执行程序的方法；最后，对管理多个值时采用的数组以及相关程序方法进行说明。

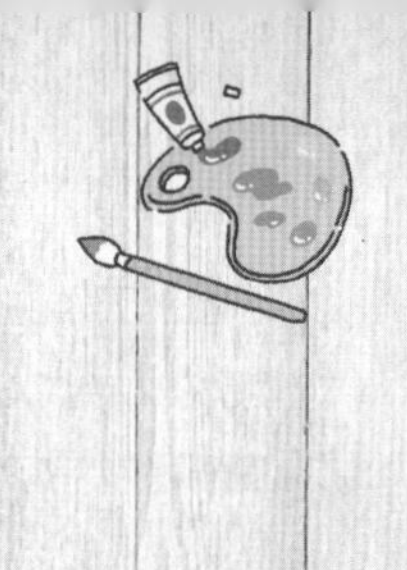

准备练习用的项目

本章主要介绍 C# 的语法。不仅要将例子读懂，更重要的是将每一行代码输入并执行。在加深理解的同时，也可以快速掌握程序的编写方法。

本章提供了许多样例程序。对于初学者而言，直接基于每一个样例都形成完整的项目还是比较困难的，所以本书将带领读者开发一个练习用的程序项目，读者在实践中可以替换其中的某些部分。

先试着创建一个练习用的项目

创建项目。在 Visual Studio 启动窗口中选择**“创建新项目”**，或者在菜单栏中选择**“文件”**→**“新建”**→**“项目”**命令（如果是在 macOS 中，在启动窗口中选择**“新建”**，或者在菜单栏中选择**“文件”**→**“新建解决方案”**命令）。

Fig　创建新项目

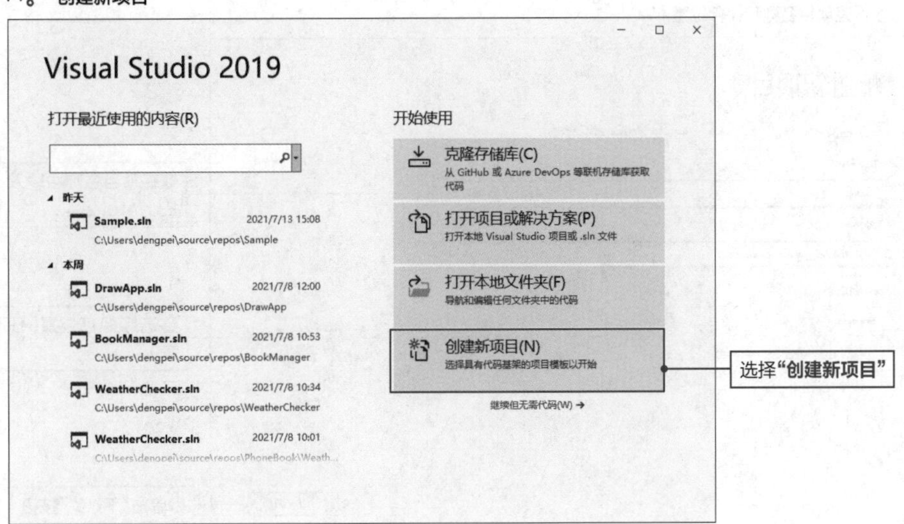

下图所示为创建新项目的窗口。在窗口右侧选择**“控制台应用程序”**，然后单击**“下一步”**按钮（如果是在 macOS 中，在新建项目窗口的左侧选择 **.Net Core → “应用”**，在窗口中央选择**“控制台应用程序”**后再单击**“下一步”**按钮）。

Fig **选择项目类型**

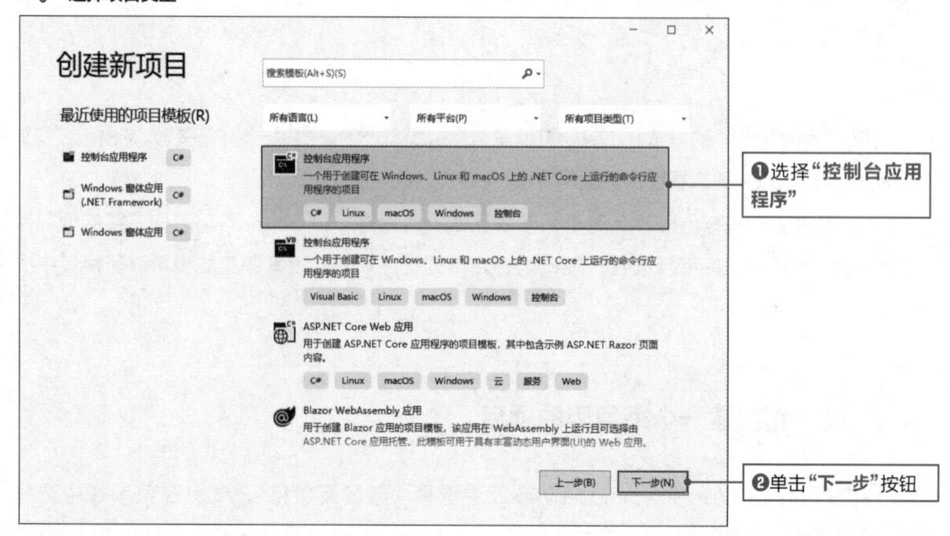

这里将项目名称设为 **Example**。指定项目的保存位置（任意），然后单击**“下一步”**按钮。

Fig **设置项目名称和保存位置**

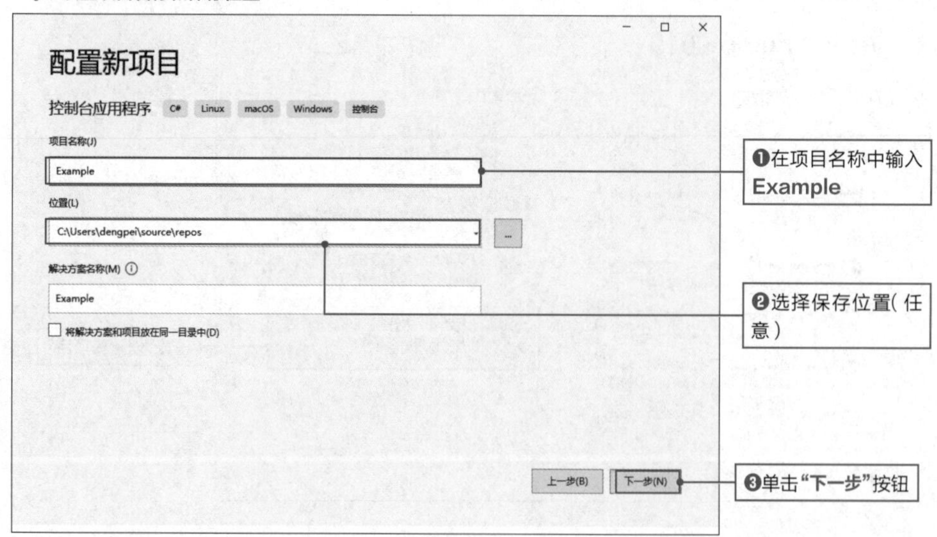

如果成功创建项目，则会在文档窗口中出现 Program.cs 的 C# 程序文件。在该程序的 static void Main(string[] args) 之后的 {} 中继续输入程序。

Fig　**输入程序**

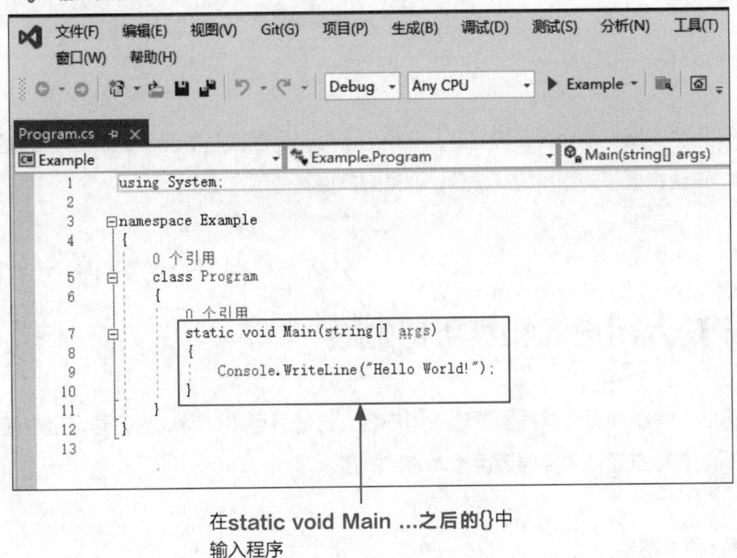

这样就完成了输入样例程序的练习用的项目。

3-2 使用变量管理数据

一般来说，程序使用“变量”来处理各种数据。变量用于暂时保存程序中使用的数据，在需要时可以随时取出或写入。变量是程序的基本组成部分，请务必掌握其使用方法。

样例文件 ▸ C#程序源码\第3章\List 3-1.txt

样例 01 变量：输入用户名和其所持金额

在 RPG（角色扮演）等游戏中，首先需要输入用户名，这样就可以在游戏的各种场合中使用。在这种情况下，必须保证可以在游戏中随时调用输入的用户名。

Fig　在各种场合中使用输入的用户名

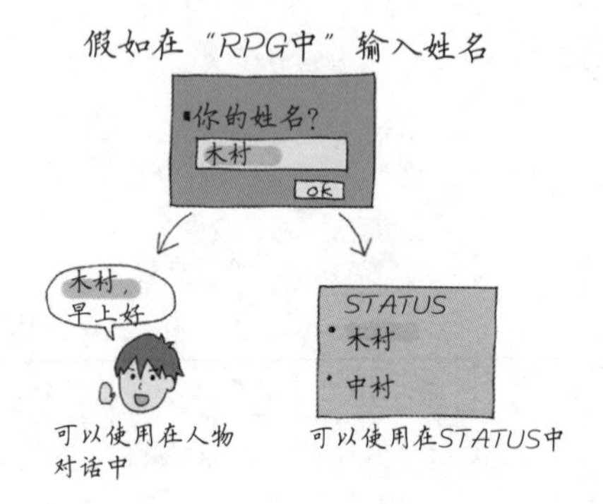

如果要保存某些值，可以使用**“变量”**。另外，这里所说的值表示数值或字符（字符串）。

下一个程序是将玩家的“所持金额”和“姓名”分别放入变量，取出变量的值并显示在控制台上。在 3-1 节中编写的 **Example** 项目中，打开 **Program.cs** 文件，在 Main 部分的 {} 中输入如下代码，见阴影部分（这里只呈现 Main 部分的程序）。

List 3-1　**显示变量的内容**　　List 3-1.txt

```
7  static void Main(string[] args)
8  {
9      // 声明变量
10     int money;     // 将所持金额代入变量
11     string name;   // 将姓名代入变量
12
13     // 给变量赋值
14     money = 5000;
15     name = "木村";
16
17     Console.WriteLine(money);  // 显示所持金额
18     Console.WriteLine(name);   // 显示姓名
19 }
```


程序中除了Main以外还有其他程序，后续会根据阶段进行说明，下面先从Main部分开始学习。输入程序后，会出现以下画面（这里只显示文档窗口）。

Fig　**输入程序后的画面**

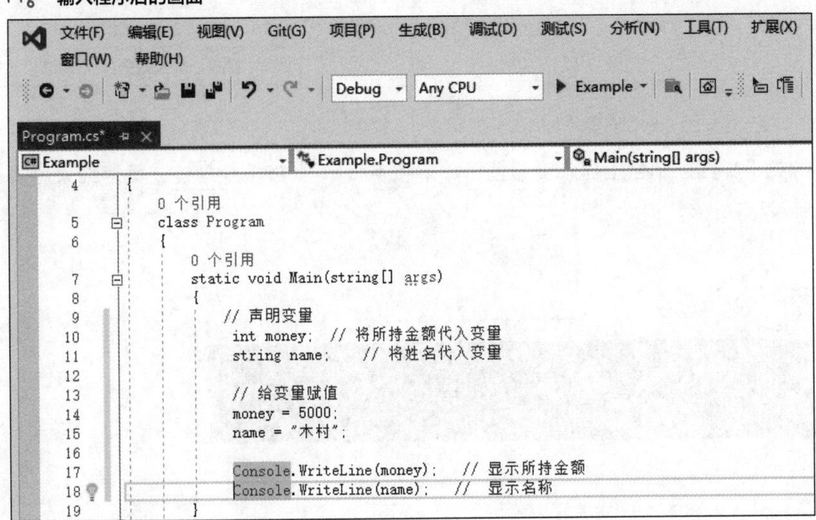

此外，可通过本书前言介绍的样例文件下载方法下载此样例文件进行学习。

试着**执行**应用程序。在菜单栏中选择**“调试”→“开始执行（不调试）”**命令（或按 **Ctrl + F5** 组合键），生成并执行项目（如果是在 macOS 中，选择**“执行”→“开始执行（不调试）”**命令）。

Fig 生成和执行项目

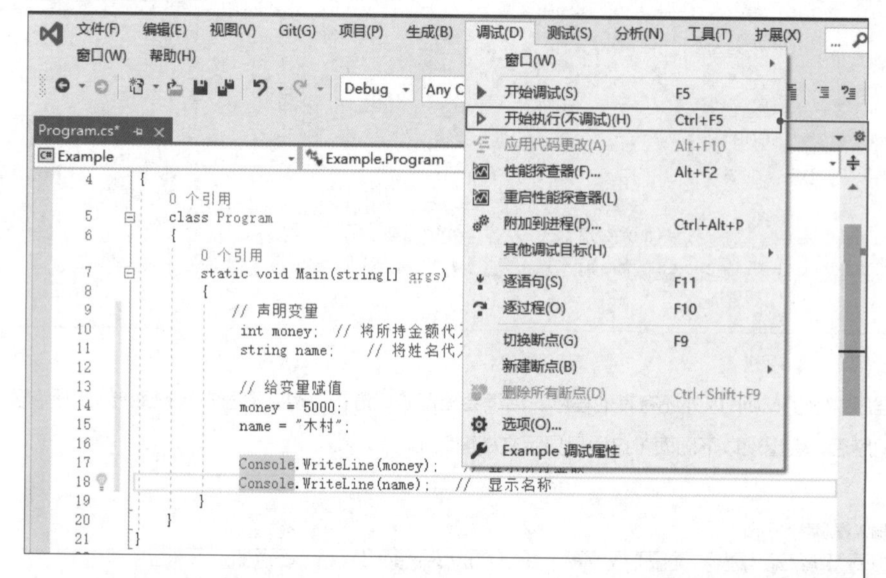

执行结果如下。在控制台上显示变量值（数字和字符串）。按下任意键，程序结束后将返回 Visual Studio 界面。

Fig 应用程序控制台执行结果

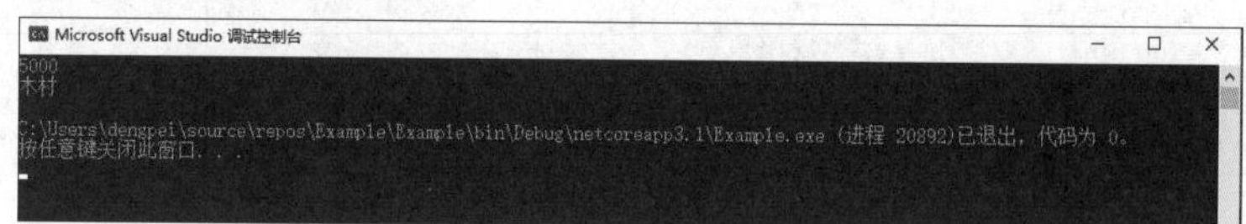

显示变量的内容

变量就像一个装有数据的箱子。为了使用这个箱子，必须事先决定以下两项内容。

- **箱子的名字（变量名）。**
- **装入箱子的数据的种类（类型）。**

在本次程序中，第 10 行声明了 int 型变量 money，第 11 行声明了 string 型变量 name。

Fig 变量就像一个装有数据的箱子

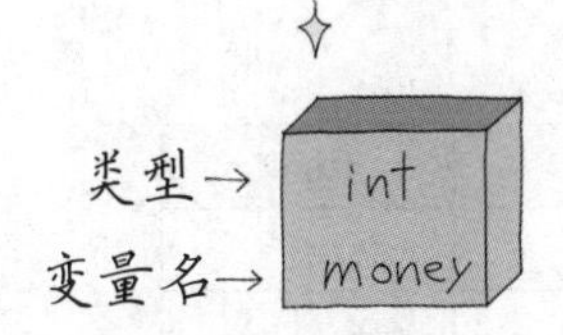

♦ 变量名的命名方法

变量的名称一般可以自由决定，但是应该遵守以下基本规则。

- **变量名可以使用字母、数字、"_"（下划线）和Unicode。**
- **首字符不能使用数字。**
- **不能使用C#中的关键字（如下表所列）。**

在进行变量命名时，要遵守上述规则，并且在给变量命名时要尽可能地明确变量的用途。

Table C#中的主要关键字

bool	break	byte	case	catch	char	class	const	continue	decimal
default	do	double	else	enum	extern	false	float	for	foreach
if	int	interface	long	new	null	private	public	ref	return
short	static	string	switch	this	true	using	void	while	

变量名的命名方法

变量名一般通过用大写字母将单词分段(如playerPosition和missileSpeed等)的方法进行命名，因为大写部分看起来像骆驼的驼峰，所以称为“驼峰法”。

◆ 变量的数据类型

变量的数据类型称为**类型**（或数据类型）。在数据类型中，经常使用以下几种。

Table 常用的数据类型

数据类型名称	含　义	可能的值	默认值
bool	布尔值	true或false	false
byte	8位无符号整数	0 ~ 255	0
char	字符	单个Unicode字符	\0
string	字符串	文字	null
double	双精度浮点数	$\pm 5.0 \times 10^{-324}$ ~ $\pm 1.7 \times 10^{308}$	0.0
float	单精度浮点数	-3.4×10^{38} ~ $+3.4 \times 10^{38}$	0.0f
int	整数	−2147483648 ~ 2147483647	0

在本次程序的第 10 行中，“int money;”定义了一个名称为 money 的变量，其类型为 int 型（整数型）。另外，在第 11 行中，“string name;”定义了一个名称为 name 的 string 型（字符串型）变量。

Fig 创建指定名称和类型的变量

制作变量箱子的过程称为**"声明变量"**。

格式 **声明变量**

```
类型 变量名;
```


♦ 给变量赋值

在第 14 行中，"money=5000;" 将声明的 money 变量赋值为 5000。另外，在第 15 行中，"name = " 木村 ";" 将 name 变量赋值为字符串 "木村"。

格式 **给变量赋值**

```
变量名 = 数值;
```

"=" 是将右边值赋给左边变量的符号。请注意，并不是指左右两边相等。

Fig **给变量赋值**

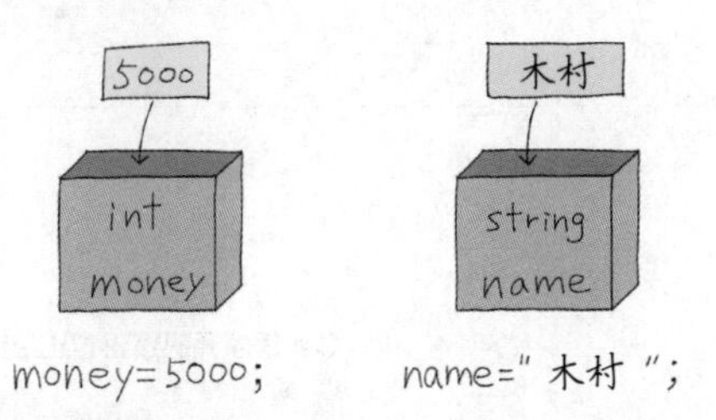

Point!

变量的使用方法
变量指定名称和类型(数据类型)并声明,用"="传递值。

♦ 使用变量值

第 17 行和第 18 行中的 **Console.WriteLine()** 方法用于显示变量值。使用 Console. WriteLine() 方法可以在控制台上显示 () 内的内容。如下图第 1 行代码在 WriteLine 之后的 () 中直接写了内容，然后在第 2 行和第 3 行代码中先定义变量并赋值，将变量中的值（箱子里的内容）输出显示在控制台上。

Fig　使用变量

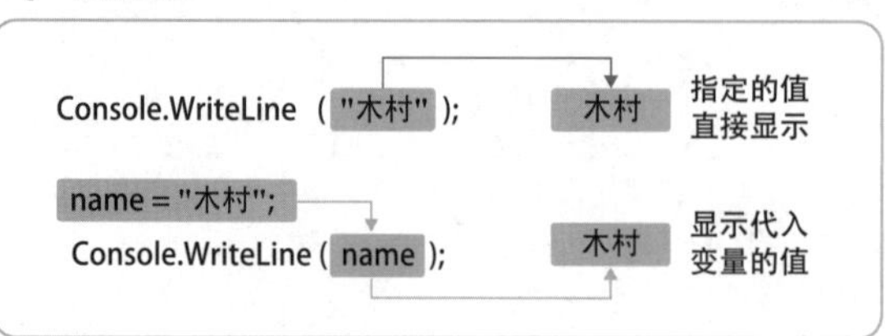

字符和字符串

程序区分**字符**和**字符串**。字符是指一个字母、数字、汉字、换行符等。字符用“'”(单引号)括起来,类型定义为char型。另外,字符串是多个字符的组合排列。字符串用“""”(双引号)括起来并定义为string型。

```
char moji;
string mojiretu;

moji = 'a';
mojiretu = "你好";
```

样例文件▸C#程序源码\第3章\List 3-2.txt

样例 02　试着使用程序进行计算

程序可以实现加法、减法等数学计算。以下程序将实现加、减、乘、除和求余计算，并将变量的值显示在控制台上。先输入如下程序，然后确认计算结果（这里也只显示 Main 部分程序，并用阴影表示输入部分）。

List 3-2　加、减、乘、除和求余计算　　List 3-2.txt

```
7  static void Main(string[] args)
8  {
9      int answer;  // 计算结果
10 
11     // 加法
12     answer = 3 + 4;
13     Console.WriteLine(answer);
```

```
14
15      // 减法
16      answer = 12 - 18;
17      Console.WriteLine(answer);
18
19      // 乘法
20      answer = 2 * 7;
21      Console.WriteLine(answer);
22
23      // 除法
24      answer = 18 / 3;
25      Console.WriteLine(answer);
26
27      // 求余
28      answer = 21 % 5;
29      Console.WriteLine(answer);
30  }
```

▼运行结果

```
7
-6
14
6
1
```

解说 使用程序进行计算

在第 9 行中，为了得到计算结果，声明了一个变量 answer。在第 12 行中，将“3+4”的结果存入 answer 变量，在第 13 行中显示。这样，变量也可以保留计算结果的值。

在第 16 行中，将“12–18”的结果存入 answer 变量。这种情况下，原本保存在变量中的 7 被覆盖，并保存减法结果 –6。

Fig 覆盖变量值

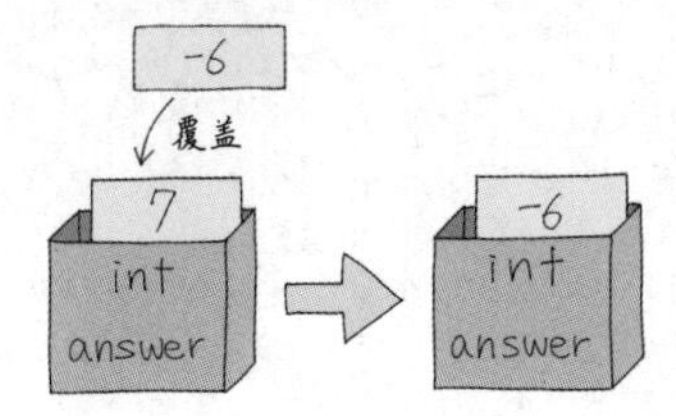

第 20 行和第 21 行是**乘法**，第 24 行和第 25 行是**除法**，第 28 行和第 29 行是**求余**计算，并将结果存入 answer 变量中进行显示。“%”称为余数运算符，计算余数。这里用 21 除以 5，结果是“4 余 1”，余数 1 会显示在控制台上。

计算中使用的符号称为**算术运算符**，有以下几种。与数学中使用的符号很相似。

Table　**在程序中使用的算术运算符**

算术运算符	含义
+	加法
-	减法
*	乘法
/	除法
%	余数

练习题 3-1

创建一个程序，计算 1 ~ 5 的和并显示。

练习题 3-2

创建一个程序，计算 30 除以 7 的余数并显示。

样例文件▶C#程序源码\第3章\List 3-3.txt

样例 03 计算所持金额和打工收入的总和

在程序中，不仅可以计算数值，还可以进行“变量之间的计算”与“变量和数值之间的计算”。下一个项目用于计算当前所持金额加上工作时间乘以时薪得到的金额之和。代码如下。

List 3-3　变量之间的计算　　List 3-3.txt

```
 7 static void Main(string[] args)
 8 {
 9     // 变量初始化
10     int money = 15000;  // 当前所持金额
11     int salary = 1000;  // 时薪
12     int hour = 5;        // 工作时间
13 
14     // 计算并显示当前所持金额的总和
15     int sum = money + salary * hour;
16     Console.WriteLine(sum);
17 }
```

▼运行结果

```
20000
```

变量的初始化和变量之间的计算

money 表示目前所持金额，salary 表示时薪，hour 表示工作时间。第 10 行在声明 money 的同时将其初始化为 15000。这样，同时声明和赋值变量称为变量的初始化。在第 11 行中，将 salary 初始化为 1000 。在第 12 行中，将 hour 初始化为 5。

格式　变量的初始化（声明变量和赋值同时进行）

```
类型 变量名 = 初始值;
```

所持金额合计为“当前所持金额 + 时薪 × 工作时间”，将 salary 和 hour 相乘后再加上 money 的结果存入 sum 变量（第 15 行）。

Fig　变量之间的计算

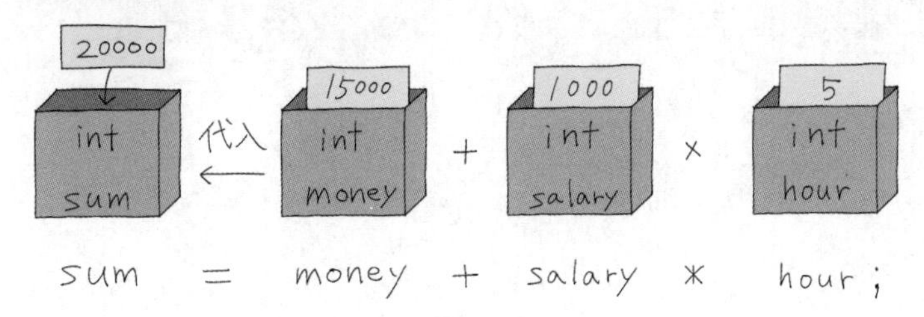

如上所述，int 型或 float 型变量（使用整数或小数的变量）可以和数值一样进行计算。计算顺序与数学相同，“乘法 / 除法”在“加法 / 减法”前计算，如公式 money+salary*hour，先计算 salary*hour，然后加上 money。

另外，如果将公式用“()”括起来，则“()”内的计算最优先。例如，在时薪涨了 100 元的情况下，如果写成“sum=money+(salary+100)*hour;”，则先计算 salary+100，然后再用该值乘以 hour，最后再加上 money 求和。

Fig 计算的优先顺序

优先级	运算符
高	()
↕	* / %
低	+ -

Point!

使用变量的计算

对于整数或小数变量，可以和数值一样使用运算符来计算。

练习题 3-3

请改写 List 3-3 的程序，显示时薪增加 150 元后的打工费加上当前所持金额。

练习题 3-4

当前所持金额是 5000 元。请编写一个程序，要求时薪为 800 元，在工作 2 小时后，求所得的工钱加上所持金额的总和。

常量

如果在变量类型之前加上**const**进行初始化，之后就无法改写该值。像这样，以后无法改写的变量称为**常量**。

```
const int a = 3;
a = 4;      // 改写常量会出错
```


样例文件▶C#程序源码\第3章\List 3-4.txt

样例 04 求出课程考试成绩的平均分

下一个程序是求数学、英语、历史考试成绩的平均值。

List 3-4 求平均值　　List 3-4.txt

```
 7 static void Main(string[] args)
 8 {
 9     int math = 80;        // 数学的分数
10     int english = 66;   // 英语的分数
11     int history = 95;   // 历史的分数
12
13     // 计算平均分并显示
14     float average = (math + english + history) / 3.0f;
15     Console.WriteLine("平均分为" + average);
16 }
```

▼运行结果

```
平均分为80.333336
```

使用除法时要注意类型

第 14 行是先计算数学、英语、历史考试成绩的总分，然后除以科目的个数求平均分。需要注意的是，这里不是 3 而是 3.0f，用含有小数点的值作为除数（代入的 float 型值在末尾加上 f）。

int型（整数）变量之间的除法结果必须是整数。也就是说，如果使用的不是3.0f，而是用3作为除数，则小数点以后的部分会被舍去，计算结果为80。如果需要小数点以后的部分，可以用含有小数点的值进行计算。

第15行显示平均值。这里为了表示“平均分为‘变量’”，需要在字符串和average变量中间使用“+”连接。“+”运算符不只是表示数字相加，还可以将字符串和变量的值连接起来，或者将字符串之间的值连接起来。

转换

如下图左边的例子所示，int型变量可以转换为float型。这种情况下，编译器会自动将变量a从int型转换为float型，这称为**隐式转换**。

另外，如下图中间的例子所示，不能将float型变量转换为int型。这是因为转换后小数点以后的信息被舍弃了。即使知道转换后信息会丢失，也想要转换时，需要明确地写出类型如何转换，这称为**显式转换**，变量的前面写为“转换后的类型名称”。但是，也有不能从string型变量转换到int型的情况。

Fig 改变变量的类型

```
int a = 5;
float b;
b = a;
```

进行隐式转换

```
float a = 12.3f;
int b;
b = a;
```

不能代入

```
float a = 12.3f;
int b;
b = (int)a;
```

进行显式转换，并将其代入

练习题 3-5

请先定义两个 int 型的变量，并用浮点数显示除法计算的结果。

注意整数之间的除法

如果是“float a = 5/10;”的情况，变量a的值可能会被认为是0.5，但是右边进行的是整数之间的除法运算，所以变量a的小数点以后的部分是会被舍弃的，因此变量a值会变成0。注意，整数除法不仅限于变量之间的运算，数字之间的运算也会舍弃小数点以后的部分。

样例 05 让生命值恢复到固定的值

下一个程序只能固定恢复玩家 3 的生命值。代码如下。

List 3-5a 增加变量的值 List 3-5a.txt

```
7  static void Main(string[] args)
8  {
9      int life = 1;
10
11     // 生命值只增加3
12     life = life + 3;
13     Console.WriteLine(life);
14 }
```

▼运行结果

```
4
```

变量增加固定的值

该程序在第 9 行中将变量 life 初始化为 1。在第 12 行中，将变量 life 加上 3 后的值再次赋给变量 life。

Fig 给变量赋值后再传给变量

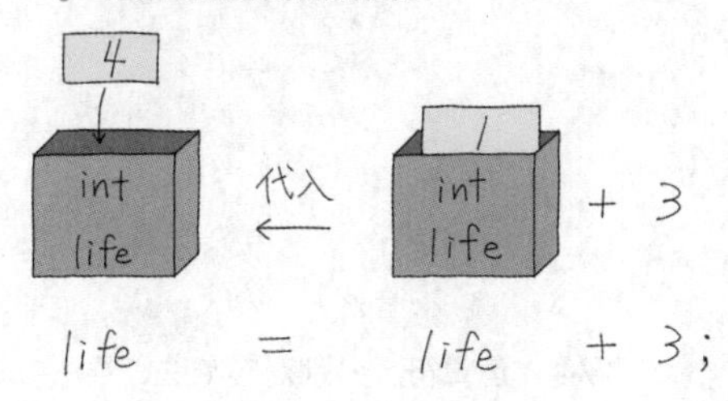

这样，如果想将变量增加固定的值，则可以在相加后再次将变量存入原来的变量中。但是，因为写法有点复杂，所以准备了简单的写法。代码如下。

List 3-5b 增加变量的值的简单写法 List 3-5b.txt

```
7  static void Main(string[] args)
8  {
9      int life = 1;
10
11     // 生命值只增加 3
12     life += 3;
13     Console.WriteLine(life);
14 }
```

运行结果与上个程序的运行结果相同，结果为 4。

用简单的写法增加变量的值

在第一个程序（List 3-5a）中，对变量加上固定的值后，再赋值给原来的变量，但在改写的程序中使用了"+="运算符。使用"+="运算符可以简单地增加变量的值。"+="运算符的写法如下：在左边写变量名，在右边加相应的数值。

算式 **如何使用"+="运算符**

```
变量名 += 需要增加的值;
```

在 List 3-5b 的程序中，在初始化为 1 的变量 life 的值上加上 3。

Fig **使用"+="运算符增加变量的值**

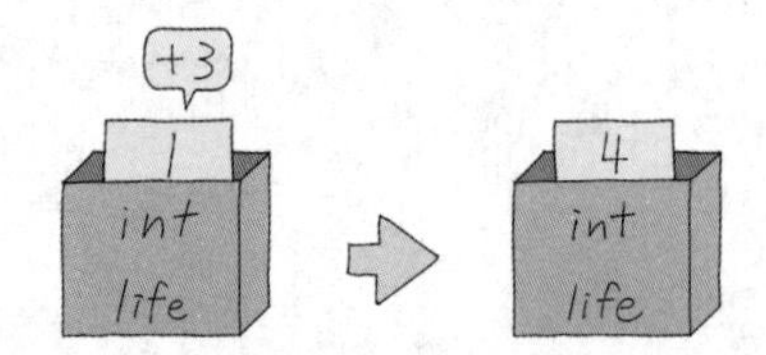

除"+="运算符之外，还提供了"-=""*=""/=""%="运算符，分别对应减法、乘法、除法和求余数。

Table　更新变量值的运算符

运算符	含义
+=	加法
-=	减法
*=	乘法
/=	除法
%=	求余数

样例文件 ▸ C#程序源码\第3章\List 3-6.txt

样例 06 让生命值只增加1

如“只想让生命值增加1”“想让分数增加1分”等，当想频繁地把变量的值增加1时，可以使用前面介绍的“+=”运算符，如“life+=1;”，但是有更简单的写法。请试着输入下面的程序代码。

List 3-6　变量增加1　　List 3-6.txt

```
7  static void Main(string[] args)
8  {
9      int life = 1;
10
11     // 生命值只增加1
12     life++;
13     Console.WriteLine(life);
14 }
```

▼运行结果

```
2
```

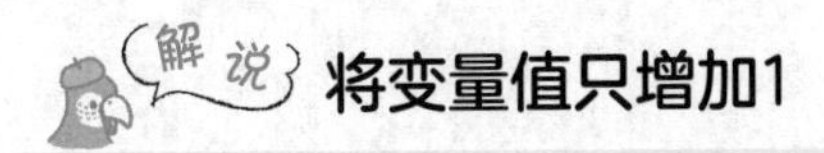

将变量值只增加1

在本次程序中，为了将变量life的值增加1，第12行使用了“++”运算符（**自增运算符**）。通过在变量名称后加上“++”，将变量值每次只增加1。

格式 **自增运算符**

```
变量名 ++;
```

Fig **将变量值只增加1**

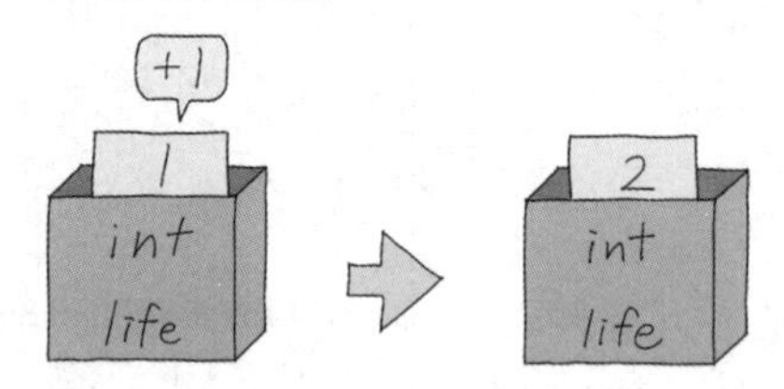

也有与只增加 1 的自增运算符相反的**自减运算符**。自减运算符是通过在变量名称后面继续写“--”来每次将变量减少 1。

Table **使用运算符将变量值增加或减少1**

运算符	名 称	含 义
++	自增运算符	只增加1
--	自减运算符	只减少1

练习题 3-6

声明变量 a 为 int 型，试着进行如下处理。

❶ **把10代入变量a。**

❷ **变量a自减2次后显示结果。**

❸ **变量a使用“/=”运算符除以4并显示结果。**

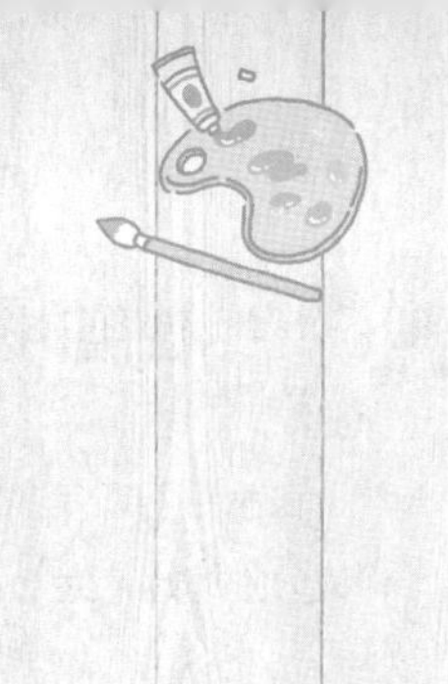

3-3 条件分支：根据条件改变处理

到目前为止，出现的程序都是将 Main 部分的命令从上到下依次逐行执行。仅此一项就不能编写如“当玩家和敌人的位置相同时使他们相遇”这样的根据条件进行不同处理的程序。因此，在本节中将学习如何根据条件使用不同的处理的方法。

样例文件 ▸ C#程序源码\第3章\List 3-7.txt

样例 01 检查是否遇到敌人

只想在满足某个条件时才执行该处理，可以使用条件分支。下面的程序是检查玩家和敌人的位置是否相同，如果相同，表示“遇到敌人”。试着输入下面的程序代码。

List 3-7 使用if语句样例　　List 3-7.txt

```
7  static void Main(string[] args)
8  {
9      int playerPosX = 5;  // 玩家的位置为X=5
10     int enemyPosX = 10;  // 敌人的位置为X=10
11
12     // 当玩家与敌人的位置相同时，遇到敌人
13     if (playerPosX == enemyPosX)
14     {
15         Console.WriteLine("遇到敌人");
16     }
17 }
```

执行这个程序，因为玩家和敌人的位置不同，所以不会显示“遇到敌人”（运行时不显示任何内容）。

解说 使用if语句

在第9行和第10行中，玩家的位置是playerPosX，将敌人的位置声明为变量enemyPosX，将其分别初始化为5和10。如下图所示。

Fig 玩家与敌人的位置

只有当玩家与敌人接触时（playerPosX和enemyPosX的值相等时）才显示“遇到敌人”，所以使用if语句。if语句的格式如下。

格式 if语句的格式

```
if（条件）
{
    满足条件时，执行处理；
}
```

if语句可以根据**条件**的真假改变处理流程。当条件为**“真”**时（成立时），执行if之后的“{}”中的程序。另外，当条件为**“假”**时（不成立时），不执行“{}”中的程序。

Fig 判断条件的“真”“假”进行分支处理

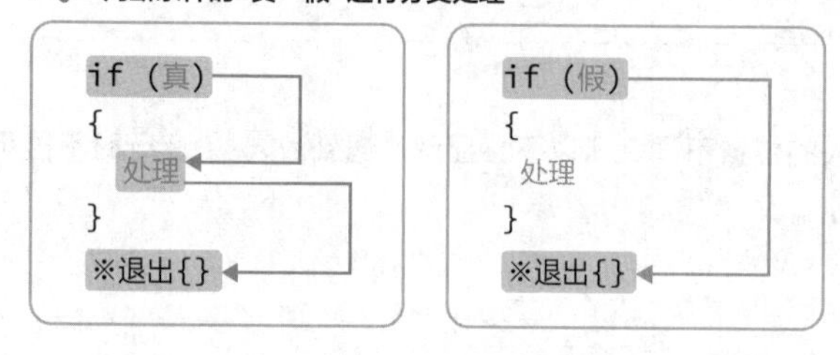

使用**关系运算符**来表示条件表达式。这里使用“==”运算符检查左边和右边的值是否相等（第13行）。当左边和右边的值相等时，结果为“真”；否则为“假”。

Fig　使用“==”运算符比较左边和右边的值

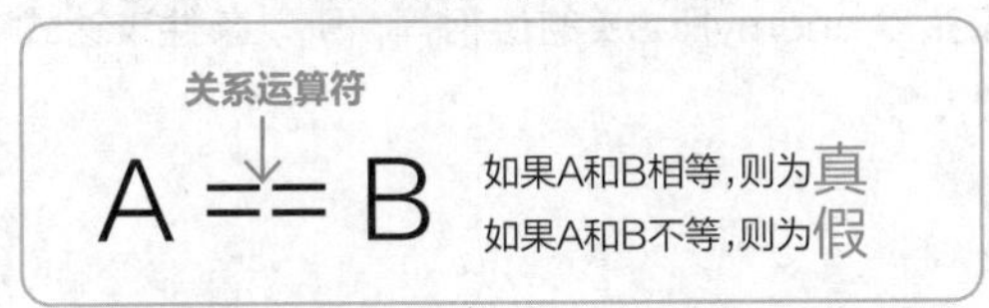

关系运算符还有以下形式，大部分运算符都与数学中的运算符相似。

Table　关系运算符

运算符	使用示例	含　义
==	a == b	如果a和b相等，结果就是“真”
!=	a != b	如果a和b不相等，结果就是“真”
>	a > b	如果a大于b，结果就是“真”
>=	a >= b	如果a大于或等于b，结果就是“真”
<	a < b	如果a小于b，结果就是“真”
<=	a <= b	如果a小于或等于b，结果就是“真”

在第13行中，条件表达式为“playerPosX==enemyPosX”，表示检查玩家与敌人的位置是否相同。这次变量playerPosX和变量enemyPosX的值不相等，所以条件判定结果为“假”，在执行程序时也不会显示任何内容。

Fig　条件式为“假”时的处理流程

```
int playerPosX = 5;
int enemyPosX = 10;

if (playerPosX == enemyPosX)
{
    Console.WriteLine("遇到敌人");
}

※什么都不显示
```

条件为“假”

不执行处理

将第 9 行中的变量 playerPosX 按如下方法初始化为 10。

```
int playerPosX = 10;
```

如果这样设定，则变量 playerPosX 和变量 enemyPosX 的值相等，所以条件表达式变成“真”，执行程序后，在控制台上显示“遇到敌人”。

Fig　**条件为“真”时的处理流程**

```
int playerPosX = 10;
int enemyPosX = 10;

if (playerPosX == enemyPosX)
{
    Console.WriteLine("遇到敌人");
}
```

条件为“真”

执行处理

※显示“遇到敌人”

Point!

基于if语句的条件分支

当if语句的条件表达式为“真”时，执行“{}”内的程序，为“假”时，不执行。

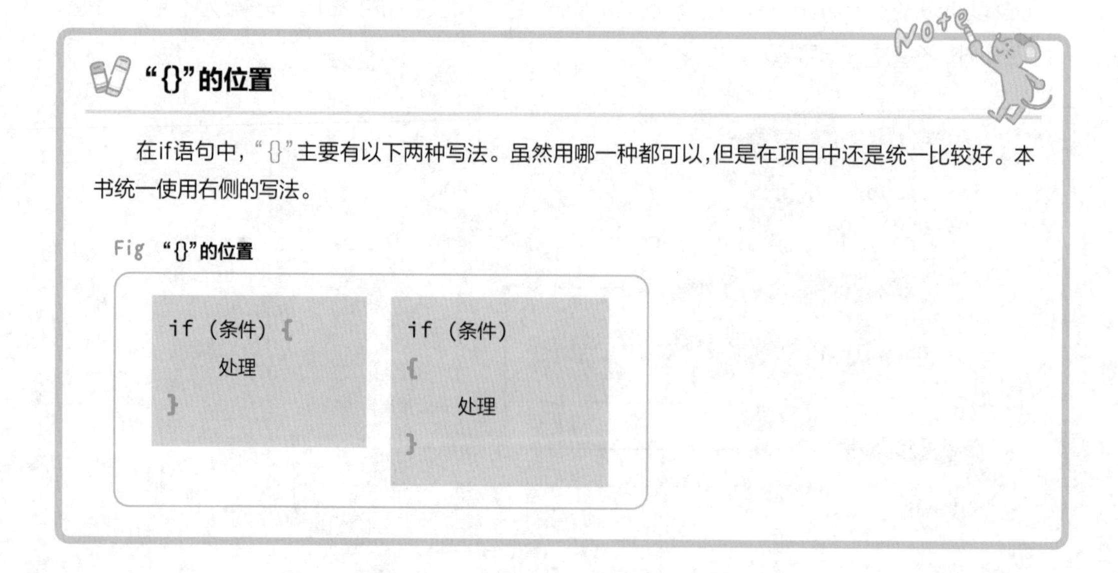

“{}”的位置

在if语句中，“{}”主要有以下两种写法。虽然用哪一种都可以，但是在项目中还是统一比较好。本书统一使用右侧的写法。

Fig　**“{}”的位置**

```
if (条件) {
    处理
}
```

```
if (条件)
{
    处理
}
```

作用域

程序内被“{}”包围的部分称为**块**，表示程序代码的集合。变量只能在声明的块中使用，这称为变量的作用域（有效范围）。请看下面的例子。变量a在Main块中声明，可以在第9～16行的“}”范围内使用，而变量b只能在if语句块中使用。因此，如果在第15行使用变量b的值，会发生编译错误。

Fig 变量的可用范围

```
 7 static void Main (string[] args)
 8 {
 9     int a = 5;               ← a的有效范围
10     if (a == 5)
11     {
12         int b = 10;          ← b的有效范围
13     }
14     Console.Write(a);        ← a在有效范围内执行
15     Console.Write(b);        ← b不在有效范围内，所以显示错误
16 }
```

另外，在if语句、源代码等块内声明的变量为**局部变量**。局部变量没有默认值，因此需要自己赋初始值。

练习题 3-7

创建一个程序，将任意整数赋值给 int 型的变量 num，如果变量 num 的值大于或等于 3，显示“胜利”。

样例 02 通过合作解除装置

以动作游戏中“两个人合作解除装置”的情况为例。当“玩家 1 站在左边的石头上”和“玩家 2 站在右边的石头上”时，必须同时满足这两个条件才能解除装置。

Fig 两人协力解除装置

下面的样例程序使用 if 语句，实现当同时满足两个条件时才可以解除装置的处理。代码如下。

List 3-8a 使用嵌套if语句样例 List 3-8a.txt

```
7  static void Main(string[] args)
8  {
9      int player1PosX = 2;  // 玩家1的位置
10     int player2PosX = 6;  // 玩家2的位置
11
12     // 当玩家1的位置为2且玩家2的位置为6时解除装置
13     if (player1PosX == 2)
14     {
15         if (player2PosX == 6)
16         {
17             Console.WriteLine("解除装置");
18         }
19     }
20 }
```

▼运行结果

```
解除装置
```

以上程序中 if 语句是**嵌套**的（if 语句中再次写入 if 语句）。通过嵌套，当 player1PosX 变量为 2 时，外侧（第 1 个）的 if 语句变为“真”，检查内侧（第 2 个）的 if 语句。只有在第 2 个语句也为真（player2PosX 为 6）时，才显示“解除装置”。

Fig　if 语句的嵌套

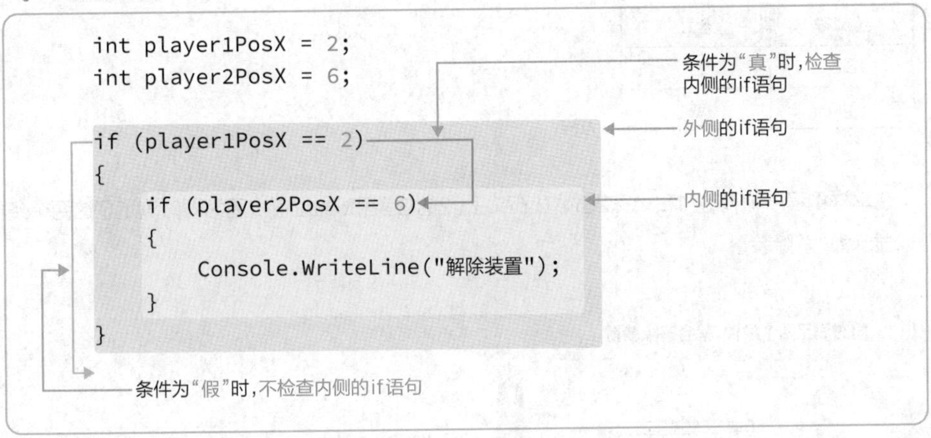

```
int player1PosX = 2;
int player2PosX = 6;

if (player1PosX == 2)
{
    if (player2PosX == 6)
    {
        Console.WriteLine("解除装置");
    }
}
```


上述处理本身没有问题，但是如果 if 语句存在嵌套，程序会有些复杂。下面介绍更简单的同时检查两个条件的方法。请输入以下程序，运行结果同上。

List 3-8b　检查两个条件　　List 3-8b.txt

```
 7 static void Main(string[] args)
 8 {
 9     int player1PosX = 2;   // 玩家1的位置
10     int player2PosX = 6;   // 玩家2的位置
11 
12     // 玩家1的位置为2且玩家2的位置为6时解除装置
13     if (player1PosX == 2 && player2PosX == 6)
14     {
15         Console.WriteLine("解除装置");
16     }
17 }
```

解说　检查多个条件

在第 13 行中，为了实现只在“玩家 1 的位置为 2”且“玩家 2 的位置为 6”时才解除装置，使用 if 语句指定解除的条件。

要仅在满足多个条件时执行处理，用“&&”运算符连接条件表达式，可以连接多个条件表达式。另外，如果满足多个条件中的一个条件，就要执行处理，用“||”运算符连接条件表达式，也可以连接多个条件表达式。

Table “&&”和“||”运算符

运算符	含义
&&	且
||	或

在本样例程序中，玩家1和玩家2都站在石头上（2的位置和6的位置），因为同时满足了这两个条件，所以显示为“解除装置”。

Fig 同时满足两个条件，就会解除装置

如果改变了玩家 1 的位置，也要确认，否则无法解除装置。将 List 3-8a 中的第 9 行改写成以下内容，玩家 1 没有站在石头上。执行后将不能显示“解除装置”。

```
int player1PosX = 1;
```

Fig 移动玩家 1 时，不会解除装置

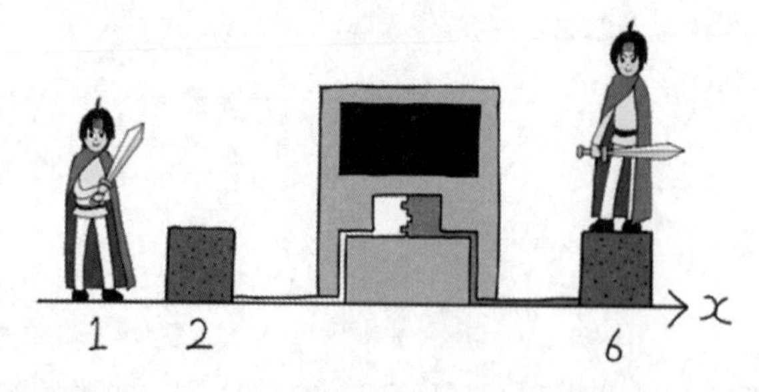

练习题 3-8

改写 List 3-8b 中的条件表达式，并创建一个程序，实现玩家 1 和玩家 2 中任意一方站在石头上，就可以解除装置。

练习题 3-9

除了 List 3-8b 中的条件外，编写需要玩家 1 和玩家 2 左右交替踩石头才能解除装置的程序。

样例文件▸ C#程序源码\第3章\List 3-9.txt

样例 03 改变在陆地上和在水中的动作

虽然知道如何在满足条件表达式时执行相应操作，但在实际应用中也有当满足条件和不满足条件时执行不同操作的情况。下面的程序是玩家在陆地上跑步，如果玩家不在陆地上，则会做出游泳动作。代码如下。

List 3-9 if...else使用样例 List 3-9.txt

```
7 static void Main(string[] args)
8 {
9     int playerPosY = 3;
10
11    // 如果玩家在陆地上(高度大于等于0的位置)，跑
12    // 如果不在，则判断在水中，游泳
13    if (playerPosY >= 0)
14    {
15        Console.WriteLine("跑!");
16    }
17    else
18    {
19        Console.WriteLine("游泳!");
20    }
21 }
```

▼运行结果

```
跑!
```

解说 使用if ... else语句

在第 9 行中，变量 playerPosY 表示玩家站立位置的高度，将其初始化为 3。此外，在第 13 ~ 20 行中，如果变量 playerPosY 为“如果在 0 及以上（陆地上）”，玩家就开始跑；如果 playerPosY 变量为“如果在 0 以下（水中）”，玩家就需要游泳，根据条件分别进行处理。

Fig　按玩家所处位置分别进行处理

因此，如果要在满足条件和不满足条件的情况下进行不同的处理，可以使用 if ... else 语句。if ... else 语句的写法如下。

格式　if ... else语句的写法

```
if（条件）
{
    满足条件时，进行处理;
}
else
{
    不满足条件时，进行处理;
}
```

if 语句块的写法和前面的一样，后面是 else 块。如果满足 if 语句的条件表达式，则执行条件表达式后面块中的操作；否则，执行 else 后面块中的操作。

Fig　切换对条件表达式的“真”“假”执行的处理

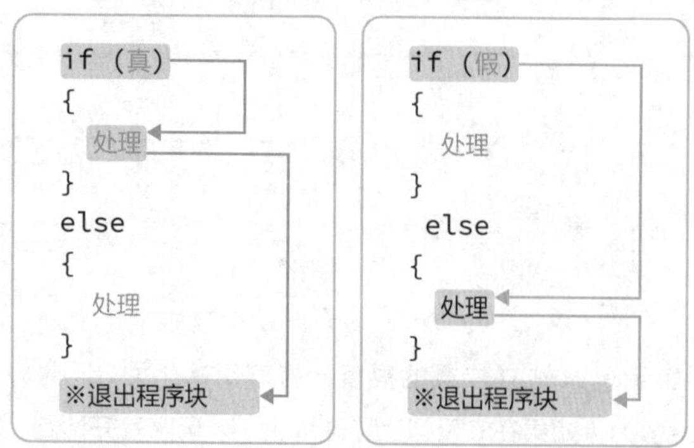

在本次的程序中，将 if 语句的条件表达式设为“playerPosY>=0”，判断玩家是在陆地上还是在水中（比较中使用的“>=”运算符请参照 3-3 节中的 Table“关系运算符”）。playerPosY 的值为 3，因此 if 语句的条件表达式变为“真”，执行条件表达式之后的块内的处理，并返回“跑！”。

玩家在水中时也要确认是否需要游泳。初始化第 9 行中的 playerPosY 变量。

```
int playerPosY = -5;
```

如果改写变量 playerPosY 的值，则 if 语句的条件表达式为“假”，因此执行 else 之后的块中的处理，运行后显示“游泳！”。

Fig 根据变量值执行不同的分支处理

```
int playerPosY = 3;

if (playerPosY >= 0)
{
    Console.WriteLine("跑!");
}
else
{
    Console.WriteLine("游泳!");
}
```

条件表达式为“真”时
执行if块中的处理

```
int playerPosY = -5;

if (playerPosY >= 0)
{
    Console.WriteLine("跑!");
}
else
{
    Console.WriteLine("游泳!");
}
```

条件表达式为“假”时
执行else块中的处理

Point!

基于if...else语句的条件分支

当条件表达式为“真”时，执行 if 块中的处理；当条件表达式为“假”时，执行else块中的处理。

练习题 3-10

将任意 int 型值代入 num 变量，创建一个程序，如果 num 变量值为“大于或等于 3”，显示“赢”；如果 num 变量值为“小于或等于 2”，则显示“输”。

样例 04 根据地形的种类改变动作

使用 if...else 语句，可以在满足条件和不满足条件的情况下进行不同的处理。但是，像“满足条件 1，处理 1；条件 2，处理 2；条件 3……”这样，在增加处理分支的情况下，仅用刚才的 if...else 语句进行编程是很困难的。像下面这样把 if...else 语句作为嵌套可以增加条件，但是有没有更加简洁的写法呢?

```
if (条件1)
{
    处理1
}
else
{
    if (条件2)
    {
        处理2
    }
    else
    {
        处理3
    }
}
```

如果想要处理三种以上的情况，可以使用 **if ... else if ... else 语句**。下面的程序是根据地形的种类改变玩家的伤害量。请试着输入。

List 3-10 **if ... else if ... else语句使用样例** List 3-10.txt

```
7  static void Main(string[] args)
8  {
9      int hp = 100;
10     int mapType = 2;
11
12     // 根据地形的种类，增减hp的值
13     if (mapType == 1)  // 恢复地形的情况
14     {
15         hp += 10;
16     }
17     else if (mapType == 2)  // 毒地形的情况
18     {
19         hp -= 5;
20     }
```

```
21      else if (mapType == 3)  // 陷阱的情况
22      {
23          hp = 0;
24      }
25      else  // 除上述地形以外，所有地形都是普通地形
26      {
27          Console.WriteLine("HP没有变化");
28      }
29
30      Console.WriteLine("HP=" + hp);
31  }
```

▼运行结果

```
HP=95
```


解说 使用if ... else if... else语句

这个程序根据地形的种类改变了给玩家带来的伤害量。如下图所示，如果变量 mapType 为 1，根据恢复地形将 hp（命中点）增加 10；如果变量 mapType 是 2，则根据毒地形将 hp 减少 5。另外，如果 mapType 是 3，则根据陷阱地形将 hp 变成 0。除此之外，都视为普通地形，因此 hp 不发生变化。

Fig 根据地形改变hp

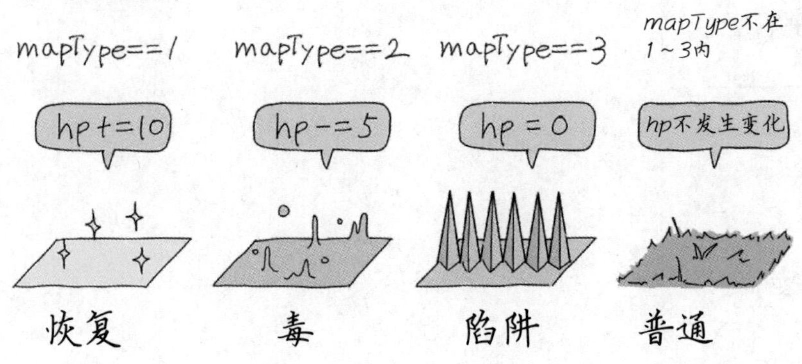

因此，在需要多个条件表达式的情况下，可以使用 **if...else if...else** 语句。if...else if...else 语句的写法如下。

格式 **if ... else if ... else语句的写法**

```
if (条件)
{
   处理;
}
else if (条件)
{
   处理;
}
   ...※else if语句可以多重嵌套...
}
else
{
   处理;
}
```

if...else if...else 语句从上到下检查条件表达式，如果为“真”，则执行条件表达式后面的块处理。如果满足条件表达式，并执行块中的处理，则不检查之后的条件；如果不满足任何条件，则执行最后一个 **else** 之后的块处理（可以省略最后一个 else 语句）。

Fig **从上到下检查条件表达式**

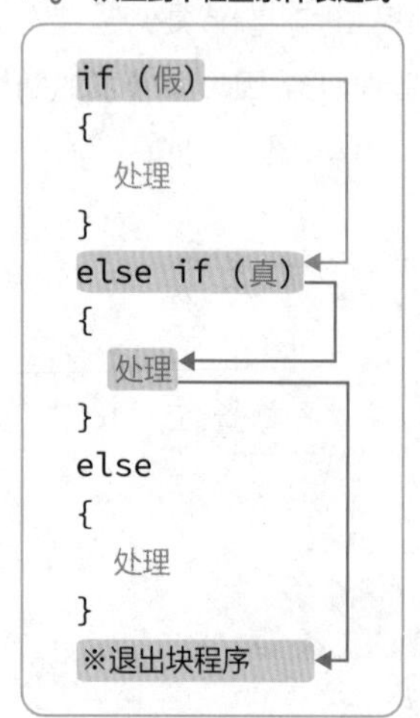

第 10 行将 2 赋给 mapType 变量，从上面开始满足第 2 个条件表达式，hp 变量减少 5，显示“HP=95”。将 mapType 变量赋值为 5 时，因为不满足任何条件表达式，所以执行 else 块处理，显示“HP 没有变化”。

Fig 根据多条件表达式的判定结果执行的处理

```
int hp = 100;
int mapType = 2;

if (mapType == 1)
{
    hp += 10;
}
else if (mapType == 2)
{
    hp -= 5;
}
else if (mapType == 3)
{
    hp = 0;
}
else
{
  Console.WriteLine("HP没有变化");
}

Console.WriteLine ("HP=" + hp);
```

从上面进行判断，对变为“真”的条件表达式进行处理

```
int hp = 100;
int mapType = 5;

if (mapType == 1)
{
    hp += 10;
}
else if (mapType == 2)
{
    hp -= 5;
}
else if (mapType == 3)
{
    hp = 0;
}
else
{
    Console.WriteLine ("HP没有变化");
}
Console.WriteLine("HP=" + hp);
```

如果所有条件表达式都为“假”，则执行else块的处理

Point!

基于if...else if...else语句的条件分支

if…else if…else语句从上面开始判定条件表达式，并执行结果为“真”的块处理。如果所有条件表达式都是“假”，则执行else块处理。

switch语句

当指定三种以上的条件时，有时会使用**switch语句**代替if...else if...else语句。

如List 3-10，如果条件表达式中要与变量比较的值为1或2等特定变量时，switch语句可能比if...else if...else语句更简洁清晰。但是，因为if...else if...else语句比较常用，只要记住 if 语句的使用方法，就可以编写程序，所以可以在熟悉程序之后使用switch语句重新编写。

练习题 3-11

在 List 3-10 中改写第 10 行的 mapType 变量，代入值后，请确认显示的 HP 值是否发生变化。

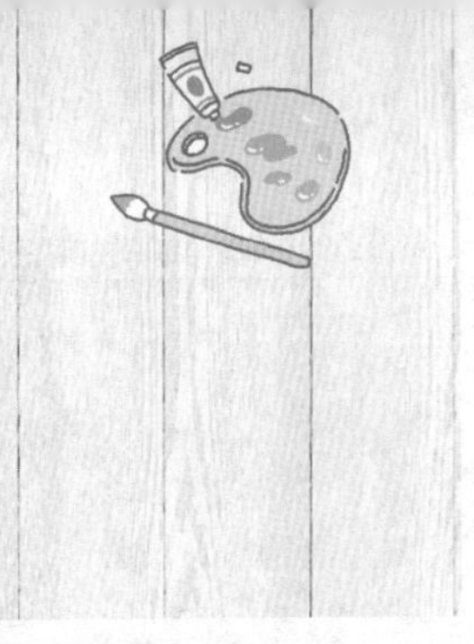

3-4 反复多次：重复相同的处理

本节将学习反复多次、重复处理的方法。如果能够熟练掌握控制程序流程的“条件分支”（3-3 节）和反复多次（3-4 节），程序设计的应用范围会迅速扩大，所以要牢牢掌握。

样例文件▸C#程序源码\第3章\List 3-11.txt

样例 01 连续攻击5次

对于“想连续前进 3 步的玩家”或“想连续攻击 5 次”等情况，在项目中可能会**反复**进行相同的处理。

Fig　反复前进和攻击

但是为了重复处理，像下面这样反复进行同一操作，不仅麻烦，还有可能弄错重复的次数。

```
Console.WriteLine("攻击");
Console.WriteLine("攻击");
Console.WriteLine("攻击");
Console.WriteLine("攻击");
Console.WriteLine("攻击");
```

在 C# 程序中，准备了可以将相同的过程重复指定次数的 **for 语句**。下面的例子是连续攻击 5 次的程序。请试着输入。

List 3-11 for语句基本使用样例 List 3-11.txt

```
7 static void Main(string[] args)
8 {
9     // 连续攻击5次
10     for (int i = 0; i < 5; i++)
11     {
12         Console.WriteLine("攻击");
13     }
14 }
```

▼运行结果

```
攻击
攻击
攻击
攻击
攻击
```

解说 使用for语句进行重复处理

这个程序在第 10 ~ 13 行使用 for 语句连续进行 5 次攻击。for 语句的基本用法如下。

格式 for语句的基本用法

```
for (int i = 0; i < 重复次数; i++)
{
    重复的处理;
}
```

如以上代码所示，按指定的次数重复执行块内的处理。“int i=0;” 等细节部分将在下面的样例中进行说明，要记住如果指定了“重复的次数”，就按指定的次数重复块内的处理。

因为在第 10 行中将“重复次数”指定为 5，所以控制台上会显示 5 次“攻击”。

下面的样例说明了使用 for 语句的一般用法。在继续操作之前，请先反复练习 List 3-11，以便做到即使不看书，也能掌握 for 语句的基本用法。

Point!

for语句的重复处理（基本用法）

在for语句的基本用法中，只反复执行指定次数的处理。

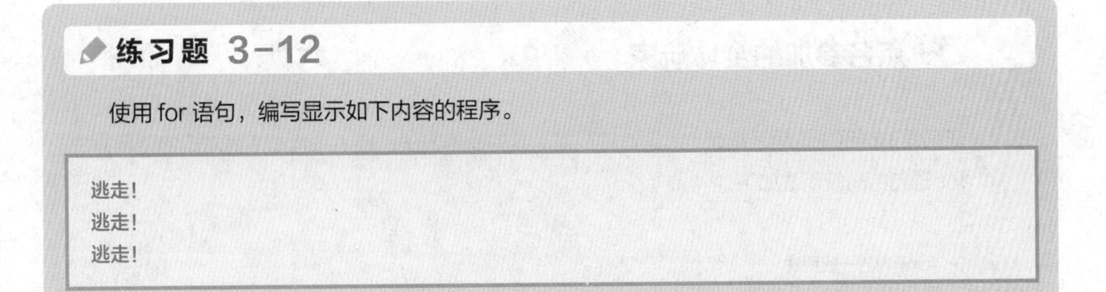

练习题 3-12

使用 for 语句，编写显示如下内容的程序。

```
逃走!
逃走!
逃走!
```

样例文件 ▸ C#程序源码\第3章\List 3-12.txt

样例 02 点名参加的玩家

学习 for 语句的一般用法。下面的程序是从“1号”开始点名参加的玩家。请输入程序。

Fig 从“1号”开始点名玩家

List 3-12 for语句的使用样例（正数） List 3-12.txt

```
7  static void Main(string[] args)
8  {
9      // 点名参加的玩家
10     for (int i = 1; i < 4; i++)
11     {
12         Console.WriteLine(i + "号!");
13     }
14 }
```

▼运行结果

```
1号!
2号!
3号!
```

解说 点名参加的全体玩家

在前面的样例中说明了指定 for 语句的重复次数的使用方法，接下来看一下更常见的使用方法。

for 语句的一般用法如下。

格式 **for语句的一般用法**

```
for (初始化循环变量;循环条件表达式;更新循环变量)
{
    重复处理;
}
```

下面详细介绍 for 语句的一般用法。在初始化循环变量时定义**循环变量**，以便记住循环的次数。循环变量的初始化仅在 for 语句的开头执行一次。当循环条件表达式为“真”时，执行块中的处理，更新循环变量值。

只看说明是很难理解的，所以根据 List 3-12 中的第 10 ~ 13 行的 for 语句来确认处理流程。为了理解 for 语句中的功能，下面对 for 语句中的处理过程进行详细说明。

❶ 将循环变量 i 初始化为1。

❷ 检查循环条件表达式。i的值是1，小于4，满足条件，所以进入块内。

❸ 执行块内的处理，在控制台上显示“1号!”。

❹ 更新变量i的值。因为执行 i ++，所以i的值为2。

❺ 再次检查条件表达式。i的值为2，小于4，因此进入块内。

❻ 执行块内的处理，在控制台上显示“2号!”。

❼ 更新变量i的值。执行 i ++，i 的值为3。

❽ 进一步检查条件表达式。i的值为3，小于4，因此进入块内。

❾ 执行块内的处理，在控制台上显示“3号!”。

❿ 更新变量i的值。执行 i ++，i的值为4。

⓫ 进一步检查条件表达式。i 的值为4，不小于4，所以退出循环。

Fig **重复处理**

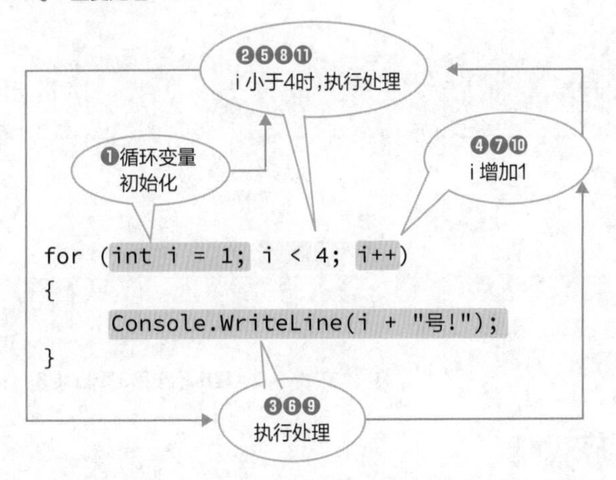

在 List 3-12 中使用循环变量“i 号！”。这样，循环变量也可以用于块内的处理。但是，循环变量 i 的作用范围仅在 for 语句的“{}”中。请注意，如果在 for 语句之外使用变量 i，会造成编译错误。

```
static void Main(string[] args)
{
    for (int i = 1; i < 4; i++)
    {
        Console.WriteLine(i + "号!");
    }
    Console.WriteLine(i);   // 编译错误
}
```

Point!

通过for语句重复（一般的写法）

for语句指定循环变量的初始化、循环条件表达式、循环变量的更新，**执行块内的处理。**

练习题 3-13

使用 for 语句编写显示下面内容的程序。

```
2
3
4
5
```

练习题 3-14

使用 for 语句编写如下只显示偶数的程序。

```
0
2
4
```

样例文件▶C#程序源码\第3章\List 3-13.txt

样例 03 倒数3个数开始游戏

在比赛和格斗游戏中，经常在开始前倒数“3、2、1”后开始游戏。下面的程序显示从 3 到 1 的倒计时和“开始”字符。请试着输入程序。

Fig 倒计时后开始游戏

List 3-13 使用for语句的样例(倒计时)　List 3-13.txt

```
7  static void Main(string[] args)
8  {
9      // 从3倒数到1
10     for (int i = 3; i > 0; i--)
11     {
12         Console.WriteLine(i);
13     }
14     Console.WriteLine("开始");
15 }
```

▼运行结果

```
3
2
1
开始
```

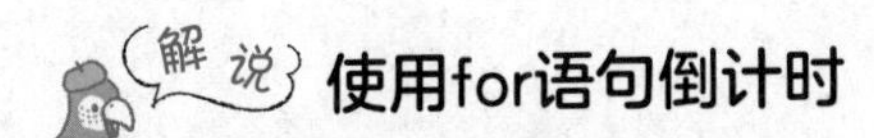

使用for语句倒计时

在这里也按顺序观察 for 语句的处理流程。这次 for 语句中的“更新循环变量”部分不是自增（i++），而是自减（i--）。for 语句的处理流程如下。

❶ 将循环变量 i 初始化为3。

❷ 检查条件表达式(i 是否大于0)。

❸ 满足条件时，执行块内的处理，显示 i。

❹ 减小循环变量 i 的值。

❺ 返回❷检查条件表达式。

步骤❷～❺重复 3 次，当变量 i 的值为 0 时，第 4 次的步骤❷将不满足条件表达式，因此跳出循环。

Fig 重复处理

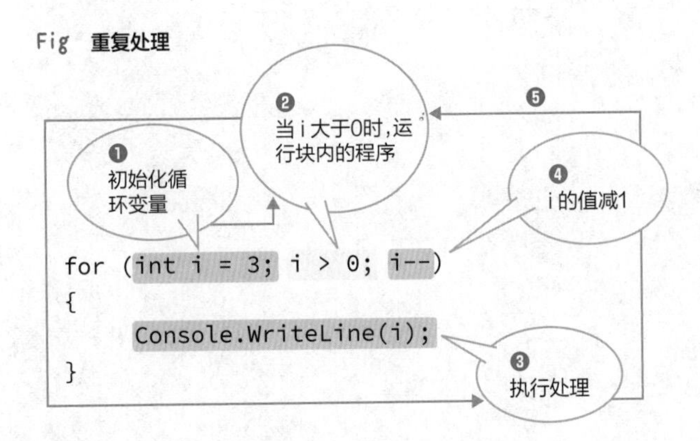

练习题 3-15

使用 for 语句编写从 10 到 0 的倒计时程序。

样例04 将导弹向玩家移动

在循环语句中，除了for语句以外，还有**while语句**。for语句多用于已经确定重复次数的情况，while语句则多用于未确定重复次数的情况。List 3-14a是一个移动导弹直到击中玩家才停止的程序。试着输入程序。

List 3-14a while语句的使用样例 List 3-14a.txt

```
7  static void Main(string[] args)
8  {
9      int playerPosX = 5;
10     int missilePosX = 15;
11
12     // 如果玩家的位置和导弹的位置不相同
13     // 导弹反复移动
14     while (playerPosX != missilePosX)
15     {
16         Console.WriteLine("missile at " + missilePosX);
17         missilePosX--;  // 导弹向左移动
18     }
19     Console.WriteLine("HIT");
20 }
```

▼运行结果

```
missile at 15
missile at 14
missile at 13
missile at 12
missile at 11
missile at 10
missile at 9
missile at 8
missile at 7
missile at 6
HIT
```

使用while语句进行循环

这个程序是从画面的右端发射导弹，在击中玩家之前，向左一个单位一个单位地移动。

Fig 在击中玩家前，操纵导弹向左移动

因为不知道导弹向左移动多少次才能击中玩家（在这个例子中可以立即知道，但根据游戏的不同，且玩家会不断移动，所以在执行游戏之后才知道执行了几次），所以使用了 while 语句。

while 语句的用法如下，只要满足条件表达式，就会反复进行处理。

格式 while语句的用法

```
while (条件表达式)
{
    重复的处理;
}
```

Fig 当条件表达式为“真”时执行重复的处理

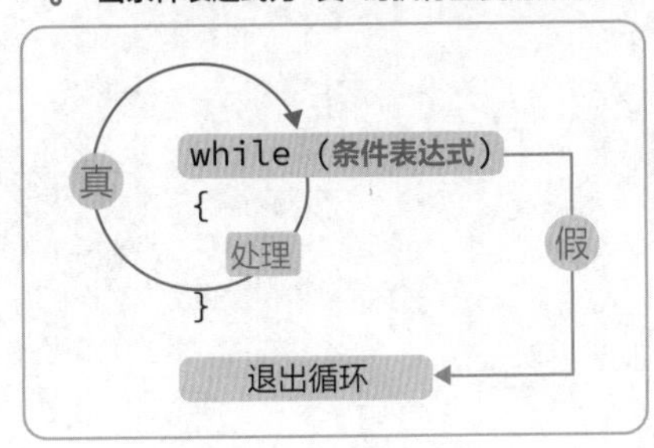

在这个样例中，在玩家和导弹相撞之前希望导弹向左移动，所以在 while 语句的条件表达式中指定了“playerPosX != missilePosX”（第 14 行）。“!=”表示如果右边和左边的值不相等，则表达式结果为“真”。如果两者发生碰撞（达到相同值），则不满足条件表达式，因此跳出 while 语句的循环，用 HIT 表示。

Point!

用while语句重复

while语句**在条件表达式为“真”时执行重复处理。**

练习题 3-16

使用 while 语句编写一个程序，检查 10000 除以 2 需要运算多少次才能达到 100 以下。

◆ break语句

在 List 3-14a 中，当 playerPosX 变量和 missilePosX 变量的值相等时，想要停止重复处理，就需要在 while 语句的条件表达式中写成“playerPosX != missilePosX”。但这样无法直观地指定条件，容易混乱。

因此可以使用 **break 语句**直观地写出重复的结束条件。下面的样例和刚才的程序处理的内容一样，但是使用 break 语句省去了重复循环。

输入以下程序，运行结果与 List 3-14a 相同。

List 3-14b **break语句使用样例** List 3-14b.txt

```
7  static void Main(string[] args)
8  {
9      int playerPosX = 5;
10     int missilePosX = 15;
11
12     // 开始循环
13     while (true)
14     {
15         // 若玩家和导弹相撞，则退出while循环
16         if (playerPosX == missilePosX)
17         {
18             break;
19         }
```

```
20
21        Console.WriteLine("missile at " + missilePosX);
22        missilePosX--;
23    }
24    Console.WriteLine("HIT");
25 }
```


解说 使用break语句退出循环

第 13 行中的 while 语句的条件表达式指定了 **true**（这是 bool 型的值，表示“真”），因为一直满足条件，while 语句会无限次执行。这称为**无限循环**，程序永远不会结束。要退出无限循环，可以在循环的代码块中添加 break 语句。

break 语句用于退出重复处理的代码块。第 16 行用 if 语句检查导弹和玩家的位置是否相同，如果相同，则执行 break 语句添加 while 循环。

Fig　使用break语句退出循环块

```
while (true)
{
    // 若玩家和导弹相撞，则退出while循环
    if (playerPosX == missilePosX)   ← 如果满足 if 的条件，则执行break语句
    {
        break;
    }

    Console.WriteLine("missile at " + missilePosX);
    missilePosX--;
}
Console.WriteLine("HIT");   ← 退出while循环，执行输出处理
```

无法退出两层以上的循环

break是退出最内层循环的语句。如果循环是两层的，可以退出内层循环，但无法退出外层循环。

Fig 只能退出内层循环

```
static void Main(string[] args)
{
    while (true)
    {
        while (true)
        {
            break;
        }
        ※可以到这里退出
    }
    ※到不了这里
}
```

练习题 3-17

使用 while 语句将 1+2+3+…的值相加，当累加值超过 500 后，使用 break 语句退出循环。

使用数组管理数据

如果使用的变量很多，逐个指定变量也是很辛苦的。因此，可以使用将多个变量统一处理的“**数组**”机制。使用数组可以轻松地管理很多变量。

样例文件 ▸ C#程序源码\第3章\List 3-15.txt

样例 01 编写管理体重的程序

考虑一下如何编写一个体重管理应用程序，来管理一周（7天）的体重数据。为了管理一周的体重数据，需要准备7个变量。因为要把体重值记录到小数点以后，所以定义输入变量为float型。使用目前掌握的知识编写的程序如下。

```
float day1;
float day2;
float day3;
...
```

用这样的方法可以声明一周的7个变量。但是，如果将一周增加到一年，超过30个变量的声明就变得非常麻烦。

Fig 很难声明很多变量

当处理大量变量时，使用数组会很方便。下面的程序是将一周的体重数据存入数组中一起显示。请实际输入并查看。

List 3-15 数据样例 List 3-15.txt

```
7  static void Main(string[] args)
8  {
9      float[] weights;           // 声明数组变量
10     weights = new float[7];    // 指定数组的元素数量
11
12      // 给数组中的元素赋值
13      weights[0] = 41.2f;
14      weights[1] = 42.5f;
15      weights[2] = 44.9f;
16      weights[3] = 43.2f;
17      weights[4] = 45.1f;
18      weights[5] = 43.2f;
19      weights[6] = 42.7f;
20
21      // 显示数组中的全部数据
22      for (int i = 0; i < 7; i++)
23      {
24          Console.WriteLine(weights[i]);
25      }
26  }
```

▼运行结果

```
41.2
42.5
44.9
43.2
45.1
43.2
42.7
```

数组的使用方法

这个程序没有声明 7 个变量，而是声明了 1 个数组变量来管理 7 天的体重数据。数组可以形象地理解为将多个变量的箱子横向连接成一列细长的箱子，这样可以把每个体重数据放在各个箱子中。

Fig　数组图像

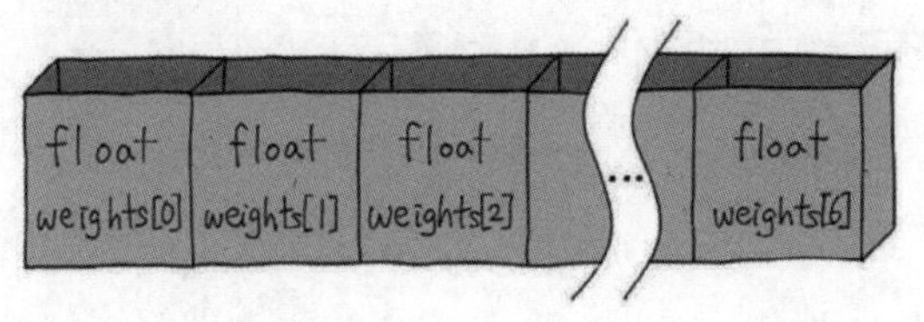

第 9 行定义了一个名称为 weights 的数组变量。在声明 int 型或 float 型变量时，指定了类型和变量名。在声明数组时，也可以通过指定数组的类型和变量名来创建数组变量。

Fig　指定类型和变量名

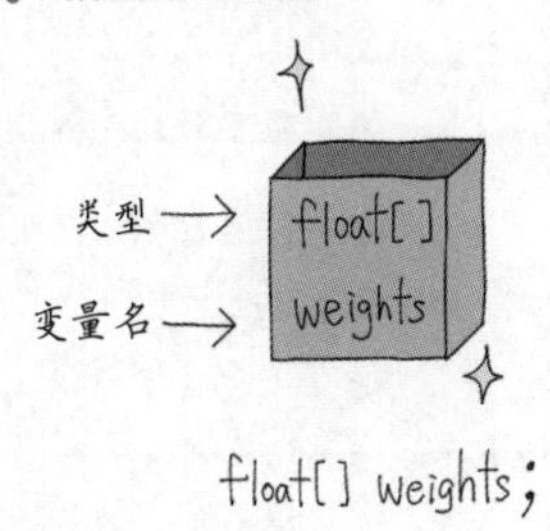

在声明数组时，如 **float[ ]**，在类型名称后面加上 **"[ ]"**。当然，**int[ ] 型**或 **string[ ] 型**等都可以用来声明数组。

格式　**声明数组**

```
类型 [] 变量名;
```

♦ 指定数组的元素数

int 型等变量声明后可以存入数值，但仅声明数组名称并不能正常使用。数组必须指定需要排列的元素（箱子）的个数。定义数组元素个数的格式如下。

格式　**指定数组元素的个数**

```
变量名 = new 类型名称[元素个数];
```

要确定数组的元素个数，就要在 **new** 运算符之后指定类型和元素个数。在第 10 行中，为了能够存储一周的体重数据，将 7 个元素连接起来作为数组。

Fig　**创建元素个数为7的数组**

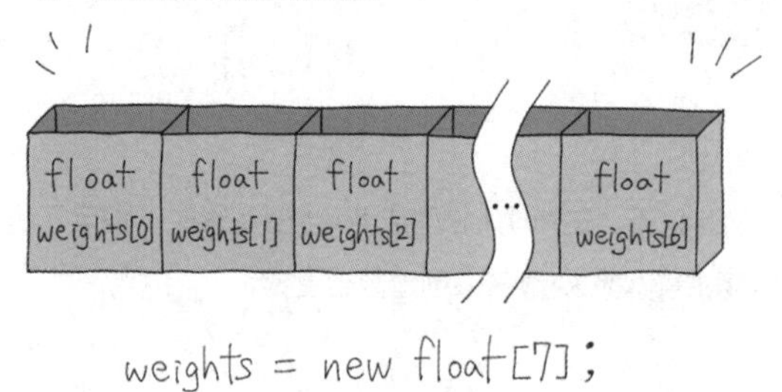

指定数组的声明和元素个数

可以用如下一行代码声明数组和指定元素个数。

```
float[] weights = new float[7];
```

Point!

声明数组并指定元素个数

在数组的类型名称后加上“[ ]”进行声明，并使用new运算符指定元素个数。

◆ 在数组中输入数值

到目前为止，已经完成了连接 7 个元素的数组。接下来在各个元素中放入数值。在访问数组元素并存取数值时，可以利用以下语句。

格式　**访问数组元素并存取数值**

```
变量名[索引]
```

索引是一个数字，表示要访问的元素在数组中排第几位（从 0 开始）。利用 **“变量名 [索引]”** 可以给定数值或获取数值。

索引如下图所示，从 **0** 开始依次增加。因此，当想要给定开头的元素时，在索引中指定 0，代码如下。

```
weights[0] = 41.2f;
```


Fig **索引从0开始**

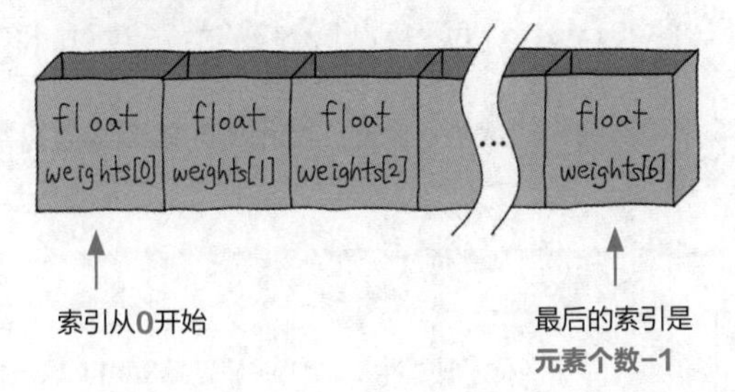

在第 13 ~ 19 行中，从 weights[0] 到 weights[6] 分别给定 float 型的数值。float 型的数值在最后加上了 f。

在第 22 ~ 25 行中显示数组元素的数值。代码如下，可以逐个输出所有元素的数值，但是，当数组元素个数比较多时，工作量也很大。

```
Console.WriteLine(weights[0]);
Console.WriteLine(weights[1]);
...
```

使用 for 语句显示数组中的所有值。通过编写 weights[i]，利用 for 语句的循环变量作为数组的索引，可以依次访问第 1 次循环中的 **i= 第 0 个元素**、第 2 次循环中的 **i= 第 1 个元素**等所有元素。

Point!

访问所有数组元素

使用数组索引作为循环变量，可以按顺序访问数组中的所有元素。

数组的初始化

如果想一次性将数值存入数组的各个元素中,不要像第13 ~ 19行那样写,可以使用下面的语句进行初始化。

```
float[] weights = { 41.2f, 42.5f, 44.9f, 43.2f, 45.1f, 43.2f, 42.7f };
```

在“=”后面的“{ }”中使用“,”分隔需要初始化的数值。此时，数组的元素个数为初始化时值的个数。

样例文件▸C#程序源码\第3章\List 3-16.txt

样例 02 检查数组的全部元素

List 3-15 中的程序管理了 7 天的体重数据。假设将天数增加到 10 天，则需要 10 个数组元素。在这种情况下，将指定数组元素数量的部分（第 10 行）从“new float[7]”改写为“new float[10]”，代入 10 天的数据就会完成修改。如果第 22 行中的 for 语句循环次数不改写为 10，则 10 天的体重数据中只能输出 7 天的数据。

Fig　不要忘记修改for语句

下面介绍在不变更循环程序的情况下获取数组元素个数的方法，输入以下程序。

List 3-16 获取数组的元素 List 3-16.txt

```
7 static void Main(string[] args)
8 {
9     // 数组初始化
10    float[] weights = { 41.2f, 42.5f, 44.9f, 43.2f, 45.1f,
11                        43.2f, 42.7f, 41.5f, 41.4f, 41.9f };
12
13    // 使用"变量名.Length"可以访问所有的元素
14    for (int i = 0; i < weights.Length; i++)
15    {
16        Console.WriteLine(weights[i]);
17    }
18 }
```

▼运行结果

```
41.2
42.5
44.9
43.2
45.1
43.2
42.7
41.5
41.4
41.9
```

程序中的换行

在初始化List 3-16的第10行和第11行中的数组时，中间加入换行符并跨行。程序中的换行符和注释一样，在编译时会被忽略（不允许在保留字、变量名、字符串等中间换行）。当单行的程序变长时，为了便于阅读，要加上换行符。

解说 检查数组元素的方法

在 List 3-15 的程序中改变数组的长度时需要修改 for 语句的理由是，在 for 语句的重复条件中直接写了数组的元素个数为 7。在这里将介绍不直接写元素个数，而通过检查获取全部元素个数的方法。

♦ 使用Length

使用 Length 获取数组中的元素个数的格式如下。

格式　获取数组中的元素个数

```
数组的变量名.Length
```

在第 14 行中将 for 语句的条件定义为“for (int i = 0; i < weights.Length; i++)”。前面当数组的元素个数为 7 时，写成“for (int i = 0; i < 7; i++)”；当数组的元素个数为 10 时，写成“for (int i = 0; i < 10; i++)”。

使用 **Length 之后**，即使数组的元素个数发生变化也不需要修改程序，所以在需要获取数组的元素个数进行处理时可以使用 Length。

foreach语句

对所有数组元素进行逐一访问的另一种方法是**foreach语句**。foreach语句的语法如下。

格式　foreach语句的语法

```
foreach (类型名 变量名 in 数组变量名)
{
}
```

这样写和List 3-16的程序一样，可以显示数组中的全部元素。

```
float[] weights = { 41.2f, 42.5f, 44.9f, 43.2f, 45.1f,
                    43.2f, 42.7f, 41.5f, 41.4f, 41.9f };

foreach( float w in weights )
{
   Console.WriteLine(w);
}
```

foreach语句中,从数组的开头重复“从数组中取出一个元素存入变量”→“执行块内的处理”的处理次数与元素个数相同。在上述程序中,从weights数组中取值赋给变量w,在块内显示w的数值。

样例文件▶C#程序源码\第3章\List 3-17.txt

样例 03 计算一周的平均体重

了解了数组的基本知识后，下面就来看看数组的使用例子。编写计算一周的体重数据平均值的程序。下面从一周的体重数据中计算平均值，输入以下程序。

List 3-17 求数组的平均值　　List 3-17.txt

```
7  static void Main(string[] args)
8  {
9      float[] weights = { 41.2f, 42.5f, 44.9f, 43.2f,
10                         45.1f, 43.2f, 42.7f };
11
12     float sum = 0.0f; // 将一周的体重总和代入变量
13
14     // 求一周的体重总和
15     for (int i = 0; i < weights.Length; i++)
16     {
17         sum += weights[i];
18     }
19
20     // 求一周的体重的平均值
21     float average = sum / weights.Length;
22     Console.WriteLine("平均值是" + average);
23 }
```

▼运行结果

```
平均值是43.257145
```

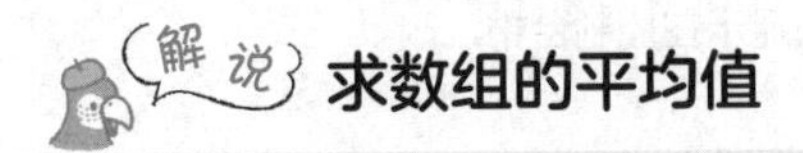

求数组的平均值

这次的程序是计算一周的体重数据的平均值。平均值的计算有以下两步。

❶ **计算全部数据的总和。**

❷ 用总和除以元素个数。

♦ 计算全部数据的总和

在第 9 行和第 10 行中，weights 数组初始化了 7 天的体重数据。在第 12 行中，定义体重总和变量名为 sum，并以“0.0f”的格式进行初始化。在第 15 ~ 18 行中，使用 for 语句在 sum 变量中追加 weights 数组中的全部数据。

Fig　计算全部数据的总和

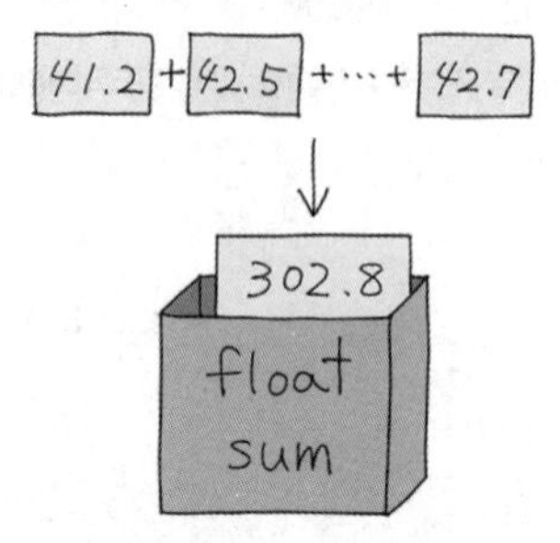

♦ 用总和除以元素个数

在第 21 行中，用数据的总和 sum 除以数据的元素个数 weights.Length（利用“变量名 .Length”获取数组中的元素个数）存入 average 变量。

Fig　用总和除以元素个数

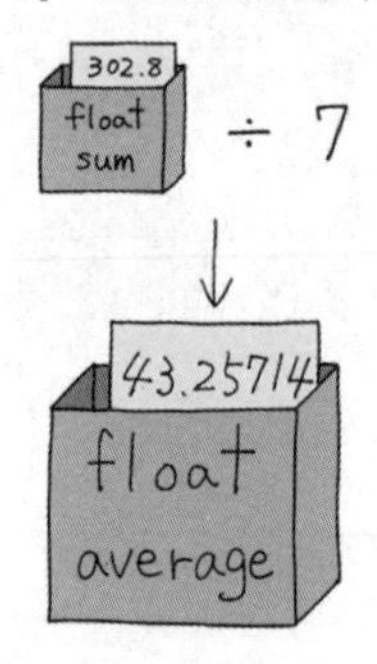

最后，使用 Console.WriteLine() 方法将计算的平均值显示在控制台中。

多维数组

本节介绍了将变量箱横向排列的一维数组。在C#中，还可以创建多维数组。例如，在水平和垂直方向排列变量的二维数组，以及可以在深度方向排列变量的三维数组等。

例如，如下初始化后可以声明2×3的二维数组。

```
int[,] a = {{1,2,3},{4,5,6}};
```

Fig　二维数组的示例

int[,] a =

1 a[0,0]	2 a[0,1]	3 a[0,2]
4 a[1,0]	5 a[1,1]	6 a[1,2]

要访问数组元素，可以使用数组变量名[行索引，列索引]来调用。

```
a[1, 2] = 9;   // 代入a[1,2]
```

练习题 3-18

依据 List 3-17 的体重数据，编写只显示体重在 43kg 以下的元素的程序。

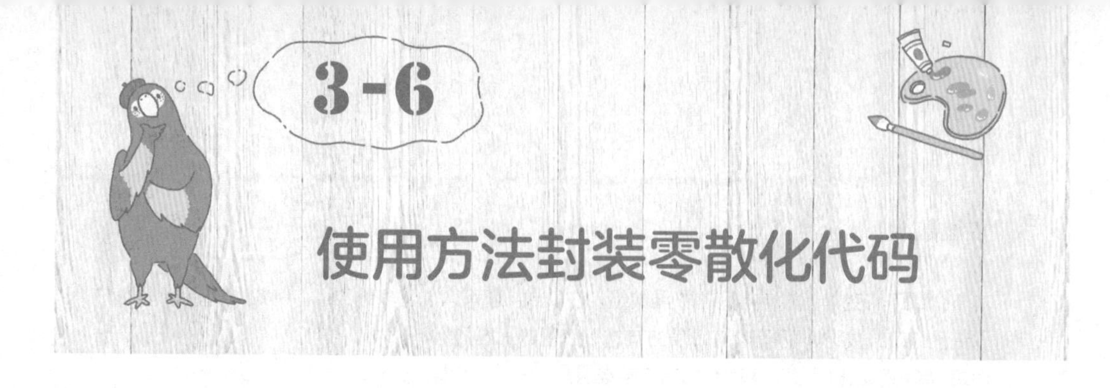

3-6 使用方法封装零散化代码

如果程序代码很长，将变得不易阅读，所以很难把握整体的流程。为了解决这样的问题，可以使用方法在要处理的每一个阶段加上名字以便于分隔。下面将介绍什么是方法、方法的创建过程和使用步骤。

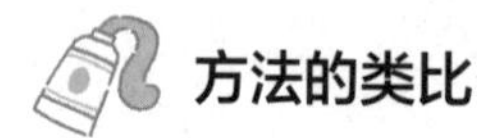

方法的类比

例如，在料理书上查阅奶油培根意大利面的做法时，如下图（左）所示，所有步骤都是分条书写的，不便于阅读，也很难理解其整体流程。但是，如下图（右）所示的“煮意大利面”“制作酱汁”等，如果像这样将烹饪顺序按工序划分，并附有标题，就很容易掌握整体流程。

Fig 奶油培根意大利面的做法

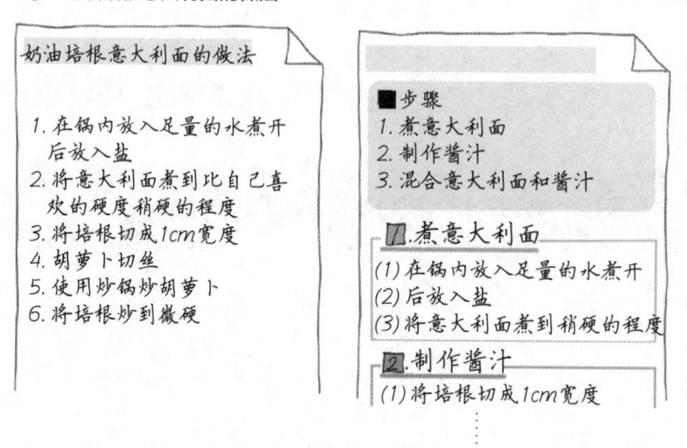

在程序中也是一样。如果程序变长，将不易阅读，并且很难掌握整体的处理流程。为了防止这种情况的发生，有一种叫作“方法”的机制，即将每个代码块按照功能进行拆分，并为每个功能命名。

Fig 命名并拆分流程

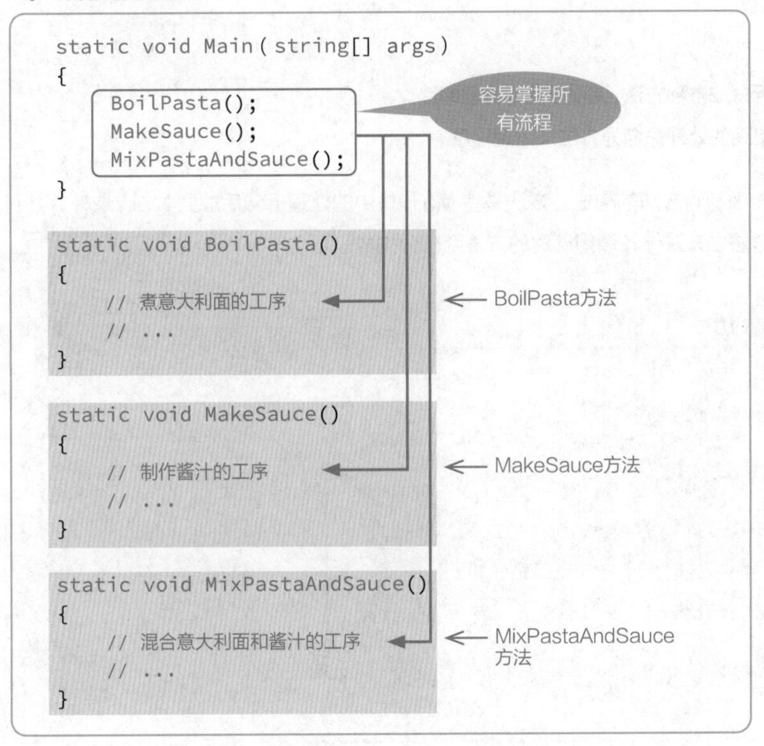

除了更容易掌握流程之外，还有一件便利的事。例如，无论是奶油培根意大利面、那不勒斯意大利面，还是香辣意大利面，因为“煮意大利面”这一工序是共通的，所以在所有的食谱上写明“煮意大利面”的详细步骤是多余的。因此，可以单独写出“煮意大利面”的详细步骤，并放在公共位置，必要的时候可以使用“请参考 ××× ”这样的方式来省略重复的部分，以减少浪费，同时菜谱看起来也更简洁。

Fig 参照其他方法编写的“煮意大利面的步骤”

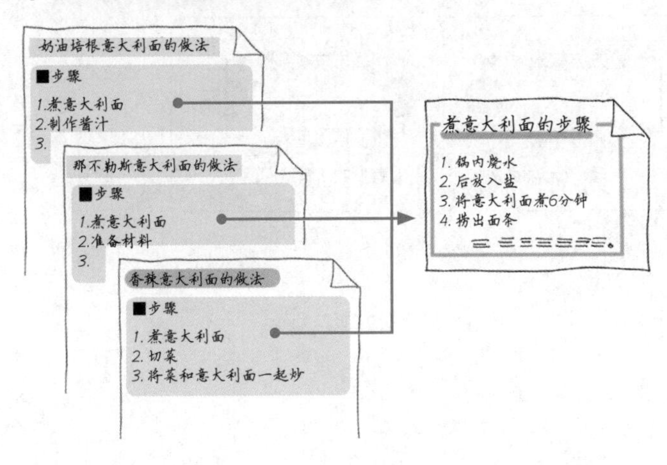

即使是程序，也可以将常用的处理汇总到方法中，并根据需要多次调用（参照）。总之，方法主要有两个作用。

- **通过将处理拆分成各种方法，使程序变得容易阅读。**
- **通过将多次出现的处理命名为方法来缩短程序。**

接下来就来详细看看方法的构成。方法是将 Main 块中的处理拆分后放到 Main 块外，并对其进行命名。因此，方法由**方法体**和**调用创建的方法**两部分构成。

Fig **调用并使用创建的方法**

Hoge方法体

```
static void Hoge()
{
    // Hoge的处理
    // ...
    Console.WriteLine("hoge")
}

public static void Main(String[] args)
{
    Hoge();
}
```

调用Hoge方法

在调用方法时，可以将数值传递给方法，该值称为**参数**，可以用于方法体的处理。另外，也可以将方法的处理结果传送给调用源，该值称为**返回值**。根据参数和返回值的组合，常用方法的写法大致分为 3 个模式（也有无参数、有返回值的模式，因为使用频率低，所以省略）。接下来将根据不同模式详细说明方法，并通过实际输入方法的程序来理解方法。

Fig **方法的模式**

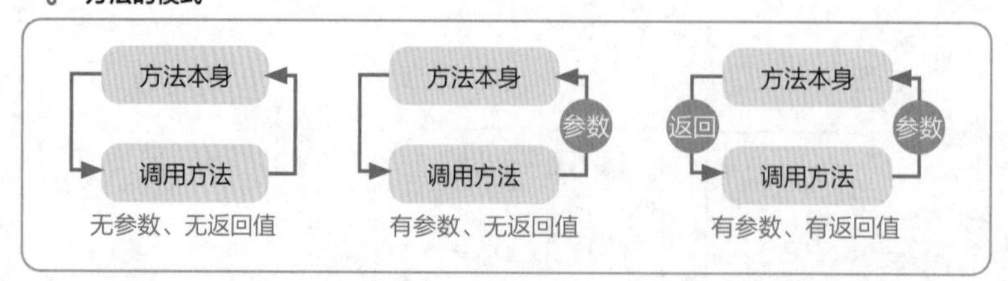

样例 01 编写"开一家进店时能打招呼的商店"的程序

首先从最简单的**"无参数、无返回值"**模式开始，创建一个程序，并定义一个当顾客一进入商店，店员就会打招呼的方法。输入以下程序。

List 3-18 显示字符串的方法 List 3-18.txt

```
5 class Program
6 {
7     // 定义显示"欢迎光临！"的方法
8     static void Shop()
9     {
10         Console.WriteLine(欢迎光临！);
11     }
12
13     static void Main(string[] args)
14     {
15         // 调用Shop()方法
16         Shop();
17     }
18 }
```

▼运行结果

```
欢迎光临！
```

解说 无参数、无返回值的方法

以上程序创建了 **Shop()** 方法，其中定义了显示"欢迎光临！"的过程。

Fig 定义显示"欢迎光临！"的方法

在第 8 ~ 11 行中，**Shop()** 连续的块为方法体，第 16 行的 **Shop()** 为方法的调用。如果方法体的书写位置在 class 块内，无论其在 Main 块的上方还是下方都没有问题。

Fig Shop()方法的主体和调用

方法本身

```
static void Shop()
{
    Console.WriteLine("欢迎光临！");
}

public static void Main(String[] args)
{
    Shop();
}
```

调用方法

♦ 方法体的写法

无参数、无返回值的方法体的写法如下。在 void 后接着**定义**方法名，在块内写方法要执行的处理。

格式 无参数、无返回值的方法体的写法

```
void 方法名()
{
    方法的处理;
}
```

结合 List 3-18 的程序进行实践。将 Shop() 方法应用于“方法体的写法”的格式如下所示。

Fig 无参数、无返回值的Shop()方法

第一个 **void** 表示无返回值。在 void 之后的方法名中，取一个能知道方法作用的名字（在 C# 中，方法名基本上以大写字母开头）。在这里，将方法命名为 Shop。在有参数的情况下，在方法名后面的“()”内写参数，但是这次没有参数，所以什么也不用写。使用参数和返回值的模式将在以下

示例中进行说明。

 **static关键字**

在方法的返回值类型前面加上static关键字，这称为**静态方法**。静态方法具有只能调用静态方法的规则。由于Main() 方法是静态方法，所以调用的方法也是静态方法。static关键字将在第5章中详细说明。

♦ 无参数方法的调用方法

要执行方法中所写的程序，必须调用方法。要调用方法，请在 **“()”** 前面编写方法名称，如下所示。

格式　无参数方法的调用方法

```
方法名()
```

在 List 3-18 中，在第 16 行中调用 Shop() 方法。这次所写的 Shop() 方法的调用格式如下。

Fig　调用无参数的Shop()方法

List 3-18 是一个在方法中显示“欢迎光临！”的程序。虽然程序简单，但可以先练习简单的方法，渐渐过渡到能够编写复杂的方法。

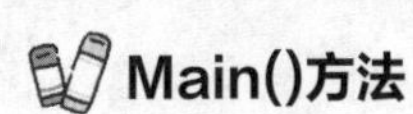

在之前的样例中，程序的Main部分“ static void Main (string[] args)”称为**Main()方法**，是应用程序启动后最先执行的方法。可以从Main()方法或自己创建的其他方法中调用创建的方法。

✎ 练习题 3-19

创建一个回答“谢谢！”的 Thankyou() 方法，并从 Main() 方法中调用。

样例文件 ▸ C#程序源码\第3章\List 3-19.txt

样例 02 编写“可以查询商品价格的店铺”的程序

接下来看看**“有参数、无返回值”**模式的方法。扩展 Shop() 方法并体会在有参数的情况下会变得多么方便。

将商品名赋值到 Shop() 方法的参数中，将商品的金额显示到控制台上。输入以下程序，运行试试。

List 3-19 根据商品显示价格的方法　　List 3-19.txt

```
5  class Program
6  {
7      // 在参数中输入商品名
8      // 根据商品名显示相应的价格的方法
9      static void Shop(string itemName)
10     {
11         Console.WriteLine("欢迎光临!");
12
13         if (itemName == "草药")
14         {
15             Console.WriteLine(itemName + "是100元。");
16         }
17         else if (itemName == "棍棒")
18         {
19             Console.WriteLine(itemName + "是150元。");
20         }
21         else
22         {
23             Console.WriteLine("售罄");
24         }
25     }
26
27     static void Main(string[] args)
28     {
29         // 将“草药”赋值给参数，调用Shop()方法
30         Shop("草药");
31     }
32 }
```

▼运行结果

```
欢迎光临!
草药是100元。
```


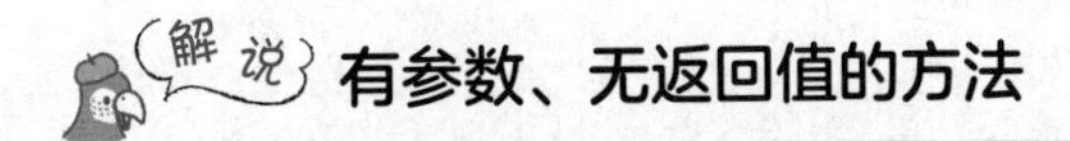

有参数、无返回值的方法

List 3-19 是**有参数、无返回值**的方法的样例。参数是指在执行方法时从调用源赋值到方法体的数据。这次创建的 Shop() 方法是将商品名（string 型）赋给参数并调用。

Fig　**提出商品名回答价格**

第 9 ~ 25 行是 Shop() 方法的主体，第 30 行是 “Shop(" 草药 ");” 的调用方法。下面确认一下各自的写法。

Fig　**Shop()方法的主体和调用**

方法体

```
static void Shop(string itemName)
{
    // ...
}

public static void Main(String[] args)
{
    Shop("草药");
}
```

草药

调用方法

首先来看方法体。方法中有参数时的写法如下。

格式　**有参数、无返回值的方法的写法**

```
void 方法名(类型 变量名, 类型 变量名,...)
{
    方法的处理;
}
```

声明参数和声明变量一样，需要指定类型和变量名。在使用多个参数时，用“,”分隔参数。

这次想把项目名作为参数，所以把参数的类型名设定为 **string**，参数使用的变量名为 **itemName**。此处声明的 itemName 变量的使用范围仅在 Shop() 方法体中，因此不能在 Shop() 方法体外使用。

Fig　**有参数、无返回值的Shop()方法**

在 Shop() 方法中，根据参数的 itemName 变量值进行条件分支选择处理。itemName 表示“草药”时，显示“草药是 100 元。”，itemName 表示“棍棒”时，显示“棍棒是 150 元。”，其他情况则显示“售罄”。

Fig　**根据参数值来分别处理**

接下来，看看调用有参数的方法的情况。要调用有参数的方法，需要在方法名称后继续写参数。参数的个数、类型、值的赋值顺序必须与方法体指定的一致。

格式 **有参数的调用方法**

```
方法名(参数,参数, ... )
```

在第 30 行中调用 Shop() 方法。调用方法时把**“草药”**作为参数进行传递。

Fig **通过数值调用参数**

通过调用参数，在方法中将参数指定的“草药”传递给 Shop() 方法中的 itemName 变量。因此，在方法内满足“itemName == " 草药 "”的条件，则表示草药的价格。

练习题 3-20

创建一个 ShowEvenOrOdd() 方法，该方法在参数中使用 int 型的数值作为参数，如果该数值是偶数，则显示“是偶数”；如果该数值是奇数，则显示“是奇数”。

样例文件 ▸ C#程序源码\第3章\List 3-20.txt

样例 03 编写“在商店中购买商品”的程序

最后来看看**“有参数、有返回值”**模式的方法。这次，将商品名作为参数进行传递，将该商品的金额作为返回值传递给调用方。试着输入以下程序。

List 3-20 **根据价格购买商品样例** List 3-20.txt

```
5  class Program
6  {
7      // 将商品名赋给参数
8      // 返回商品相应的价格的方法
9      static int Shop(string itemName)
10     {
11         Console.WriteLine("欢迎光临!");
12         int price = 0;
13
14         if (itemName == "草药")
```

```
15          {
16              Console.WriteLine(itemName + "是100元。");
17              price = 100;
18          }
19          else if (itemName == "棍棒")
20          {
21              Console.WriteLine(itemName + "是150元。");
22              price = 150;
23          }
24          else
25          {
26              Console.WriteLine("售罄");
27              price = 0;
28          }
29
30          // 返回参数对应商品的价格
31          return price;
32      }
33
34      static void Main(string[] args)
35      {
36          int money = 2500;
37          Console.WriteLine("所持金额是" + money + "元。");
38          int price = Shop("草药");
39          money -= price;
40          Console.WriteLine("所持金额是" + money + "元。");
41      }
42  }
```

▼运行结果

```
所持金额是2500元。
欢迎光临!
草药是100元。
所持金额是2400元。
```

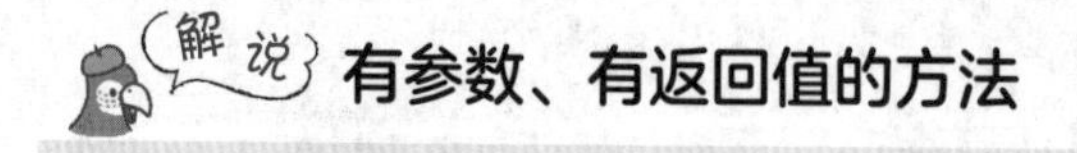

有参数、有返回值的方法

当处理完方法并返回给调用方时（这里是 Shop() 方法中的 Main() 方法），只能返回一个值，这个值称为**返回值**。第 9 ~ 32 行中，Shop() 方法中以字符串形式传递的商品名称为参数，并返回 int 型商品的商品价格。

Fig Shop()方法的主体和调用


```
static int Shop(string itemName)
{
    int price = 0;
    // ...

    return price;
}

public static void Main(String[] args)
{
    int price = Shop("草药");
}
```

有参数、有返回值的方法格式如下所示。

格式 **有参数、有返回值的方法格式**

```
返回值的类型 方法名(类型 变量名, 类型 变量名, ...)
{
    方法的处理;
}
```

在之前的两个样例中，“返回值的类型”都是 void（没有返回值），如果有返回值，则在此处描述返回值的类型名称。将 Shop() 方法的定义部分应用于方法的格式如下所示。

Fig 有参数、有返回值的Shop()方法

这次的 Shop() 方法是把 int 型的价格作为返回值，所以返回值类型是 **int**。其他的部分和以前一样。在 Shop() 方法的第 14 ~ 28 行中，将以参数接收到的商品名称对应的价格传入 price 变量（在没有相应商品时，代入 0）。

在第 31 行中，使用 return 语句将 price 变量的值传递给调用方。return 语句的格式如下所示，**return 语句**后跟要传递给调用方的值（返回值）。返回值必须与方法定义的返回值类型一致。

格式 **return语句的语法**

```
return 返回值;
```

使用 return 语句将值返回给方法的调用方时，将数值赋值给调用方。通过“变量名 = 方法名(参数);”的方式可以将方法的返回值赋值给左边的变量。在 List 3-20 的第 38 行中，将 Shop() 方法的返回值赋给 price 变量。

Fig **将返回值代入调用方的变量**

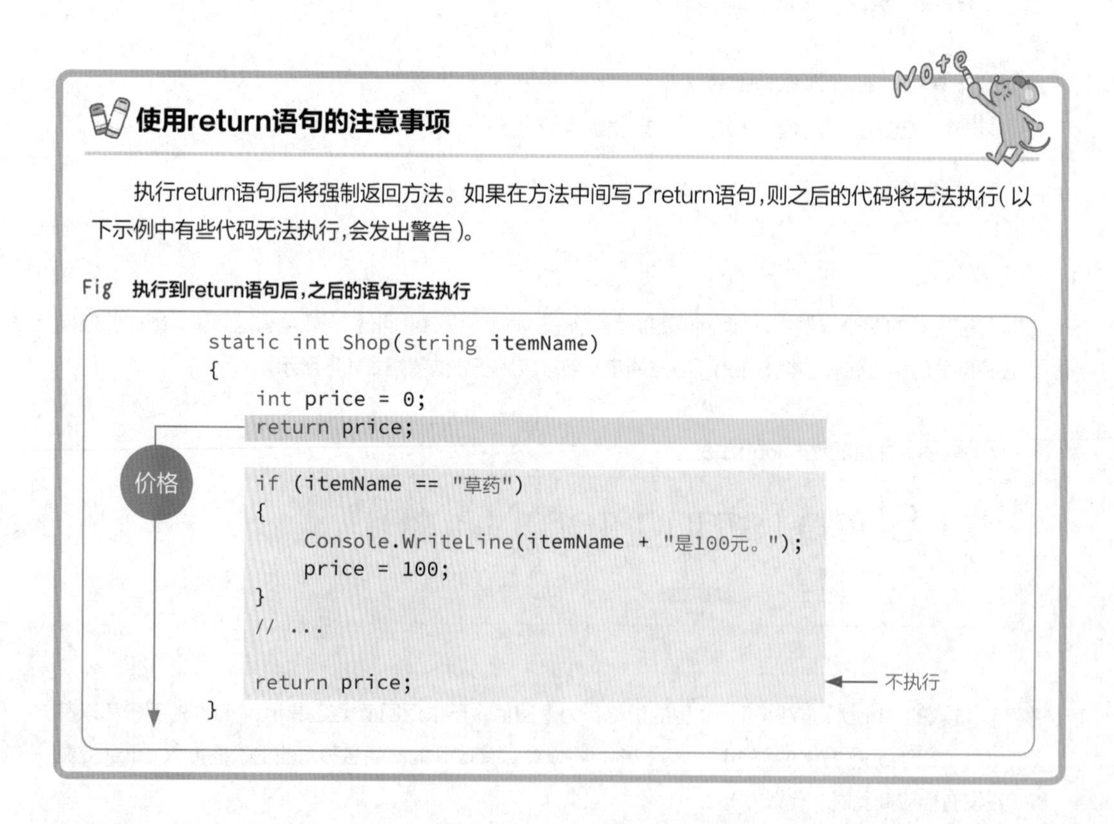

使用return语句的注意事项

执行return语句后将强制返回方法。如果在方法中间写了return语句，则之后的代码将无法执行(以下示例中有些代码无法执行，会发出警告)。

Fig **执行到return语句后，之后的语句无法执行**

```
static int Shop(string itemName)
{
    int price = 0;
    return price;

    if (itemName == "草药")
    {
        Console.WriteLine(itemName + "是100元。");
        price = 100;
    }
    // ...

    return price;
}
```

练习题 3-21

在 List 3-20 的 Shop() 方法中添加 500 元的万能药，并在购买草药后再购买万能药。

练习题 3-22

创建一个 CalcAverage() 方法，该方法使用 3 个 int 型的参数，并返回 float 型的平均值。

Chapter 3 的总结

本章介绍了变量、程序的处理和控制方法以及数组、方法的使用过程。第4章将介绍面向对象的编程。

Chapter 4

面向对象

本章介绍面向对象。面向对象听起来似乎很难，但与第 3 章所学到的方法一样，它是一种“组织程序”的机制。通过使用称为类的机制，可以创建比方法更大的程序集。本节重点介绍如何创建和使用类，同时介绍类的封装、继承和多态。

在本章中，我们将学习面向对象的知识。面向对象是为了更好地组织程序结构。在本节中，将重点介绍“以怎样的单元组织程序比较好”。

 面向对象的方法

说到面向对象，除了以前学过的语法之外，还要学习什么特殊的程序吗？大家可能会这么想，但是没有那些特殊的程序。面向对象不是指特定的语法，而是编写程序时的思维方式。

在 4-2 节中，将介绍理解对象时所必需的**类**和**实例**。在 4-3 ~ 4-5 节中将介绍通过使用“类”可以获得的三个便利功能（封装、继承、多态）。

Fig　面向对象需要学习的内容

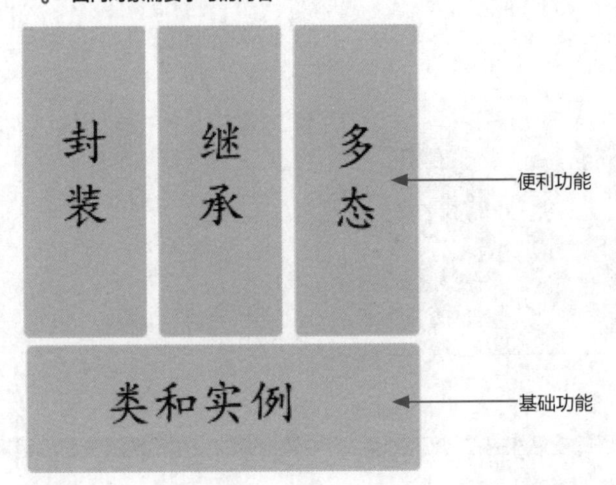

对于刚开始接触编程的人和没有编写过大规模程序的人来说，很难切实感受到这些便利功能（封装、继承、多态）有什么作用。当你觉得这些功能“使用起来很轻松”时使用即可，而不是“在面向对象编程中，一定要使用这些功能”。首先要好好理解类和实例之间的关系。

面向对象的本质

面向对象是一种将程序拆分为类的方法。第 3 章使用方法将程序结构进行了拆分处理，但是如果程序规模变大，仅仅使用方法是无法整理完的。为了编写规模较大的程序，需要以更大的单元来组织程序。那么，以什么样的单元进行拆分比较好呢？下面以身边的物品为例进行思考。

例如，在整理家里零散的物品时，铅笔和橡皮擦可以放在收纳文具的箱子里，海绵和洗涤剂可以放在收纳清洁用品的箱子里。如果水盆边上有铅笔，办公桌上有洗涤剂，就会思考“这个东西为什么会在这个地方？”，而且会感到很奇怪。

Fig 归类相关的东西

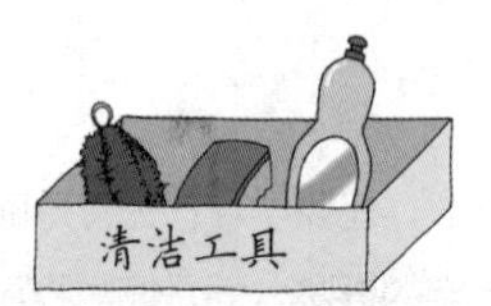

程序也是如此。与其将表示玩家体力的变量、攻击敌人的方法、商店的道具信息等汇总到一个文件中，不如将程序按照内容分成“玩家相关”“敌人相关”“商店相关”三类后再分开编写，这样整理后会更加容易阅读。

Fig 把有关联的内容分开写

这样，以“类”为单元将相关联的变量和方法（在实际程序中是相关的变量和方法）汇总起来的想法称为面向对象。接下来将详细说明类。

“类”具体是什么样的呢？下面来说明类的编写方法和使用方法。

 类

在4-1节中，说明了“类是一种组织相关内容的机制”。在程序中，类是相关的变量和方法的集合。

Fig　将变量和方法合并到类

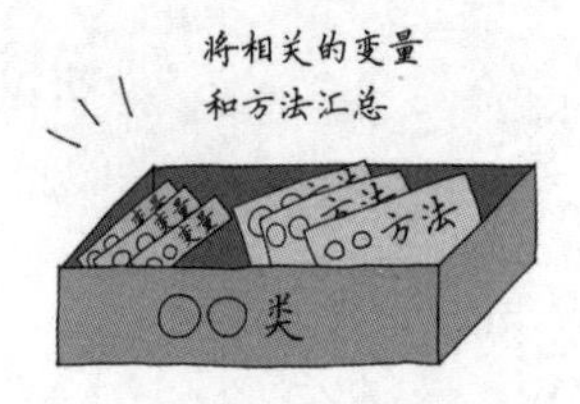

类虽然用于“组织相关的变量和方法”，具体应该组织什么以及怎么组织呢？在说明类中的语法之前，先介绍一下“如何编写程序来创建类”。

面向对象
这是一种以类为单元组织相关变量和方法的想法。

 找到创建类的方法

为了帮助读者理解面向对象，这里以游戏为例进行说明。有人可能会说：“我想做的不是游戏……”即使是这样，如果通过一个题材来考虑类的设计，也可以轻松地应用到自己实际想设计的题材上。下

面从一个容易想象的具体例子开始讲解。

在这里，以玩家攻击敌人的游戏为例，试着考虑一下类的编写方法。具体来说，按照以下三个步骤创建类。

创建类的步骤

步骤① 列出在应用程序中可能发生变化的对象。

步骤② 列出每个变化对象的属性值。

步骤③ 列出与每个变化对象对应的动作和处理。

Fig 以玩家攻击敌人的游戏为例进行考虑

◆ 步骤①：列出应用程序中可能发生变化的对象

要在应用程序中使目标发生变化，就需要为此定义变量和方法。汇总了这些"对象所需的变量和方法"的内容会变成类。在本次的例子中，将**玩家**和**敌人**看作可以移动的东西，所以要建立**"玩家"类**和**"敌人"类**，即列出的类为**玩家**、**敌人**。

◆ 步骤②：列出每个变化对象的属性值

列出对象的值（参数、性质等），找出与该对象关系紧密的值，将其作为类的变量。例如，作为步骤①中列出的属于"玩家"类的值，可以考虑**"姓名""HP""MP""等级"**等。从中选择程序中需要的**变量**。另外，属于"敌人"类的值也同样可以考虑**"姓名""HP""等级"**等。

◆ 步骤③：列出与每个变化对象对应的动作和处理

写出对象相关的"动作"，将其作为该类的方法。与"玩家"类相关的动作可以考虑**"物理攻击"和"魔法攻击"**等。另外，关于"敌人"类的动作可以考虑**"攻击"**和**"逃走"**等。

按照以上 3 个步骤，可以写出如下“玩家”类和“敌人”类。

Fig “玩家”类和“敌人”类

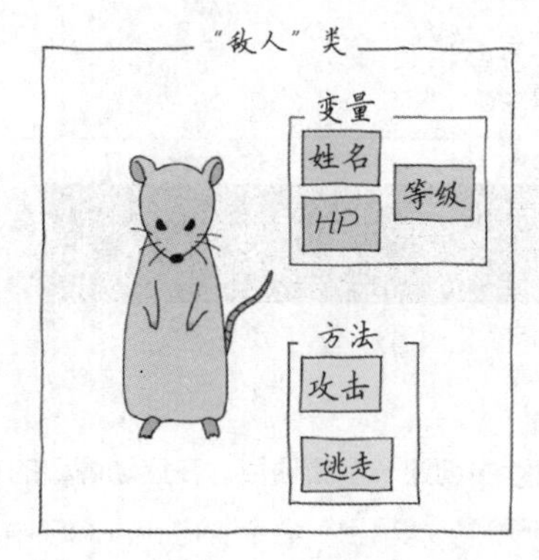

属于对象的值和动作会根据想做的游戏和想法而变化，即使读者思考的内容和本书列举的内容不一样，也没关系。

样例文件 ▸ C#程序源码\第4章\List 4-1.txt

样例 01 试着创建“玩家”类

以“玩家”类为例学习类的创建方法和使用方法。**创建一个“玩家”类，其中的变量是姓名和体力，方法是攻击和防御**。另外，为了便于学习，与刚才先考虑变量和方法的“玩家”类稍微有点不同。

Fig 要创建的“玩家”类

尽管它是攻击和防御的方法，但是可以创建一个简单的方法在控制台中以字符串形式显示所调用的方法。执行攻击方法后，控制台中显示“××（姓名）进行了攻击。”；执行防御方法后，控制台中显示“××（姓名）进行了防御。”。

Fig 在控制台中显示字符串

♦ 创建新项目

在 Visual Studio 中创建一个新项目。在启动窗口的右侧选择**“创建新项目”**，或者在菜单栏中选择**“文件”**→**“新建”**→**“项目”**命令（在 macOS 中，在启动窗口中选择**“新建”**，或者在菜单栏中选择**“文件”**→**“新建解决方案”**命令）。

Fig 创建新项目①

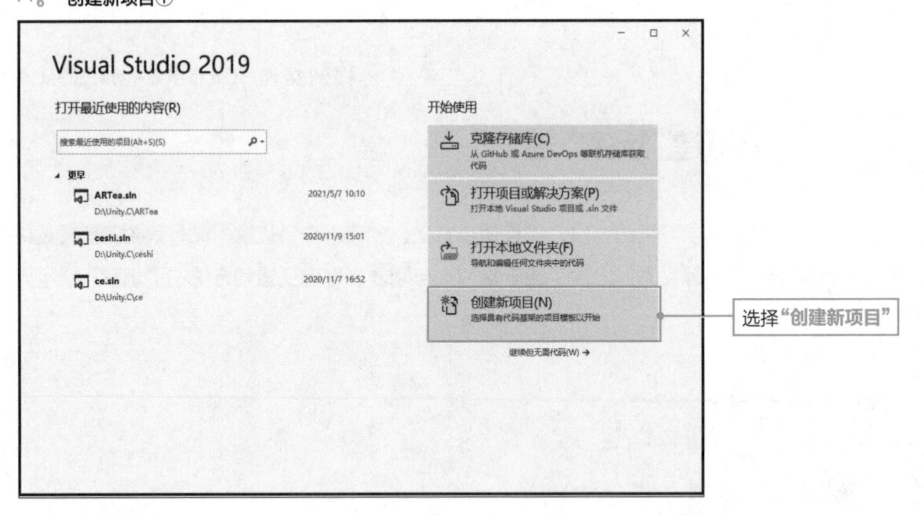

下面表示的是创建新项目窗口。在窗口的右侧选择**“控制台应用程序”**，然后单击**“下一步”**按钮（在 macOS 中，在创建新项目窗口的左侧选择 **.Net Core →选择应用程序**，在窗口中央选择**“控制台应用程序”**，然后单击**“下一步”**按钮）。

Fig 创建新项目②

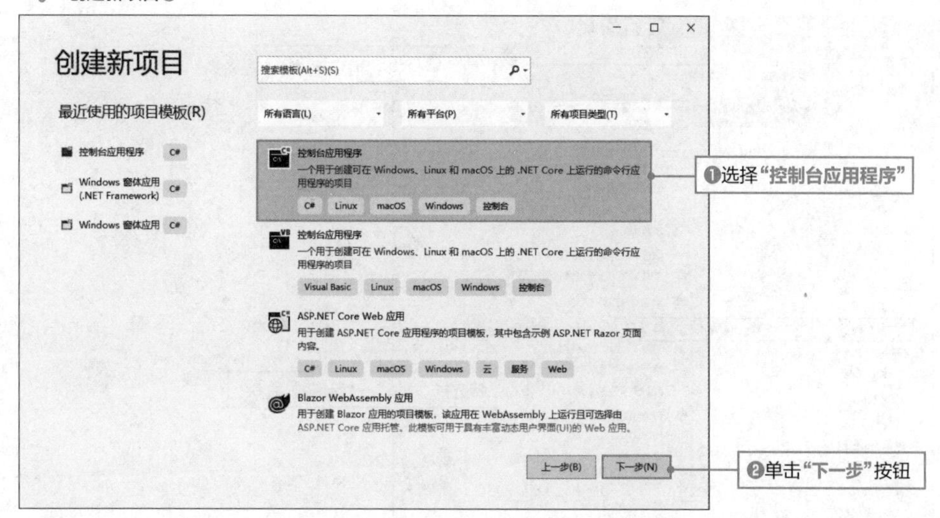

把项目命名为 **SampleRPG**，然后指定保存项目的位置（任意），接着单击 **"下一步"** 按钮。

Fig 设置项目名称和保存位置

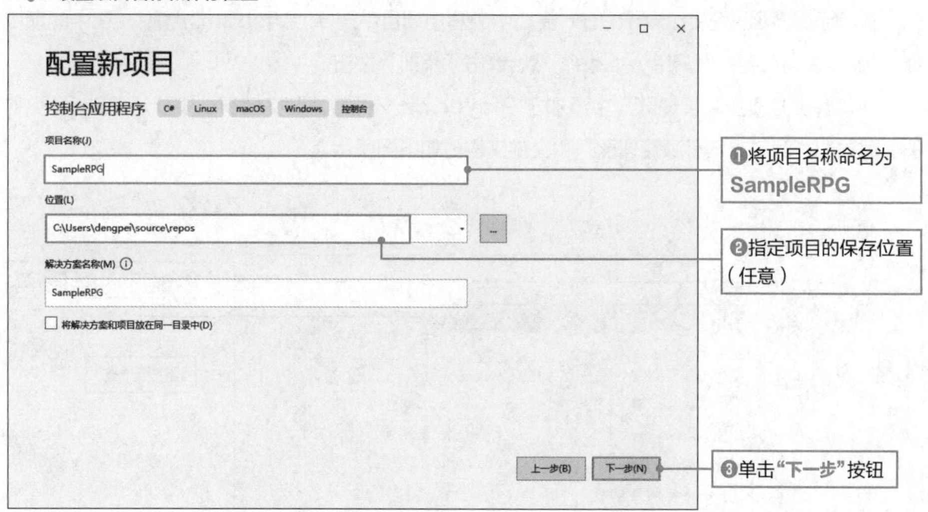

♦ 添加类

创建"玩家"类。如果创建类，就要添加新的类文件。在窗口右侧的解决方案资源管理器中右击 **SampleRPG**，在弹出的快捷菜单中选择 **"添加"** → **"新建项"** 命令（如果是在 macOS 中，则转到第 119 页）。

Fig 添加类①

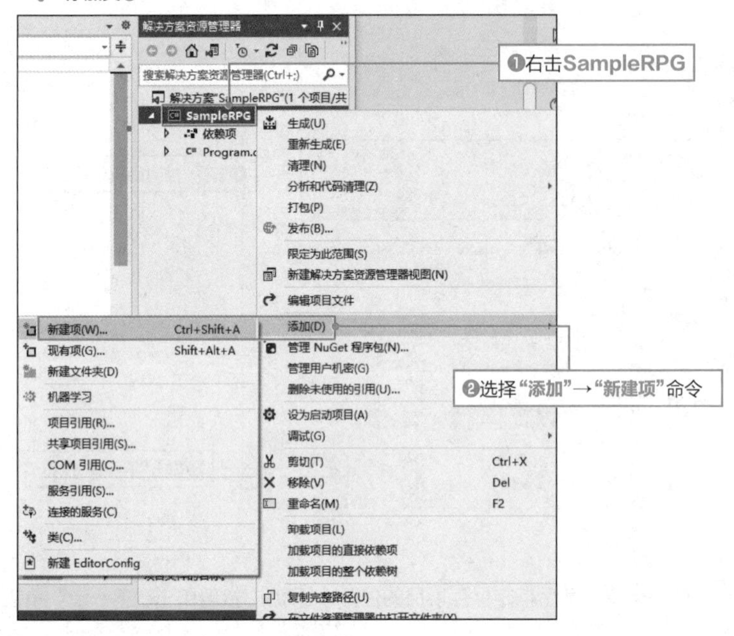

在“添加新项 -SampleRPG”窗口中的左侧项目中选择“Visual C# 项”，在中间项目中选择“类”，并输入名称为 Player.cs，然后单击“添加”按钮。

在“解决方案资源管理器”中添加了 Player.cs 文件，并在文档窗口中显示 Player 类的进度图。此时的“解决方案资源管理器”和文件夹构成如下图所示。

Fig 添加类②

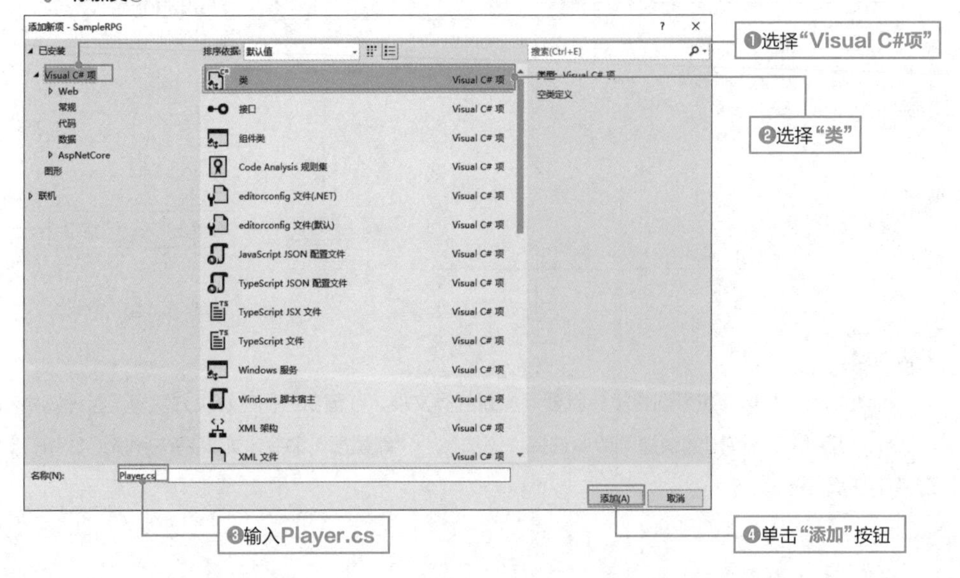

Fig 创建“玩家”类时的解决方案资源管理器

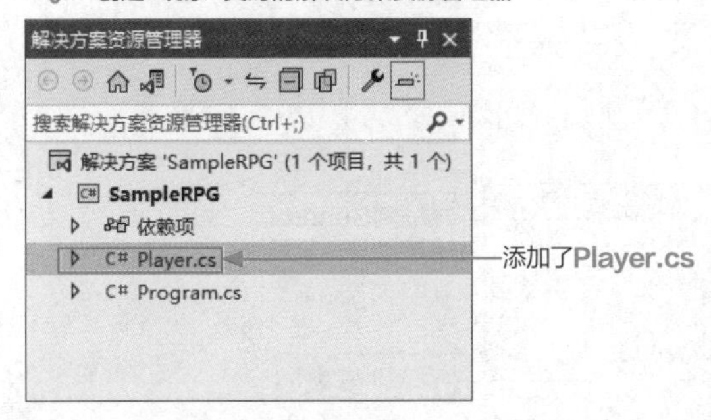

Fig 创建“玩家”类时的文件夹构成

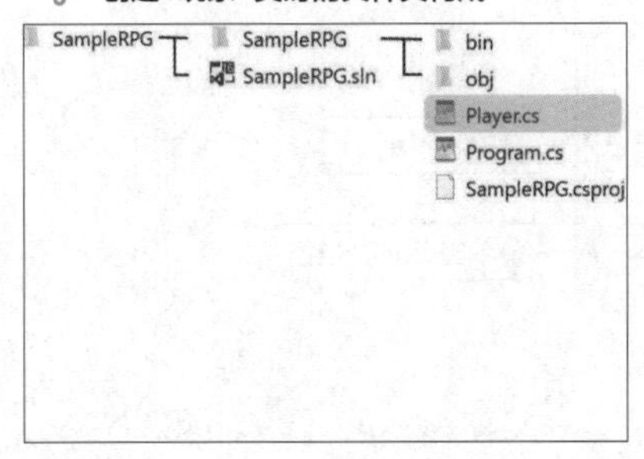

这样，就建立了组织相关对象的容器（类框架）的部分。接下来，在这里添加变量或方法（类内容）。

◆ 在macOS中添加类

在 macOS 中，右击 **SampleRPG**，在弹出的快捷菜单中选择 **“添加”** → **“新建类”** 命令。

Fig 在macOS中添加类①

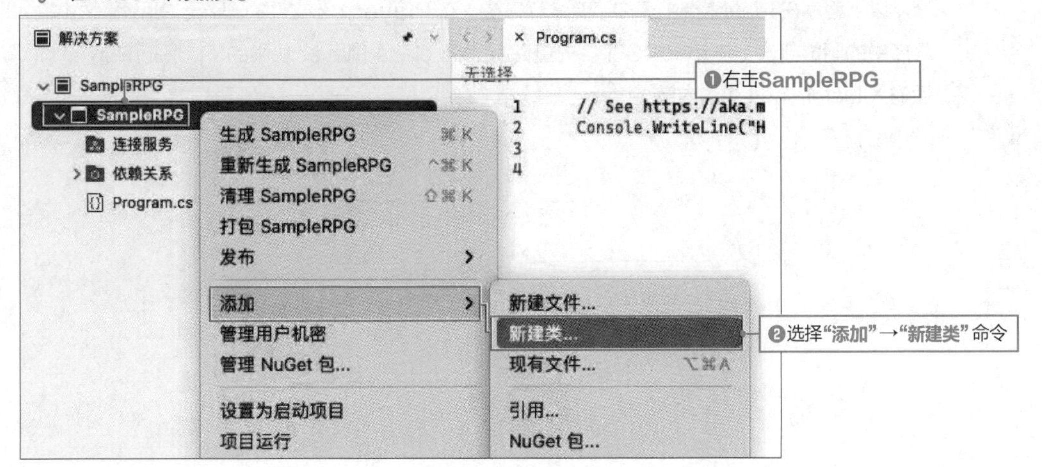

在新文件窗口的左侧选择 **General**，在中间列表框中选择 **“空类”**，并输入名称 Player，单击 **“新建”** 按钮。

Fig　**在macOS中添加类②**

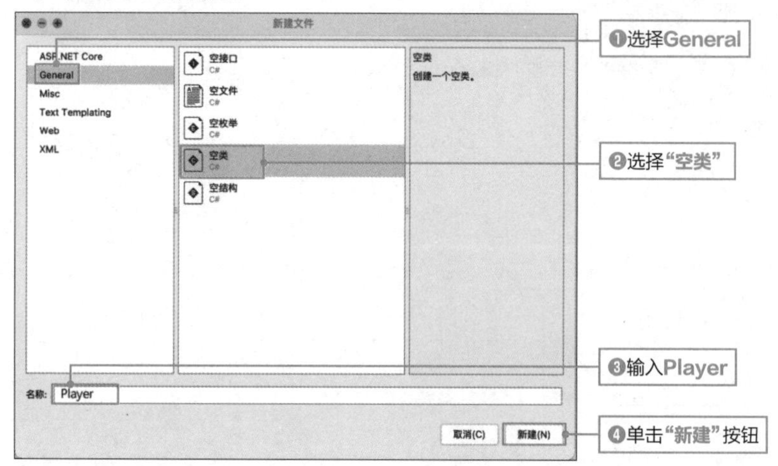

文件名和类名

在C#中，基本上为每个类都创建了一个C#文件（扩展名为.cs的文件）。在这种情况下，文件名和类名通常是相同的，即使不同也不会出错。

♦ 创建类的内容

创建 Player 类的内容。

以下程序在 Player 类中添加了变量和方法。在 **Player.cs** 文件的 class Player 块中输入以下程序中的阴影部分（在 macOS 中，先删除 public class Player 块中的 “public Player (){}”，然后输入 List 4-1.txt 中的内容）

List 4-1 创建Player类(Player.cs) List 4-1.txt

```
1 using System;
2 using System.Collections.Generic;
3 using System.Text;
4 
5 namespace SampleRPG
6 {
7     class Player
8     {
9         public string name;  // 玩家的姓名
10        public int hp;       // 玩家的体力
11
12        // 攻击方法
13        public void Attack()
14        {
15            Console.WriteLine(this.name + "进行了攻击。");
16        }
17
18        // 防御方法
19        public void Defense()
20        {
21            Console.WriteLine(this.name + "进行了防御。");
22        }
23    }
24 }
```

解说 编写类

下面来看看怎么编写类的变量和方法。

类的写法如下。在 class 关键字后面继续写**类名**，在接下来的块中定义与类相关的**变量和方法**。在类中声明的变量称为**成员变量**，在类中定义的方法称为**成员方法**。

格式 **类的写法**

```
class 类名
{
    声明成员变量
    ...
    定义成员方法
    ...
}
```

成员变量和成员方法

在类中声明的变量称为**成员变量**，在类中定义的方法称为**成员方法**。

在 List 4-1 的第 9 ~ 10 行中声明了成员变量（**name** 和 **hp**），在第 13 ~ 22 行中定义了成员方法（**Attack()** 和 **Defense()**）。在各个方法中使用 name 成员变量显示玩家的姓名及攻击或防御。

在 Player 类的第 15 行和第 21 行中，在 name 变量前加上 **this**。this 表示的是自己实例的关键字（实例将在本节样例 02 中进行说明）。即使有与成员变量同名的局部变量，写上“this. 变量名”后表示加 this 的是成员变量，这样可以和局部变量区别开来。

成员变量或成员方法前的 public 关键字称为**访问修饰符**。将在封装的项目中详细说明访问修饰符。

警告

如果在此状态下执行程序，则在“错误列表”窗口中显示警告。警告将显示在语法上没有问题，但出现了意外错误的地方。与错误不同，程序可以直接编译。这次出现警告是因为没有将数值赋给声明变量。将值传给变量的过程将在后面的构造函数中进行说明。

练习题 4-1

创建“敌人”类。让成员变量具有 hp，成员方法有“攻击”和“逃走”。攻击方法是显示“敌人的攻击！”，逃跑方法是显示“逃跑了！”。

样例文件▸ C#程序源码\第4章\List 4-2.txt

样例 02 创建类的实例

现在创建了 Player 类，实际试着运行一下。正如不调用方法就无法执行一样，只创建类是无法执行的。下面学习如何运行类。在 Visual Studio 的文档窗口中选择 **Program.cs** 选项卡以显示 **Main()** 方法。

Fig 显示Main()方法

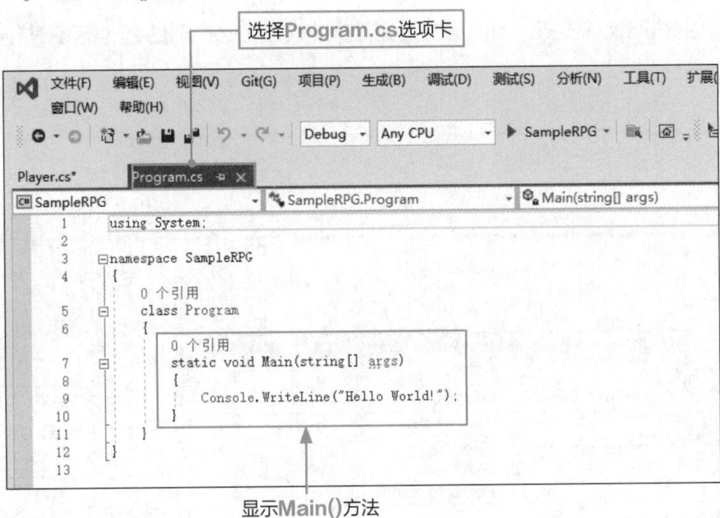

在 **Program.cs** 文件中输入以下程序。该程序基于 List 4-1 的 Player 类声明两个变量，使用了成员变量和成员方法。

List 4-2 使用Player类①（Program.cs） List 4-2.txt

```
1  using System;
2
3  namespace SampleRPG
4  {
5      class Program
6      {
7          static void Main(string[] args)
8          {
9              // 创建player1的实例，并代入姓名和体力
10             Player player1 = new Player();
11             player1.name = "张三";
12             player1.hp = 100;
13
14             // 创建player2的实例，并代入姓名和体力
15             Player player2 = new Player();
16             player2.name = "李四";
17             player2.hp = 50;
18
19             player1.Attack();   // player1攻击
20             player2.Defense();  // player2防御
21         }
22     }
23 }
```

如果完成了程序的输入，就试着运行程序。在菜单栏中选择**“调试”→“开始执行（不调试）”**命令，或按 **Ctrl+F5** 组合键（如果是在 macOS 中，则选择**“执行”→“开始执行（不调试）”**命令）。

▼运行结果

```
张三进行了攻击。
李四进行了防御。
```

Fig　执行程序

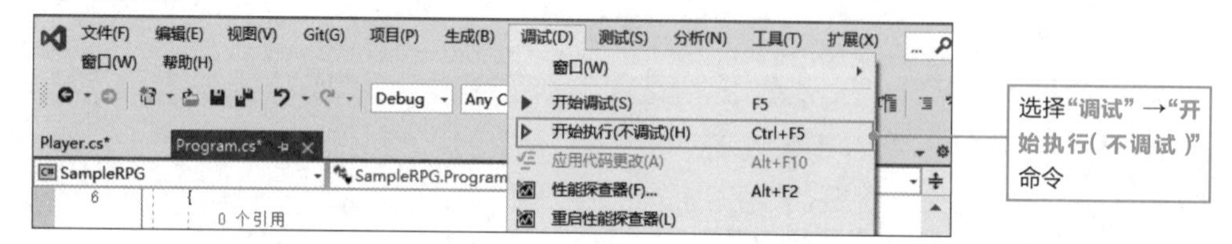

解说　创建类的实例

类在程序中的处理方式与 int 和 string 等类型一样。也就是说，如果创建了 Player 类，就可以像使用 int 型和 string 型变量一样使用 Player 型的变量了。

Fig　类作为“类型”使用

所谓类

类是程序员创建的“类型”。

为了使用 Player 类，需要声明 Player 类型的变量。在 List 4-2 中第 10 行的左侧，声明了

Player 类型的变量 **player1**。

正如第 3 章中所说明的那样，变量相当于一个箱子，需要在里面放入数值才能使用。对于 int 型变量，可以输入 10 或 500 这样的整数值，对于 string 型变量，可以加入“张三”这样的字符串。同样，可以在 Player 型变量中**加入“Player 类的实体”**，这种实体称为“实例”。

为了创建实例，使用 **new** 运算符将其写为 **“new 类名 ()”**。

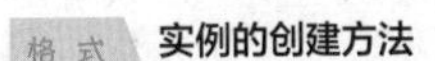

格式 **实例的创建方法**

```
类变量 = new 类名();
```

Fig **在类变量中加入实例**

在 List 4-2 中第 10 行的右边创建了 Player 类的实例。然后，将创建的实例赋给 player1 变量。请不要忘记，类始终是“类型”，这里传给变量的是以类为基础创建的**“类的实例”**。

类是设计图，实例是按照设计图制作的产品，这样联想可能会比较容易理解。

Fig **从类中生成实例**

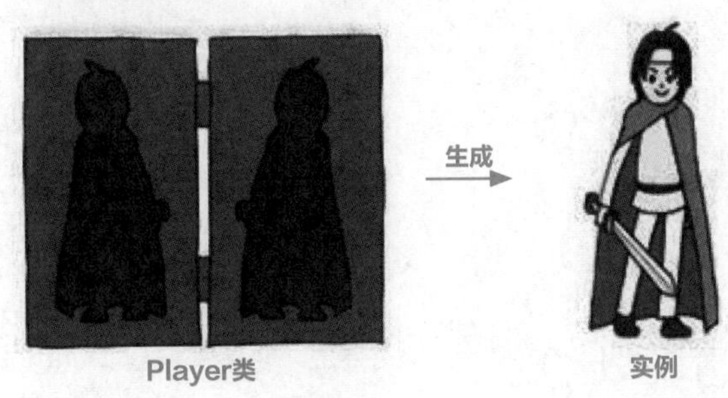

Point!

类和实例

类是类型，变量是以类为基础创建的实例。

在第 11 行和第 12 行中，将姓名和体力赋给实例。实例具有从中创建实例的类的成员（变量、方法）。也就是说，player1 的实例具有原始 Player 类的成员变量（name 和 hp）和成员方法（Attack() 和 Defense()），并且可以使用它们。要访问实例中的成员变量，需将变量写作**变量名 . 成员变量名**，在调用成员方法时，写作**变量名 . 成员方法名**。

格式　**访问成员变量和成员方法的方式**

```
变量名.成员变量名
变量名.成员方法名
```

这里访问了各个实例的成员变量，将 player1 的姓名设定为**张三**，将体力设定为 100。

在第 15 行中，将实例赋值给 player2 变量，在第 16 行和第 17 行中将 player2 的姓名设定为**李四**，将体力设定为 **50**。这样，通过使用类作为类型，可以简单地创建多个实例。

在第 19 行中，调用 player1 变量（代入实例）的 Attack() 方法，在第 20 行中，调用 player2 变量（代入实例）的 Defense() 方法。

Fig　**在实例中可以使用类成员**

学习了以上的内容，就掌握了“创建类”和“从类创建实例来使用”的方法。

类为什么不是实例而是类型

在学习"创建类的实例"之前,思考方式是"Player类=玩家本身"。Player类不是作为"玩家本身",而是作为"类型"来使用是有原因的。

如果类是"玩家本身",就必须要建立和必要人数相应的类。在List 4-2的例子中,需要"张三类"和"李四类"。建立多个拥有相同成员的类是很浪费的。因此,以类的形式来使用,即使有很多玩家,只要根据类创建所需数量的实例就可以了。

样例文件▸C#程序源码\第4章\List 4-3.txt和List 4-4.txt

样例 03 利用构造函数防止忘记给定初始值

在 List 4-2 的样例中创建玩家的实例后，立即给定成员变量（姓名、体力）的初始值。如果有两个成员变量，可以做到不会忘记给定初始值，但如果有很多变量，可能会忘记给定初始值。在忘记给定初始值时，体力会变成 0 且没有姓名，会出现像"僵尸"一样的玩家（默认变量值参照 3-2 节中的 Table"常用的数据类型"）。

为了防止忘记给定这样的初始值，在创建实例的同时将初始值赋给成员变量，可以利用这种叫作"构造函数"的机制。

下面的程序在 Player 类中添加了一个构造函数，该构造函数将初始值赋给成员变量。试着在 **Player.cs** 中输入添加的部分。

List 4-3 添加构造函数(Player.cs) List 4-3.txt

```
7  class Player
8  {
9      public string name;   // 玩家的姓名
10     public int hp;        // 玩家的体力
11
12     // Player类的构造函数
13     public Player()
14     {
15         this.name = "张三";
16         this.hp = 100;
17     }
18
19     // 攻击方法
20     public void Attack()
21     {
22         Console.WriteLine(this.name + "进行了攻击。");
```

```
23    }
24
25    // 防御方法
26    public void Defense()
27    {
28        Console.WriteLine(this.name + "进行了防御。");
29    }
30 }
```

还应该更改使用 Player 类的程序。打开 **Program.cs**，并将 Main() 方法改写成以下内容。

List 4-4　使用Player类②(Program.cs)　　List 4-4.txt

```
 5 class Program
 6 {
 7     static void Main(string[] args)
 8     {
 9         // 创建player1的实例
10         Player player1 = new Player();
11
12         // 将player1的体力显示在控制台上
13         Console.WriteLine(player1.name + "的体力是" + player1.hp);
14     }
15 }
```

▼运行结果

```
张三的体力是100
```

利用构造函数给定成员初始值

List 4-3 中的第 13 ~ 17 行是 Player 类的构造函数。构造函数是一种特殊的方法，它具有“创建实例时必须被调用”的特点。

构造函数的写法如下。构造函数的名字和类中的名字一样，在变量名前添加 **public**。请注意不要写“返回值的类型”。

格式 **构造函数的书写方法**

```
public 类名()
{
    类的初始化过程;
}
```


因为以上程序创建了Player类的构造函数，所以构造函数的名字是Player。在构造函数中把初始值赋给成员变量name和hp。每个成员变量都带有this关键字，明确表示是Player类的成员变量。

虽然在创建玩家实例时写作“new Player();”，但是，实际上Player()部分是对构造函数的调用。

Fig **调用构造函数**

```
Player player = new Player();
                        ↑
                     构造函数
```

从上图中也可以看出，创建实例时一定要调用构造函数。因此，如果用构造函数将数值赋给成员变量，则成员变量中一定会有初始值。

默认构造函数

在List 4-1中没有写构造函数，但在List 4-2中有“new Player();”，然后在实例中生成。理由是，如果自己没有写构造函数，编译器会自动生成既没有参数也没有处理的构造函数。

这称为**默认构造函数**。如果自己编写构造函数，不会生成默认构造函数。

样例文件▶ C#程序源码\第4章\List 4-5.txt和List 4-6.txt

样例 04 创建有参数的构造函数

如果使用构造函数，就不可以创建体力为0的“僵尸”玩家了。但是，只是这样，构造函数才会生成姓名为张三、体力为100的实例。想要加入除此以外的初始值，必须根据需要给定新的姓名和体力。

Fig　大家都变成了张三

在创建实例的同时指定初始值会更方便。下一个程序是把 List 4-3 中的构造函数修改成带参数的构造函数。实际输入后运行确认。

List 4-5　添加带参数的构造函数(Player.cs)　　List 4-5.txt

```
 7 class Player
 8 {
 9     public string name;   // 玩家的姓名
10     public int hp;        // 玩家的体力
11 
12     public Player(string name, int hp)
13     {
14         this.name = name;  // 给定姓名的初始值
15         this.hp = hp;      // 给定体力的初始值
16     }
17 
18     // 攻击方法
19     public void Attack()
20     {
21         Console.WriteLine(this.name + "进行了攻击。");
22     }
23 
24     // 防御方法
25     public void Defense()
26     {
27         Console.WriteLine(this.name + "进行了防御。");
28     }
29 }
```

下面修改使用类的 Main() 方法。

List 4-6　使用Player类③(Program.cs)　　List 4-6.txt

```
5 class Playam
6 {
7     static void Main(string[]args)
8     {
9     // 将参数赋值给构造函数后创建实例
10    Player Player=new Player("李四",100);
11
12    // 将Player1的体力显示在控制台上
13    Console.Writerline(Player.name+"的体力是"+Player.hp);
14    }
15 }
```

▼运行结果

```
李四的体力是100
```

解说 具有参数的构造函数

与方法一样，也可以把参数传递给构造函数。通过将初始值传递给构造函数的参数，可以在创建实例的同时将初始值赋给成员变量。

List 4-5 中的第 12 ~ 16 行是带参数的构造函数。该构造函数将参数中的初始值分配给每个成员变量。虽然参数变量和成员变量的名称相同，但是可以通过在成员变量前面加 this 来区分这些变量。

在 List 4-6 的第 10 行中创建了 Player 类的实例。这次因为要调用带参数的构造函数，所以把“姓名”和“体力”的初始值传递给参数。另外，在创建实例时，如果忘记将初始值传递给带参数的构造函数，就会发生错误并提醒用户忘记传递参数了。

到这里为止，已经学习了类的基础知识。类和实例之间的关系是不能忽视的部分，所以请好好复习。

4-3 封装：隐藏类内容的机制

在 4-2 节中，学习了面向对象中很重要的“类和实例”。接下来介绍面向对象编程时使用的便利功能。第一个是“封装”。

 为什么需要封装

到目前为止，在创建的类的成员变量和成员方法之前都添加了关键词 public。**public** 称为**访问修饰符**。如果访问修饰符是 public，就可以在其他类中编写“变量名 . 成员名”来访问成员变量或成员方法。

另外，也有与 public 具有相反功能的访问修饰符 **private**。如果使用 private，则无法访问外部成员。这样可以通过访问修饰符来确定是否可以访问其他类的成员。将成员变量和成员方法设置为 private 且不允许访问的方法称为**封装**。

Fig　**使用访问修饰符封装**

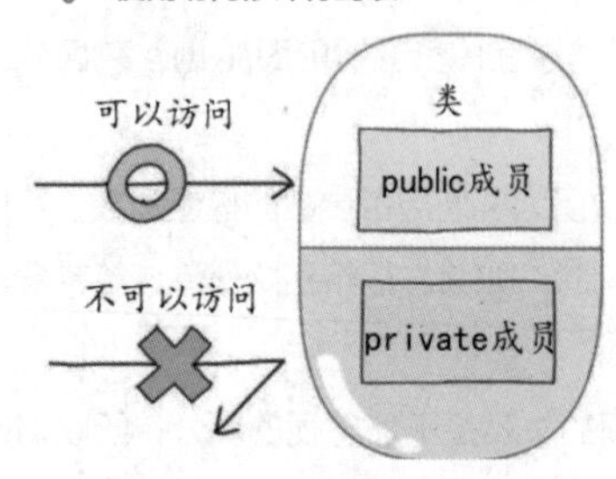

那么，为什么需要限制其他类的访问呢？主要有以下两个原因。

- **在类中，只使用必要的功能。**
- **防止用户在成员变量中输入不合理的值。**

关于这两点，接下来再仔细研究一下。

♦ 在类中，只使用必要的功能

例如，在使用自动贩卖机时，不需要知道其内部复杂的构造，只要知道按哪个按钮可以买到果汁就可以了。使用类时也一样，不需要知道在类内部使用的所有成员。如果全部都能看到，反而很难知道该用哪个了。因此，可以使用访问修饰符隐藏不必看到的内容，只访问需要使用的参数就可以了。

Fig　只显示想要使用的功能

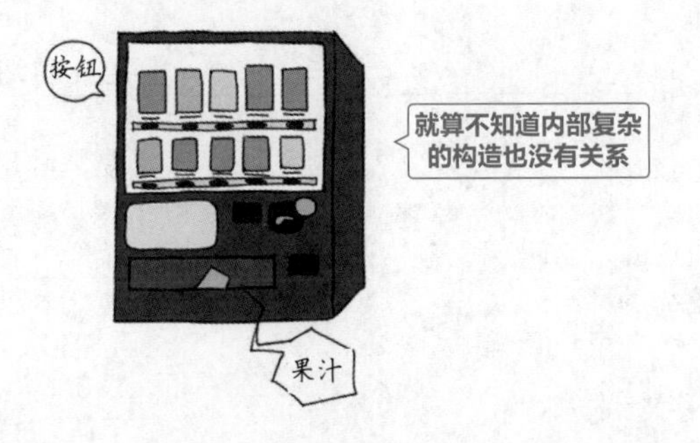

♦ 防止用户在成员变量中输入不合理的值

另外，在自动贩卖机上，除了可以使用的硬币以外不接受其他硬币，可以防止意外的硬币进入。类也一样，类的成员变量不能直接从外部访问，以防止成员变量中包含非预期的值。

所谓封装

就是一种机制，用于隐藏类中的成员，以便仅使用想要的功能，同时防止用户在成员变量中输入不合理的值。

样例文件 ▸ C#程序源码\第4章\List 4-7.txt和List 4-8.txt

样例 01 使用访问修饰符锁定成员变量

下面的程序已更改为不允许访问 Player 类的成员变量（name 变量和 hp 变量），而只允许访问成员方法。实际输入执行确认一下。

首先重写 **Player.cs** 文件中的 Player 类。

List 4-7 访问修饰符的使用样例(Player.cs)　　List 4-7.txt

```
7  class Player
8  {
9      // 声明private成员变量
10     private string name;
11     private int hp;
12 
13     // 定义public的构造函数和成员方法
14     public Player(string name, int hp)
15     {
16         this.name = name;
17         this.hp = hp;
18     }
19 
20     public void Attack()
21     {
22         Console.WriteLine(this.name + "进行了攻击。");
23     }
24 
25     public void Defense()
26     {
27         Console.WriteLine(this.name + "进行了防御。");
28     }
29 }
```

然后重写 **Program.cs** 中的 Main() 方法。

List 4-8 使用Player类④(Program.cs) List 4-8.txt

```
5 class Program
6 {
7     static void Main(string[] args)
8     {
9         Player player = new Player("李四", 100);
10        player.hp = -120;  // 因为不能访问成员变量hp，会出现编译错误
11    }
12 }
```

运行程序时会出现以下错误。

Fig 显示错误

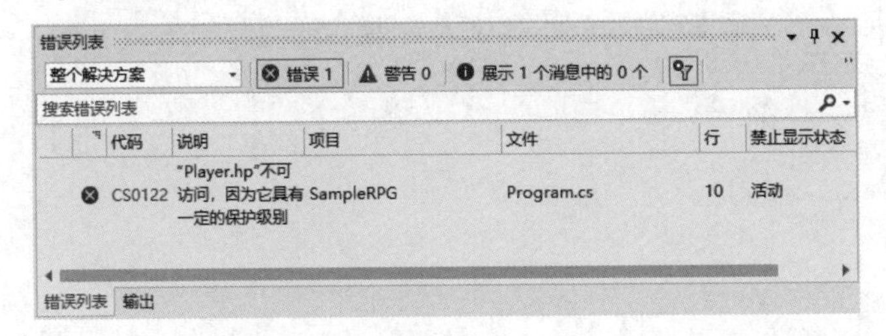

解说 访问修饰符

访问修饰符可以指定是否将成员变量或成员方法写为“××.成员变量名称”或“××.成员方法名称”来调用。访问修饰符有以下类型。

Table 访问修饰符的类型

访问修饰符	功　能
public	可以访问所有类
protected	只能访问自己的类或派生类
private	仅限于内部访问，外部类无法访问

任何类都可以访问使用 public 关键字声明的变量。但是，使用 private 关键字声明的变量不能从除了自己的类以外的类中访问。public（公开的）和 private（非公开的）很容易理解。因为 **protected** 与在 4-4 节中学习的“继承”功能有关联，所以在 4-4 节中再详细说明。在这里要掌握 public 和 private 的作用。

在声明成员变量或定义成员方法之前写入访问修饰符。

格式 **访问修饰符的写法**

```
访问修饰符 类型名 成员变量名;
访问修饰符 返回值的类型 成员方法名(){};
```

在 List 4-7 的第 10 行和第 11 行中将 name 变量和 hp 变量指定为 private，防止在成员变量中输入不合理的值。

```
private string name;
private int hp;
```

将 Attack() 方法和 Defense() 方法指定为 public，以便从外部能访问这些方法。

```
public void Attack()
public void Defense()
```

Fig **使用public和private的区别**

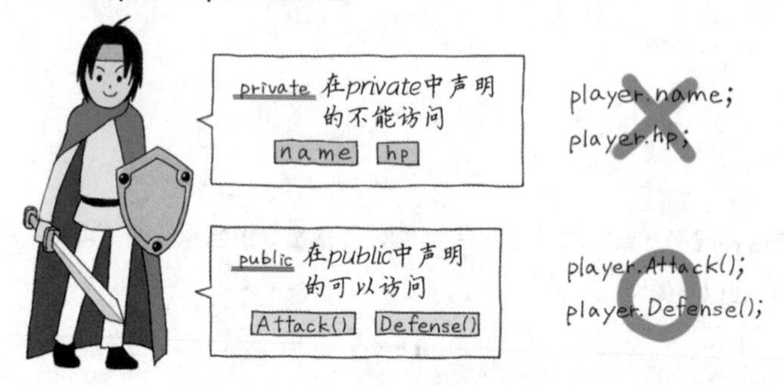

因为 name 变量和 hp 变量是 private，所以在 List 4-8 的 Main() 方法中，如果将其转换成游戏玩家的 hp 变量并输入 -120，则会出现编译错误，而无法正确赋值。通常，游戏玩家的体力不会变为负值，所以这样可以防止输入不合理的数值。同时正确的数值也无法赋给 hp 变量。因此，下面介绍一种仅可以将 hp 变量设定为可以输入预想数值的方法。

如果成员变量是public

如果将成员变量hp设为public，要把玩家的体力保持在0 ~ 100的范围内，则可以像下面这样直接代入成员变量，但容易变成范围之外的值。

```
player.hp = -120;
```

也许你觉得不会出现这样的错误。但是，如下所示，如果遇到敌人受到伤害的情况，每次单击后无限量地减少hp的值，那么hp就可能变成负值。为了防止成员变量成为意外的值，基本上成员变量的访问修饰符是private，并通过下面介绍的访问器间接访问。

```
player.hp -= 20;  // 遇到敌人
player.hp -= 30;  // 遇到敌人
player.hp -= 60;  // 遇到敌人
Console.WriteLine(player.hp);   // hp有可能会变成负数
```

Note

如果省略访问修饰符

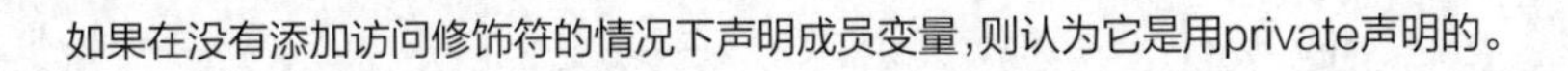
如果在没有添加访问修饰符的情况下声明成员变量，则认为它是用private声明的。

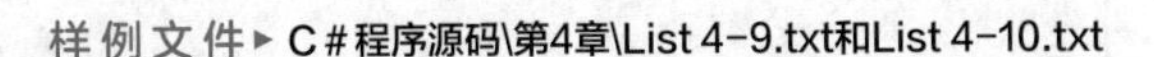
样例文件 ▶ C#程序源码\第4章\List 4-9.txt和List 4-10.txt

样例 02 创建访问成员变量的方法

为了避免赋给成员变量设定以外的值，将 name 变量和 hp 变量设为 private，这样就无法从其他类中访问它们。

Fig 利用private禁止从外部访问

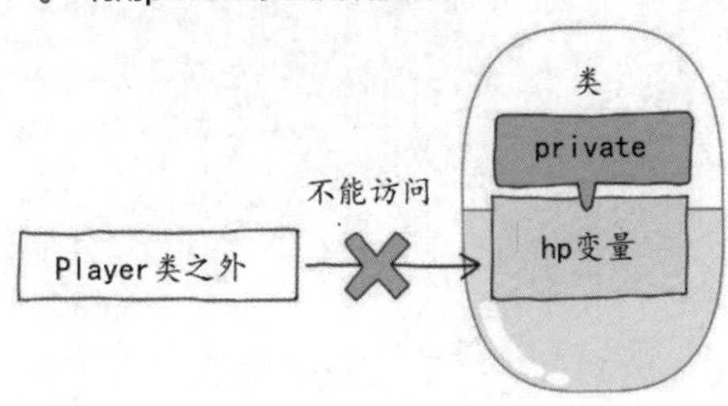

但是，由于把 hp 变量设为 private，不仅无法代入意外值，而且也无法代入正确值。只有在判定为正确值时，才能将值赋给 hp 变量。

以下程序添加了成员方法，用于将数值赋给成员变量。首先在 Player 类（Player.cs）中添加成员方法。

List 4-9 添加赋值/获取成员变量的方法(Player.cs)　　List 4-9.txt

```
 7 class Player
 8 {
 9     // 声明private成员变量
10     private string name;
11     private int hp;
12 
13     // 定义public的构造函数和成员方法
14     public Player(string name, int hp)
15     {
16         this.name = name;
17         this.hp = hp;
18     }
19 
20     // 赋值给hp变量
21     public void SetHp(int hp)
22     {
23         this.hp = hp;
24         if (this.hp < 0)
25         {
26             this.hp = 0;
27         }
28     }
29 
30     // 获取hp变量的值
31     public int GetHp()
32     {
33         return this.hp;
34     }
35 
36     public void Attack()
37     {
38         Console.WriteLine(this.name + "进行了攻击。");
39     }
40 
41     public void Defense()
42     {
43         Console.WriteLine(this.name + "进行了防御。");
44     }
45 }
```

接着，改写 Main() 方法（Program.cs）。

List 4-10 使用Player类⑤（Program.cs） List 4-10.txt

```
5 class Program
6 {
7     static void Main(string[] args)
8     {
9         Player player = new Player("李四", 100);
10        // 获取现在的体力值
11        int hp = player.GetHp();
12        // 减少体力值
13        int newHP = hp - 2000;
14        // 在newHP中代入player的体力值
15        player.SetHp(newHP);
16        // 显示player目前的体力值
17        Console.WriteLine("HP是" + player.GetHp());
18    }
19 }
```

▼运行结果

```
HP是0
```

通过成员方法改变成员变量

List 4-9 中追加了将数值代入 hp 变量的 **SetHp 方法**（第 21 ~ 28 行）和获取 hp 变量值的 **GetHp 方法**（第 31 ~ 34 行）。访问成员变量的方法（如 SetHp、GetHp 等方法）称为**访问器**。如果将此访问器设为 public，通过在访问器中重写 private 变量，即可更新成员变量。

Fig 通过方法访问变量

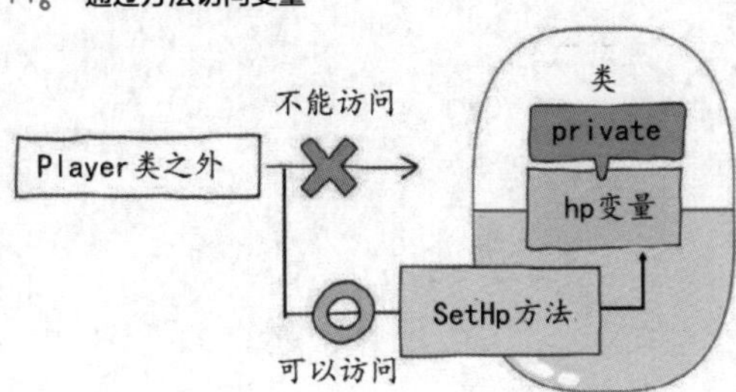

SetHp 方法将 hp 作为参数，并将其赋给成员变量 hp（this.hp）。此时，为了防止 hp 变量变为不合理的值（负数），用 if 语句检查，如果 hp 变量变为负数，则重新赋值为 0。

GetHp 方法用于返回成员变量 hp（this.hp）的值。可以通过 public 从外部类访问这些访问器。

Fig 观察方法

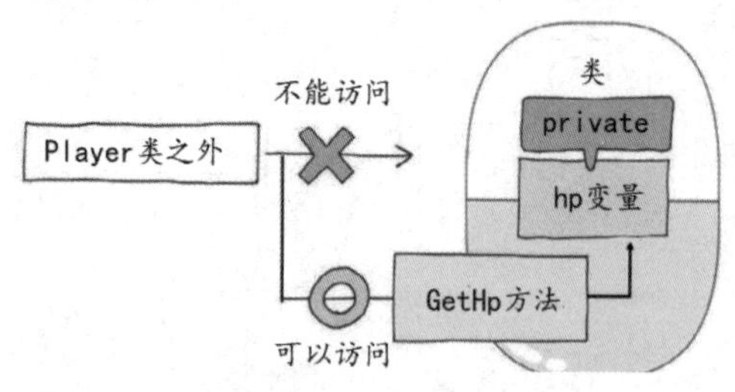

练习题 4-2

在 List 4-9 中添加 name 变量的访问器（GetName 方法和 SetName 方法）。在 SetName 方法中，尝试仅在传递的字符串等于或小于 8 个字符时，才将其代入 name 变量。

样例文件 ▸ C#程序源码\第4章\List 4-11.txt和List 4-12.txt

样例 03 属性的简要总结

通过将成员变量设为 private 并在访问器中检查值的完整性，可以防止成员变量中有设定以外的数值。但是，如果从成员变量 hp 中增加或减少一定值时，则不能像下面这样用“-=”进行减法运算，这样会导致使用访问器进行冗长的书写。

```
// 不能这样写
player.hp -= 10;

// 可以这样写
int newHp = player.GetHp();
newHp -= 10;
player.SetHp(newHp);
```

为了避免这样的冗余，C# 有一种称为**属性**的机制。试着输入下面的程序。首先，重写 Player 类（Player.cs）。

List 4-11 创建成员变量hp的属性(Player.cs)　　List 4-11.txt

```
 7 class Player
 8 {
 9     // 声明 private成员变量
10     private string name;
11     private int hp;
12 
13     // 定义public的构造函数和成员方法
14     public Player(string name, int hp)
15     {
16         this.name = name;
17         this.hp = hp;
18     }
19 
20     // Hp属性
21     public int Hp
22     {
23         set
24         {
25             this.hp = value;
26             if (this.hp < 0)
27             {
28                 this.hp = 0;
29             }
30         }
31         get
32         {
33             return this.hp;
34         }
35     }
36 
37     public void Attack()
38     {
39         Console.WriteLine(this.name + "进行了攻击。");
40     }
41 
42     public void Defense()
43     {
44         Console.WriteLine(this.name + "进行了防御。");
45     }
46 }
```

接着重写 Main() 方法（Program.cs）。

List 4-12　使用Player类⑥（Program.cs）　　List 4-12.txt

```
5 class Program
6 {
7     static void Main(string[] args)
8     {
9         Player player = new Player("李四", 100);
10        // 代入到player的Hp属性中
11        player.Hp -= 70;
12        Console.WriteLine("HP是" + player.Hp);
13    }
14 }
```

▼运行结果

```
HP是30
```

所谓属性

属性是一种创建访问器的机制。使用属性创建的访问器可以用于从其他类中访问成员变量。

◆ 属性的写法

属性的写法如下。

格式　属性的写法

```
public 属性的类型名 属性名
{
    set
    {
        变量名 = value;
    }
    get
    {
        return 变量名;
    }
}
```

首先来看看 List 4-11 中的属性内容。在第 21 ~ 35 行中编写了名为 Hp 的属性。属性名称基本上以大写字母开头。在 **set 块**中编写了为成员变量赋值时的过程。指定了传值用的 value 这个关键字，所以将值传给成员变量，“想要赋值的成员变量 = value;”。在第 25 ~ 29 行中，将 value 的值传递给 hp 成员变量，当 hp 成员变量为负数时，将重新赋值为 0。

在 **get 块**中编写了获取成员变量值的过程。在第 33 行中，使用 return 语句返回 hp 成员变量的值。

♦ 属性的使用方法

在 List 4-12 的第 11 行中使用 Hp 属性减少玩家的体力值。这样，就可以像直接访问成员变量一样使用属性。

属性的优点

属性是通过描述set和get访问器来创建的。在使用其他类的属性时，可以像访问成员变量一样使用它。

重载

在定义方法时，如果参数的数量和类型不同，可以定义多个名称相同的方法。这称为方法的重载。

例如，前面使用过的Console.WriteLine方法在正确设置参数的数值和字符串的情况下，都可以正常运行。这是因为在Console类中的WriteLine方法被重载了多次（以下为其中一例）。

```
public static void WriteLine(int value)
{
    // 显示数值的处理;
}

public static void WriteLine(string value)
{
    // 显示字符串的处理;
}
```

本章介绍的构造函数也可以重载。

如下所示，创建了两种构造函数：无参数的构造函数和设定了int型参数的构造函数。如果在无参数的情况下创建类的实例，则会执行无参数的构造函数；如果通过int型参数创建实例，则会执行具有int型参数的构造函数。

```
class Player
{
    int hp;

    public Player()
    {
        this.hp = 100;  // 无参数时，设定为100
    }

    public Player(int hp)
    {
        this.hp = hp;  // 有参数时，设定为参数值
    }
}

static void Main()
{
    Player player1 = new Player();          // hp是100
    Player player2 = new Player(500);       // hp是500
}
```

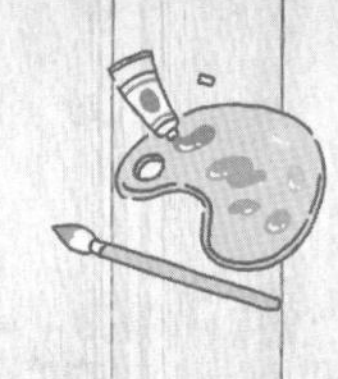

继承：避免程序重复的机制

在 4-3 节中介绍了面向对象编程中的第 1 个特性——封装。在本节中，将说明第 2 个有用的特性——继承。

考虑相似的类

在创建程序时，有时会创建相似的类。这里以赛车游戏中的卡丁车为例。创建的卡丁车分为两种:“带有飞行功能的卡丁车”和“带有涡轮功能的卡丁车”。这些卡丁车为了前进都需要一个共同的功能——加速。另外，卡丁车还有个别功能，如“飞行功能”和“涡轮功能”。

Fig 飞行车类和涡轮车类

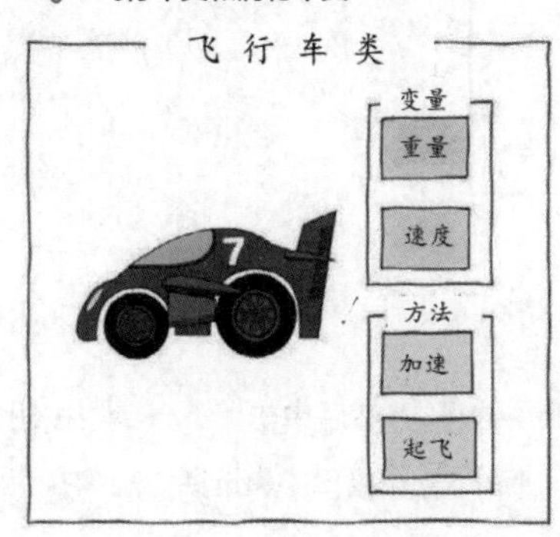

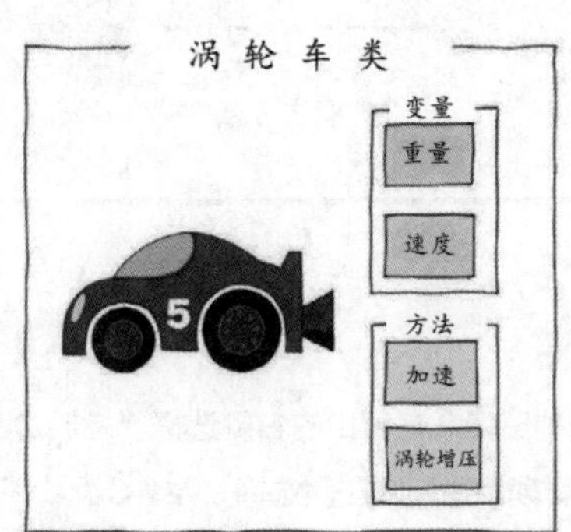

如果使用之前所学的知识创建飞行车类和涡轮车类，两个类共同的变量和方法就要写两次。这次卡丁车的种类只有两种，所以写起来比较方便，但是如果增加卡丁车的种类，写同样的过程就变得很麻烦，而且当通用功能发生变化时，修改范围也会变得很大。为了解决这些问题，面向对象有一种便利的功能——继承。

首先，我们可以通过创建上述两个卡丁车类来了解在不使用继承的情况下修改通用功能有多困难。

样例 01 在不使用继承的情况下创建SkyKart和TurboKart

从飞行车的 SkyKart 类开始。首先，创建一个学习继承的新项目。

在 Visual Studio 中创建一个新项目。在启动窗口的右侧选择**“创建新项目”**，或者在菜单栏中选择**“文件”**→**“新建”**→**“工程”**（在 macOS 中，在启动窗口中选择**“新建”**，或者在菜单栏中选择**“文件”**→**“新的解决方案”**）。

Fig 创建新项目①

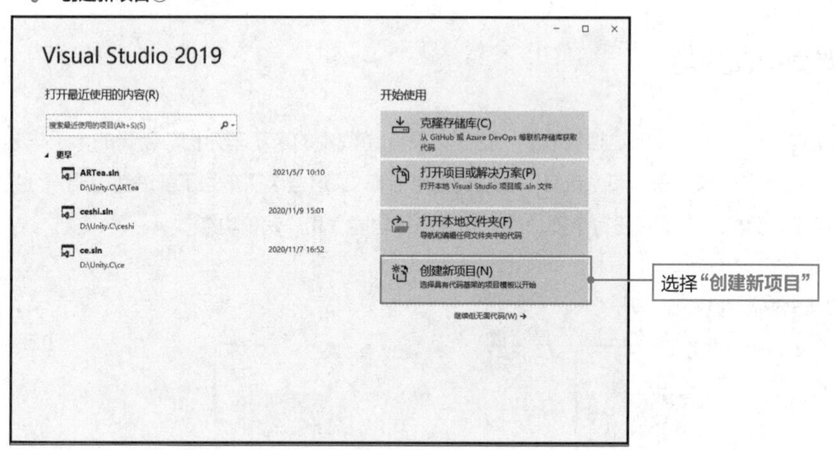

打开创建新项目的窗口。在窗口的右侧选择**“控制台应用程序”**，然后单击**“下一步”**按钮（在 macOS 中，在创建新项目窗口的左侧选择 **.Net Core**→**“应用”**，在窗口中央选择**“控制台应用程序”**，然后单击**“下一步”**按钮）。

Fig 创建新项目②

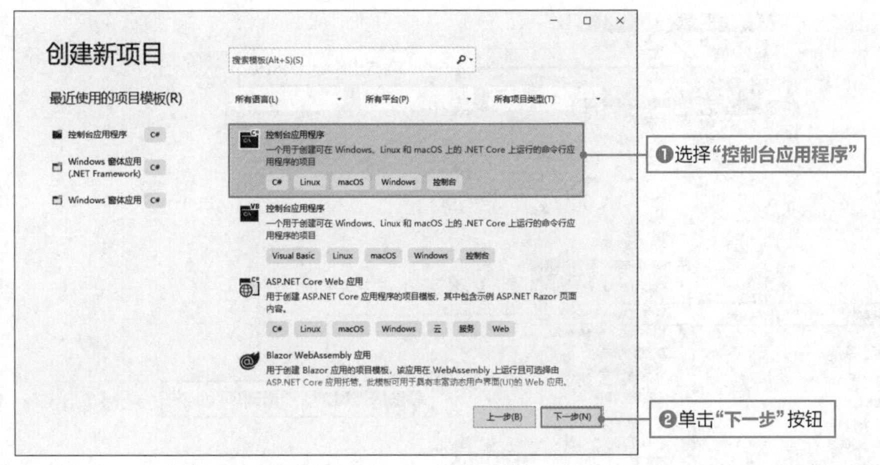

输入项目名称为 **KartGame**，指定保存项目的位置（任意），然后单击 **"下一步"** 按钮。

Fig 设置工程名称和保存位置

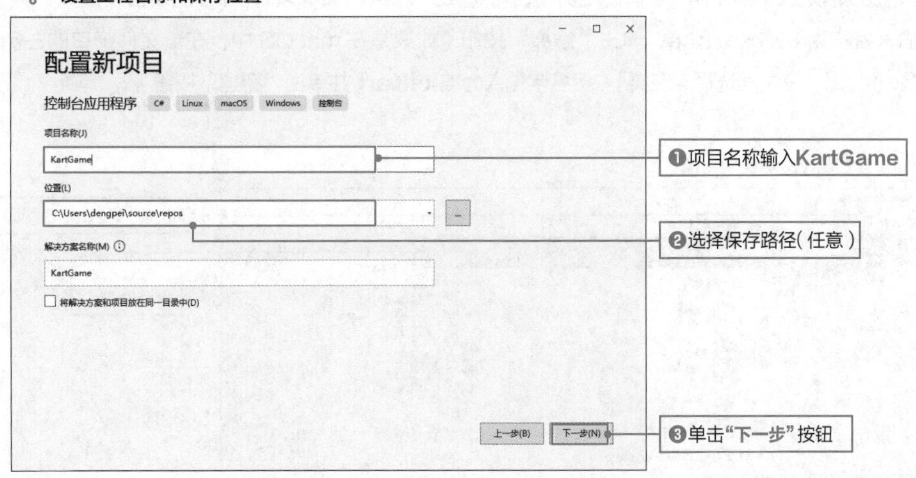

♦ 添加类

创建项目后，创建 SkyKart 类。在 **"解决方案资源管理器"** 中的 **KartGame** 上右击，在弹出的快捷菜单中选择 **"添加"** → **"新建项"** 命令（如果是在 macOS 中，在"解决方案资源管理器"中的 KartGame 上右击，选择 **"添加"** → **"新建类"** 命令）。

Fig 添加SkyKart类①

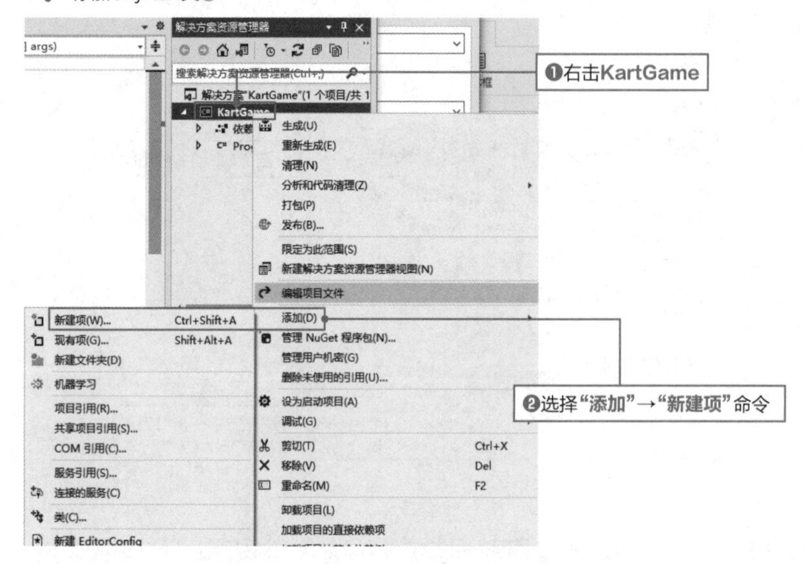

在新项目的添加窗口中，在左侧项目中选择“**Visual C# 项**”，在中间项目中选择“**类**”，并输入名称为 **SkyKart.cs**，单击“**添加**”按钮（如果是在 macOS 中，在新文件窗口的左侧选择 **General**，在中间选择“**空类**”，将名字输入为 **SkyKart** 并单击“**新建**”按钮）。

Fig 添加SkyKart类②

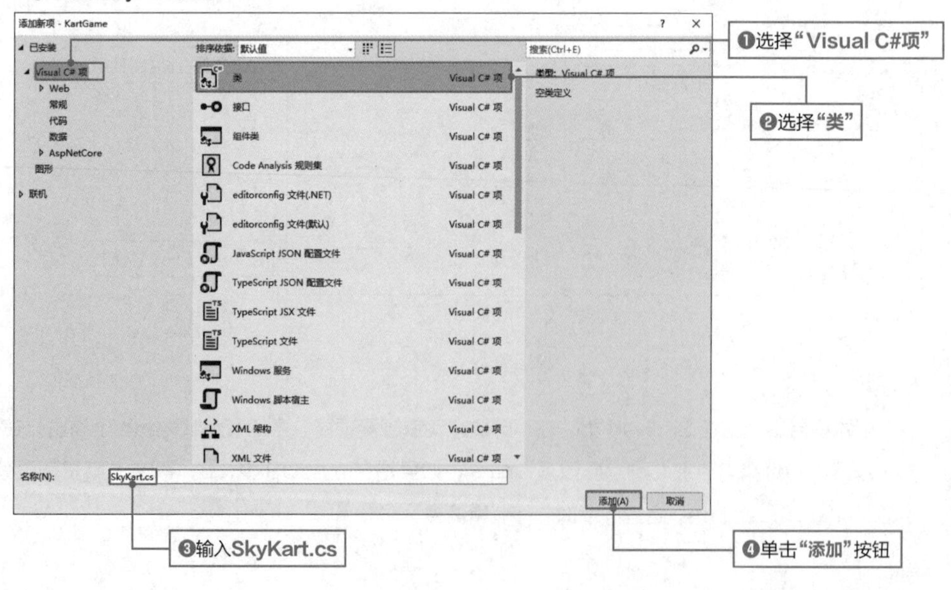

按照同样的步骤创建 TurboKart 类。在 **“解决方案资源管理器”** 中右击 KartGame，在弹出的快捷菜单中选择 **“添加”** → **“新建项”** 命令（如果是在 macOS 中，在 **“解决方案资源管理器”** 中右击 KartGame，在弹出的快捷菜单中选择 **“添加”** → **“新建类”** 命令）。

Fig　添加TurboKart类①

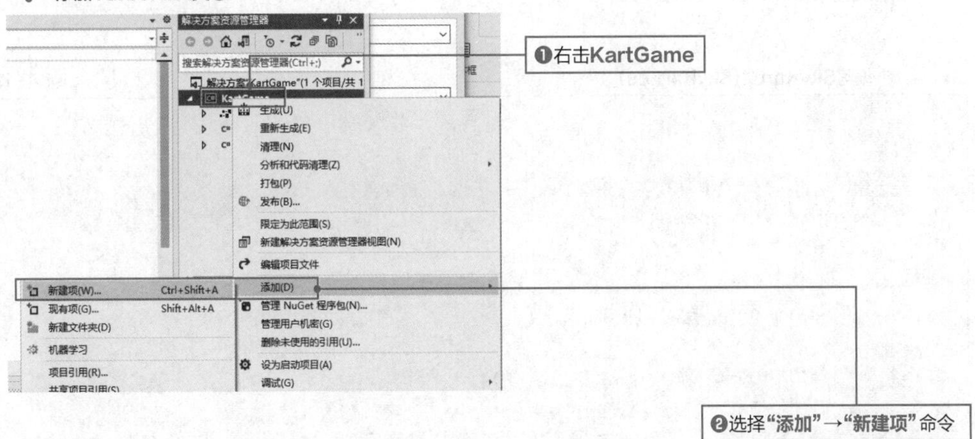

在新项目的添加窗口中，在左侧的项目中选择 **“Visual C# 项”**，在中间项目中选择 **“类”**，输入名称为 TurboKart.cs 并单击 **“添加”** 按钮（如果是在 macOS 中，在新文件窗口的左侧选择 General，在中间选择 **“空类”**，输入名称 TurboKart 并单击 **“新建”** 按钮）。

Fig　添加TurboKart类②

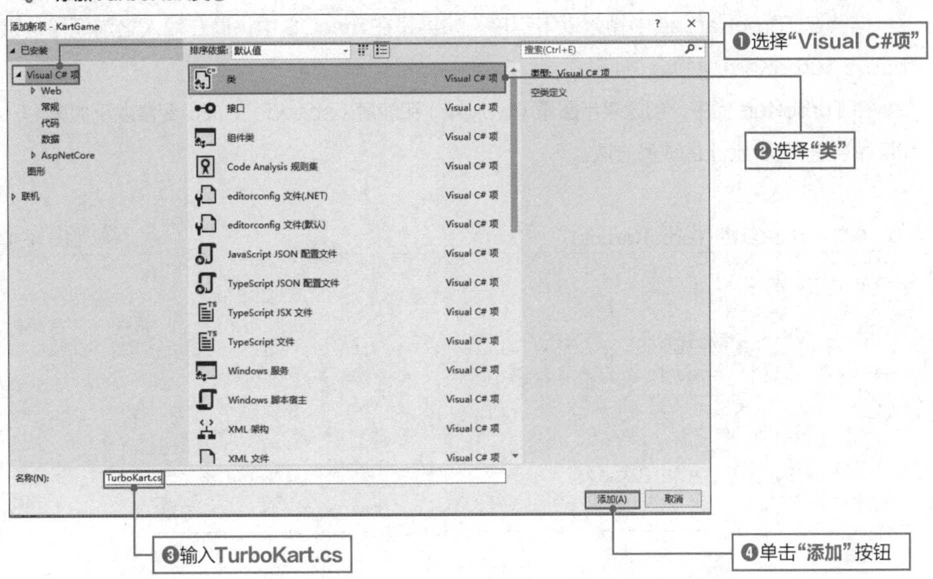

◆ 输入类中的内容

在已创建的 **SkyKart.cs** 中输入以下程序（如果是在 macOS 中，注意在输入之前删除构造函数“public SkyKart(){}”）。在 SkyKart 类中，创建表示卡丁车重量（weight）和速度（speed）的成员变量以及加速（Force）和飞行（Flying）的成员方法（这里优先考虑学习的方便性，将成员变量设为 public）。

List 4-13 编写SkyKart类(SkyKart.cs) List 4-13.txt

```
7  class SkyKart
8  {
9      public int weight;  // 重量
10     public int speed;   // 速度
11
12     // 加速方法
13     public void Force()
14     {
15         Console.WriteLine("加速!");
16     }
17
18     // 飞行方法
19     public void Flying()
20     {
21         Console.WriteLine("飞行!");
22     }
23 }
```

继续在 TurboKart.cs 中输入以下程序（如果是在 macOS 中，请在输入之前删除构造函数“public TurboKart(){}”）。

在 TurboKart 类中，创建表示重量（weight）和速度（speed）的成员变量以及加速（Force）和涡轮增压（Turbo）的成员方法。

List 4-14 编写TurboKart类(TurboKart.cs) List 4-14.txt

```
7  class TurboKart
8  {
9      public int weight;  // 重量
10     public int speed;   // 速度
11
12     // 加速方法
13     public void Force()
14     {
```

```
15          Console.WriteLine("加速!");
16      }
17
18      // 涡轮增压方法
19      public void Turbo()
20      {
21          Console.WriteLine("涡轮增压!");
22      }
23  }
```


样例文件▸C#程序源码\第4章\List 4-15.txt和List 4-16.txt

样例02 在不使用继承的情况下创建时遇到的问题

在创建卡丁车游戏的过程中，Force 方法不仅可以实现“加速”，如果还能实现“减速”，将更加完善。

因为在 SkyKart 类和 TurboKart 类中都有 Force 方法，所以要修改两个类中的 Force 方法。程序的修改如下。

List 4-15 修改SkyKart类中的Force方法(Skykart.cs) List 4-15.txt

```
7  class SkyKart
8  {
9      public int weight;  // 重量
10     public int speed;   // 速度
11
12     // 加速或减速方法
13     public void Force()
14     {
15         Console.WriteLine("加速或减速!");  // 添加“减速”功能
16     }
17
18     // 飞行方法
19     public void Flying()
20     {
21         Console.WriteLine("飞行!");
22     }
23 }
```

List 4-16 修改TurboKart类中的Force方法(TurboKart.cs)   List 4-16.txt

```
 7 class TurboKart
 8 {
 9     public int weight;  // 重量
10     public int speed;   // 速度
11 
12     // 加速或减速方法
13     public void Force()
14     {
15         Console.WriteLine("加速或减速");  // 添加“减速”功能
16     }
17 
18     // 涡轮增压方法
19     public void Turbo()
20     {
21         Console.WriteLine("涡轮增压!");
22     }
23 }
```

这次准备的卡丁车有 SkyKart 和 TurboKart 两种，因此 Force 方法只改写了两个地方。但是，如果卡丁车的类有 40 种，则所有的 Force 方法都需要逐个进行修改，工作量会变得很大。

思考一下为什么修改的地方增加了。通过从头开始创建 SkyKart 类和 TurboKart 类，创建了两个完全相同的成员（weight 变量、speed 变量和 Force 方法）。此外，因为修改了通用功能 Force 方法，所以需要执行多次相同的修改。这样一来，如果卡丁车的类增加了，随之需要修改的共同功能类也增加了。

Fig 卡丁车越多，修改范围就越大

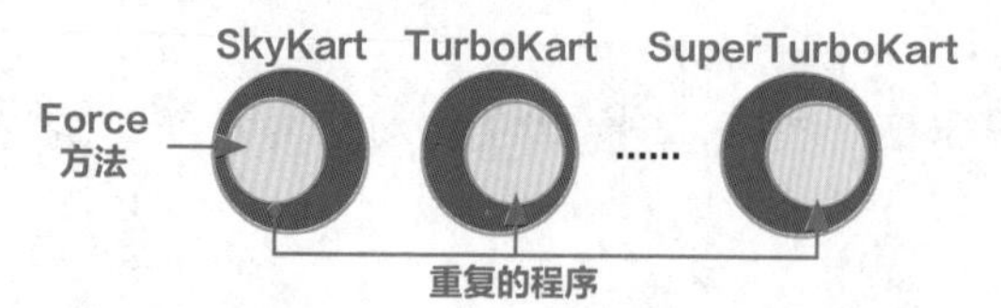

样例文件▸C#程序源码\第4章\List 4-17.txt~List 4-20.txt

样例 03 使用继承重新编写卡丁车类

通过**继承**可以解决“难以修复重复程序”的问题。下面使用继承重新创建两种卡丁车。

这次，将继续编写样例 02 中创建的 SkyKart 类和 TurboKart 类的共同部分（**Kart 类**），并继承它来重新创建 **SkyKart 类**和 **TurboKart 类**。

下面添加一个 Kart 类。在“解决方案资源管理器”中的 **KartGame 上右击**，在弹出的快捷菜单中选择 **“添加”→“新建项”** 命令（如果是在 macOS 中，在“解决方案资源管理器”中的 **KartGame** 上右击，在弹出的快捷菜单中选择 **“添加”→“新建类”** 命令）。

Fig **添加Kart类①**

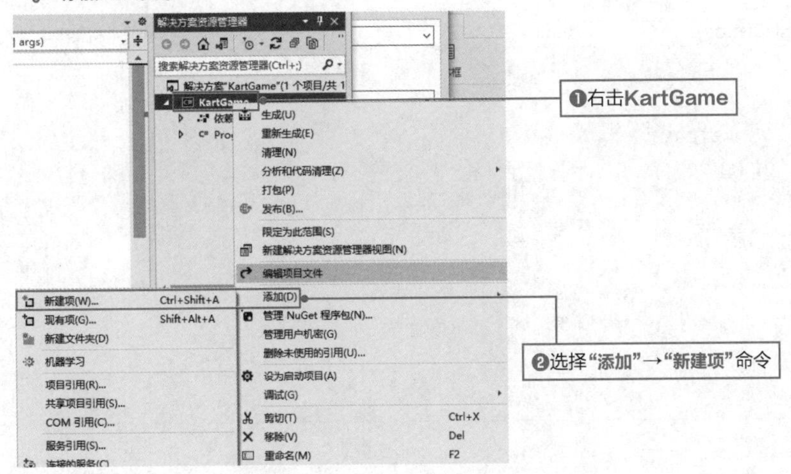

打开添加新项目的窗口，在左边的项目中选择 **“Visual C# 项”**，在中间的项目中选择“类”，输入名称 **Kart.cs** 并单击 **“添加”** 按钮（如果是在 macOS 中，在新文件窗口的左侧选择 **General**，在中央选择 **“空类”** 并输入名称 **Kart**，然后单击 **“新建”** 按钮）。

Fig **添加Kart类②**

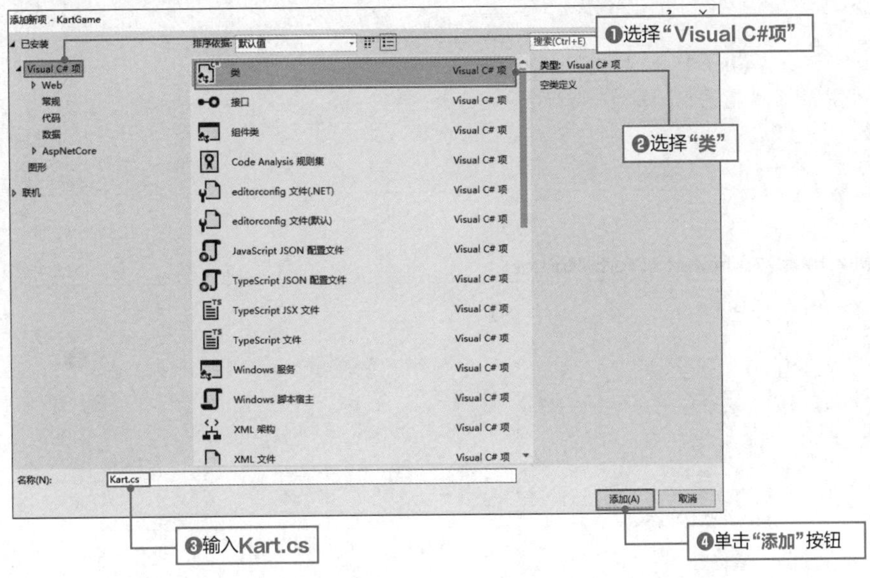

如果添加了 **Kart.cs** 文件，则输入 List 4-17 中的程序（如果是在 macOS 中，则在删除构造函数“public Kart(){}”后再输入）。在 Kart 类中，创建代表卡丁车的重量（weight）和速度（speed）的成员变量以及代表加速（Force）的成员方法。另外，将 SkyKart（**SkyKart.cs**）和 TurboKart（**TurboKart.cs**）改写为继承 Kart 类。下面分别输入 List 4-18 和 List 4-19 的程序。

List 4-17 **创建Kart类(Kart.cs)** List 4-17.txt

```
7  class Kart
8  {
9      public int weight;  // 重量
10     public int speed;   // 速度
11
12     // 加速方法
13     public void Force()
14     {
15         Console.WriteLine("加速!");
16     }
17 }
```

List 4-18 **使用继承编写SkyKart类(SkyKart.cs)** List 4-18.txt

```
5  namespace KartGame
6  {
7      // 通过继承Kart类创建SkyKart类
8      class SkyKart : Kart
9      {
10         // 只添加飞行方法
11         public void Flying()
12         {
13             Console.WriteLine("飞行!");
14         }
15     }
16 }
```

List 4-19 **使用继承编写TurboKart类(TurboKart.cs)** List 4-19.txt

```
5  namespace KartGame
6  {
7      // 通过继承Kart类创建TurboKart类
8      class TurboKart : Kart
9      {
10         // 只添加涡轮增压方法
11         public void Turbo()
```

```
12          {
13              Console.WriteLine("涡轮增压!");
14          }
15      }
16  }
```

为了查看两个卡丁车，Main() 方法（Program.cs）的写法如下。

List 4-20 使用SkyKart类和TurboKart类(Program.cs) List 4-20.txt

```
5  class Program
6  {
7      static void Main(string[] args)
8      {
9          SkyKart skyKart = new SkyKart();
10         TurboKart turboKart = new TurboKart();
11
12         skyKart.Force();
13         skyKart.Flying();
14         turboKart.Force();
15         turboKart.Turbo();
16     }
17 }
```

▼运行结果

```
加速!
飞行!
加速!
涡轮增压!
```

使用继承创建类

继承是一种通过取出类中重复的部分并新建类来消除程序中重复的部分的机制。SkyKart 类和 TurboKart 类中重复的部分如下。

Fig　两个类中重复的部分

SkyKart类	TurboKart类	
weight	weight	
speed	speed	重复的部分
Force()	Force()	
Flying()	Turbo()	固有的部分

我们提取了两个类中重复的 weight 变量、speed 变量和 Force 方法创建新的 Kart 类（Kart.cs）。

List 4-18 和 List 4-19 通过继承 Kart 类的功能来创建 SkyKart 类和 TurboKart 类。继承现有类的功能并创建新类称为继承，继承的源类称为**基类**，继承后的类称为**派生类**。在本例中，Kart 类是基类，SkyKart 类和 TurboKart 类是派生类。在表示继承关系时，在上面写上基类，在下面写上派生类，然后利用箭头从派生类向基类方向进行连接。

Fig　基类的功能由派生类“继承”

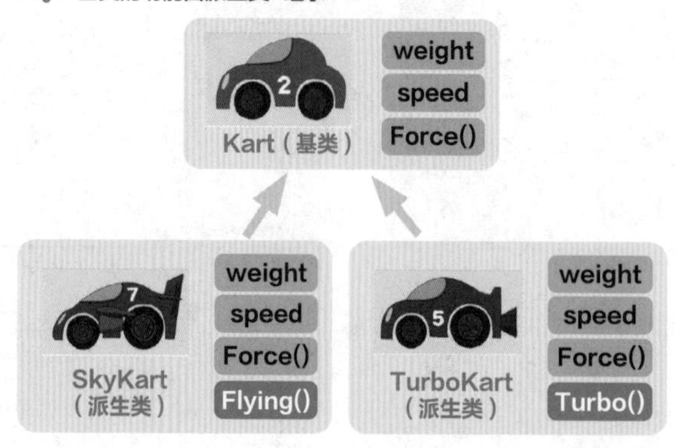

派生类继承了基类的成员变量和成员方法。因此，继承了 Kart 类的 SkyKart 类和 TurboKart 类有基类 Kart 所拥有的 weight 和 speed 成员变量以及 Force 成员方法。

继承基类并创建派生类的写法如下。用“:”将派生类的名字和基类的名字连接起来。

格式　**使用了继承的类的写法**

```
class 派生类名:基类名
{
}
```

在 List 4-18 中，SkyKart 类继承了 Kart 类（第 8 行），即在“class SkyKart”后面写上“:Kart”。在接下来的第 11 ~ 14 行中添加了 Flying 方法。TurboKart 类也同样继承了 Kart 类，并添加了 Turbo 方法。

通过继承 Kart 类建立 SkyKart 类和 TurboKart 类，各类只要写固有的部分就可以了，比起不使用继承的情况，程序更加流畅了。

样例文件 ▸ C#程序源码\第4章\List 4-21.txt

样例 04 在使用继承的类中添加减速功能

试着使用继承重新创建一个类，然后再次考虑在 Force 方法中添加减速功能的情况。因为 SkyKart 类和 TurboKart 类继承了 Kart 类，所以在添加减速功能时，只需修改 Kart 类中的一行。请试着实际输入。

List 4-21　在Kart类中添加减速功能(Kart.cs)　　List 4-21.txt

```
 7 class Kart
 8 {
 9     public int weight;   // 重量
10     public int speed;    // 速度
11 
12     // 加速或减速方法
13     public void Force()
14     {
15         Console.WriteLine("加速或减速!");   // 添加减速功能
16     }
17 }
```

对 Kart 类进行修改后，执行结果如下。只更改了程序的一个地方，就修正了所有卡丁车的行为。

▼运行结果

```
加速或减速!
飞行!
加速或减速!
涡轮增压!
```

修改基类，在派生类中反映其变更内容

因为需要修改的 Force 方法属于 Kart 类，所以只需修改 Kart 类，SkyKart 类和 TurboKart 类就能反映修改的内容。如果除了 Kart 类之外还有 40 种卡丁车，但已经继承了 Kart 类并创建了其他卡丁车，则只需修改 Kart 类中的 Force 方法，就可以修改所有的卡丁车。

Fig 基类的修改反映在派生类中

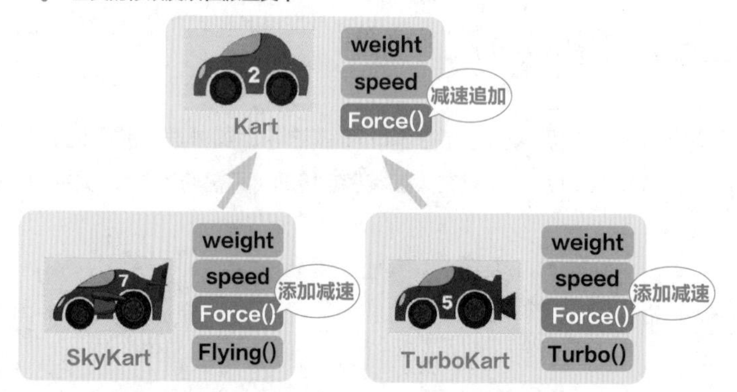

继承和访问修饰符

在描述访问修饰符时，有一个关键字叫作**protected**。下面将说明包括protected在内的3个访问修饰符。

下表描述了继承和访问修饰符之间的关系。

Table 访问修饰符的作用

基类访问修饰符	基类自身访问	从派生类访问	从外部类访问
public	√	√	√
protected	√	√	×
private	√	×	×

在基类中声明为public的成员，不仅可以在派生类使用，也可以在外部类中使用。像这样，public是"对谁都开放"的修饰符。

另外，在基类中声明的带有private的成员不能从派生类和外部类中访问。private是"只属于自己的秘密"的修饰符。

关键字protected可以作为public和private的折中方案。它是一个可以从派生类访问，但不能从外部类访问的"对自己开放，对他人保密"的修饰符。

在任何阶段都可以继承

本节通过继承Kart类创建了SkyKart类和TurboKart类。还可以继承TurboKart 类创建一个派生类。例如，创建具有涡轮增压功能的SuperTurboKart类。因此，类在任何阶段都可以继承。

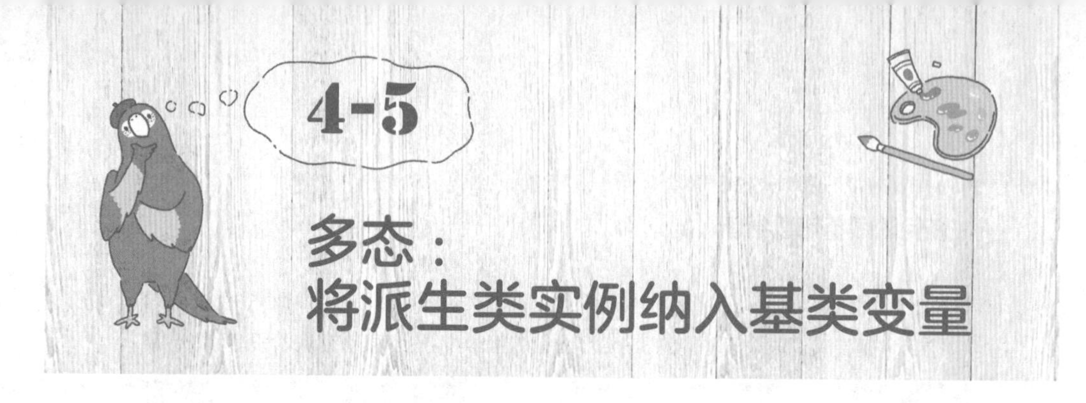

多态：将派生类实例纳入基类变量

类的第 3 个特性是**多态**。下面通过扩展 4-4 节中创建的赛车游戏来了解使用多态的好处。

首先，为了理解多态，下面介绍必要的方法重写。

样例文件 ▸ C#程序源码\第4章\List 4-22.txt~List 4-24.txt

样例 01 使用方法重写

所有的卡丁车都有鸣喇叭的功能。但是，飞行卡丁车会发出“哔哔 -”的声音，涡轮卡丁车会发出与“哔 - 哔 -”的声音。

因为飞行卡丁车和涡轮卡丁车是从卡丁车类继承而来的，所以在卡丁车类中创建鸣喇叭的 **Horn 方法**。因此飞行卡丁车和涡轮卡丁车都可以使用 Horn 方法。但是，如果只是继承，飞行卡丁车和涡轮卡丁车都只能发出与卡丁车相同的声音。

Fig 继承Horn方法

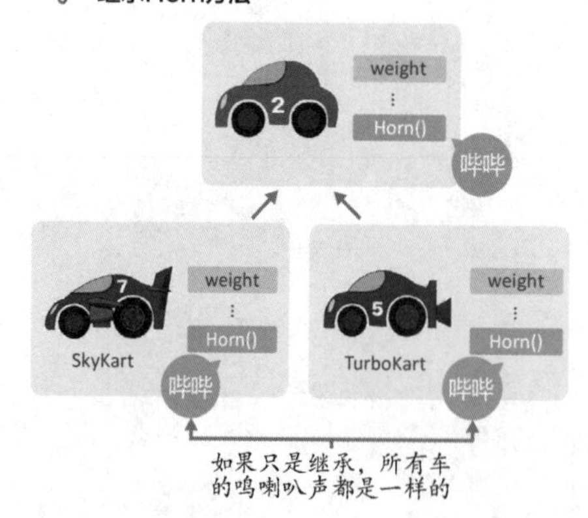

因此使用继承的方法在派生类中重写继承的方法，在刚才的赛车比赛中追加了鸣喇叭的功能。

在 Kart 类中输入 List 4-22 中的代码，在 SkyKart 类中输入 List 4-23 中的代码，在 TurboKart 类中输入 List 4-24 中的代码。

List 4-22 添加Horn方法(Kart.cs)

List 4-22.txt

```
7  class Kart
8  {
9      public int weight; // 重量
10     public int speed;  // 速度
11
12     // 加速或减速方法
13     public void Force()
14     {
15         Console.WriteLine("加速或减速！");  // 添加减速功能
16     }
17
18     // 鸣喇叭
19     public virtual void Horn()
20     {
21         Console.WriteLine("嘟嘟-");
22     }
23 }
```

List 4-23 重写Horn方法(SkyKart.cs)

List 4-23.txt

```
5  namespace KartGame
6  {
7      // 通过继承Kart类来创建SkyKart类
8      class SkyKart : Kart
9      {
10         // 只添加飞行方法
11         public void Flying()
12         {
13             Console.WriteLine("飞行!");
14         }
15
16         // 重写Horn方法
17         public override void Horn()
18         {
19             Console.WriteLine("哔哔-");
20         }
21     }
22 }
```

List 4-24 重写Horn方法(TurboKart.cs) List 4-24.txt

```
5  namespace KartGame
6  {
7      // 通过继承Kart类来创建TurboKart类
8      class TurboKart : Kart
9      {
10         // 只添加涡轮增压方法
11         public void Turbo()
12         {
13             Console.WriteLine("涡轮增压!");
14         }
15
16         // 重写Horn方法
17         public override void Horn()
18         {
19             Console.WriteLine("哔-哔-");
20         }
21     }
22 }
```

解说 方法重写

通常，从基类继承的方法的处理方式在每个派生类中略有不同。在这种情况下，**方法重写非常有用**。如果使用方法重写，可以在派生类中重新定义从基类继承的方法。

在 Kart 类中定义了 Horn 方法，并在其中发出了“嘟嘟”的鸣喇叭声。可以在派生类中重写 Horn 方法，并在 SkyKart 类中使用“哔哔 –”、在 TurboKart 类中使用“哔 – 哔 –”的鸣喇叭声。

Fig 重写Horn方法

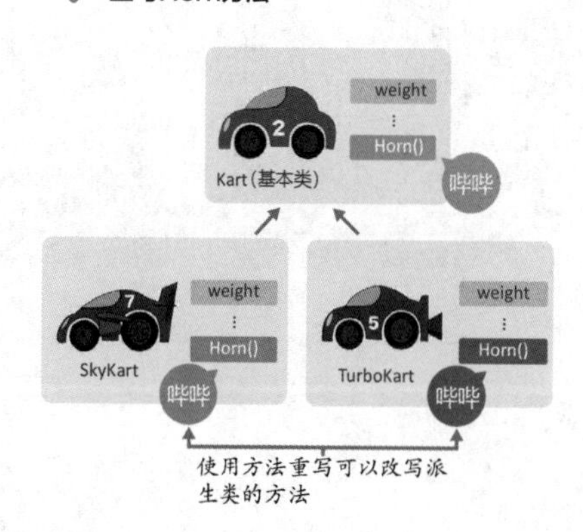

为了说明重写的优点，在基类（Kart 类）的 Horn 方法中添加 **virtual 关键字**。

在派生类（SkyKart 类和 TurboKart 类）中，为了重写 Horn 方法，使用 **override 关键字**重新定义了自己的喇叭。

要在派生类中重新定义基类的方法（方法重写），必须满足以下三点。

- **在基类的方法中添加virtual关键字。**
- **在派生类的方法中添加override关键字。**
- **方法名称、参数和返回值的类型必须保持一致。**

格式 **重写的基类方法的写法**

```
virtual 返回值的类型 方法名(参数)
{
    方法的处理内容
}
```

格式 **重写的派生类方法的写法**

```
override 返回值的类型 方法名(参数)
{
    方法的处理内容
}
```

Point!

方法重写

在派生类中重写从基类中继承的方法。

override的意思

重写(override)是“优先”的意思。因为“重写”并不是指“覆盖”(overwrite),所以需要注意。

样例文件 ▸ C#程序源码\第4章\List 4-25.txt

样例 02 使用多态

了解了方法重写后，下面介绍多态。因为 SkyKart 和 TurboKart 是不同的类，所以 SkyKart

类的实例为 SkyKart 类型变量，TurboKart 类的实例为 TurboKart 类型变量（List 4-20）。

```
SkyKart skyKart = new SkyKart();
TurboKart turboKart = new TurboKart();
```

这次只有两种卡丁车，所以没有问题，但是随着卡丁车种类的增加，变量的管理会变得困难。

在 C# 中，可以将派生类的实例赋给基类变量。在这种情况下，SkyKart 类和 TurboKart 类都继承了 Kart 类，因此可以将各个实例赋为 Kart 型变量。

```
Kart skyKart = new SkyKart();
Kart turboKart = new TurboKart();
```

同理，也可以将 SkyKart 类和 TurboKart 类的实例加入 Kart 型的数组中。

```
Kart[] karts = new Kart[2];
karts[0] = new SkyKart();
karts[1] = new TurboKart();
```

下面实际创建一个程序并使其鸣喇叭。

List 4-25 鸣喇叭（Program.cs） List 4-25.txt

```
5  class Program
6  {
7      static void Main(string[] args)
8      {
9          Kart[] karts = new Kart[2];
10
11         // 生成实例
12         karts[0] = new SkyKart();
13         karts[1] = new TurboKart();
14
15         // 鸣喇叭
16         for (int i = 0;  i < karts.Length; i++)
17         {
18             karts[i].Horn();
19         }
20     }
21 }
```

▼运行结果

```
哔哔-
哔-哔-
```

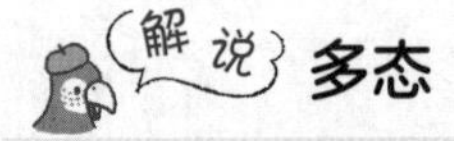

多态

在第 12 行和第 13 行中，创建了 SkyKart 类和 TurboKart 类的实例，并将其代入 Kart 类的数组中。在第 16 ~ 19 行中，调用 Horn 方法鸣喇叭。从运行结果可以看出，每辆车都会发出不同的声音。

因此，如果将派生类的实例代入基类变量，则会调用实例类的方法，而不是基类的方法。这叫作**多态**。

但是，如果忘记添加 virtual 和 override 关键字，即使 Kart 类变量中的实例是派生类，Kart 类的方法也会被调用。这会导致很难发现的错误，所以请注意。

抽象类和抽象方法

在创建基类时，方法的处理以派生类的运行为前提，可以定义没有内容的方法。这种方法称为**抽象方法**。另外，拥有一个以上抽象方法的类称为**抽象类**。

抽象类以可以使用和继承为前提，所以不希望生成实例。因此，在创建抽象类时，通过添加**abstract**（抽象）关键字来防止生成实例。

另外，因为抽象方法必须在继承的类中实现处理内容，所以在定义抽象方法时要加abstract关键字。如果在继承类中没有实现抽象方法的内容，则会出错。

以下程序创建了作为抽象类的Enemy类。抽象方法Move只定义了名称、返回值的类型和参数。

```
abstract class Enemy
{
    public abstract void Move();
}
```

以下程序创建了继承自Enemy类的Monster类。为了定义Move方法的内容，使用override关键字重新定义。

```
class Monster : Enemy
{
    public override void Move()
    {
        Console.WriteLine("前进! ");
    }
}
```

Chapter 4 的总结

在本章中，学习了面向对象的“将程序按一个单元分类”的思维方式。另外，学习了类和实例的关系以及类的三个特性（封装、继承、多态）。在第5章中，我们将进一步学习C#的语法。

Chapter 5

C# 应用

本章将介绍更深入的 C# 语法。如果你掌握了本章介绍的集合和 LINQ，就可以将程序变得更加简洁。另外，本章还将介绍在创建大型程序和多人程序时非常有用的命名空间和 using 指令。

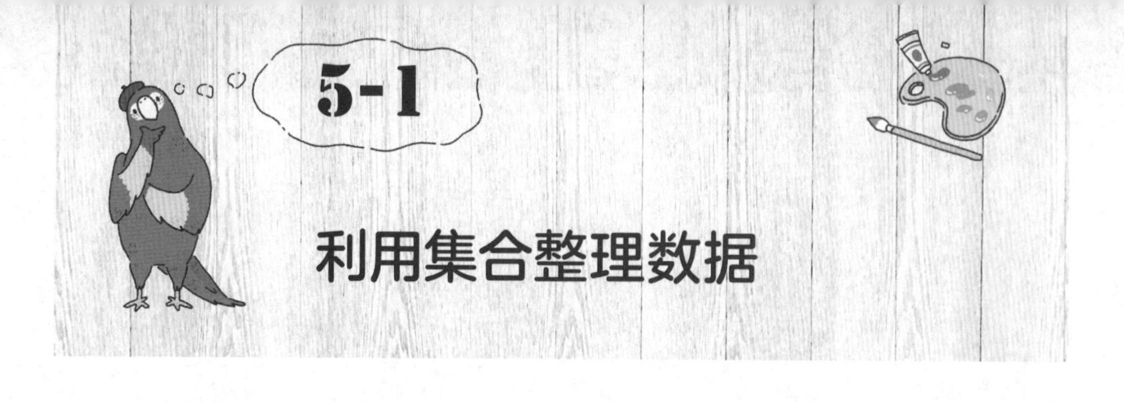

5-1 利用集合整理数据

在与数组一样一起处理数据的方法中，有一种叫作**集合**的机制。它可以比数组更加灵活地添加或删除集合数据。根据数据特性，集合提供了不同的类型，如类似于数组的 List（列表）类型，可以将两个数据组合在一起的 Dictionary（字典）类型，还有 Stack（堆栈）和 Queue（队列）等类型。

利用List处理数据

如果无法确定有几个元素，或者之后可能会追加元素，使用 **List** 比使用固定长度数组更方便。下面通过例题来学习 List 的使用方法。

这里的练习项目使用第 3 章中创建的 **Example**。要打开现有的项目，在 Visual Studio 的启动界面中选择 **“打开项目或解决方案”**，或者在菜单栏中选择 **“文件”** → **“打开”** → **“打开项目或解决方案”** 命令（如果是在 macOS 中，则在启动界面中选择 **“打开”**，或者在菜单栏中选择 **“文件”** → **“打开”** 命令）。

Fig 打开项目①

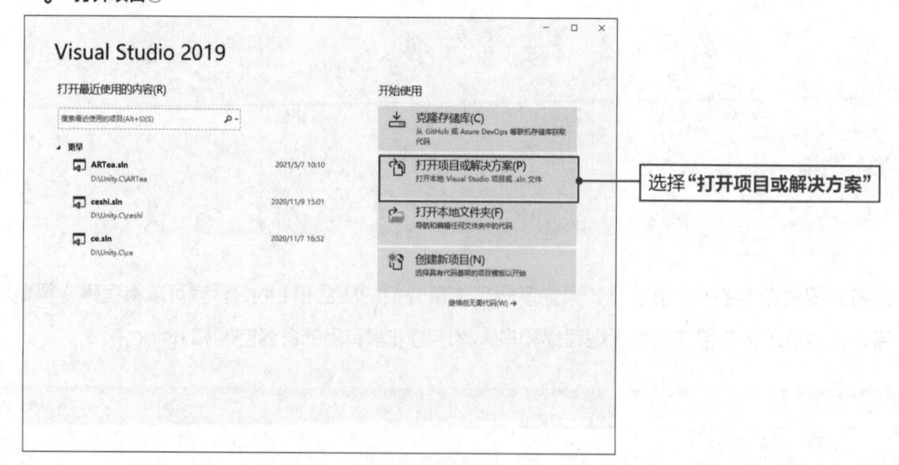

在“打开项目 / 解决方案”界面中选择 Example 文件夹中的 Example.sln，然后单击“打开”按钮（即使是在 macOS 中，也可以从打开的界面中选择 Example 文件夹中的 **Example.sln**，然后单击“打开”按钮）。

Fig　**打开项目②**

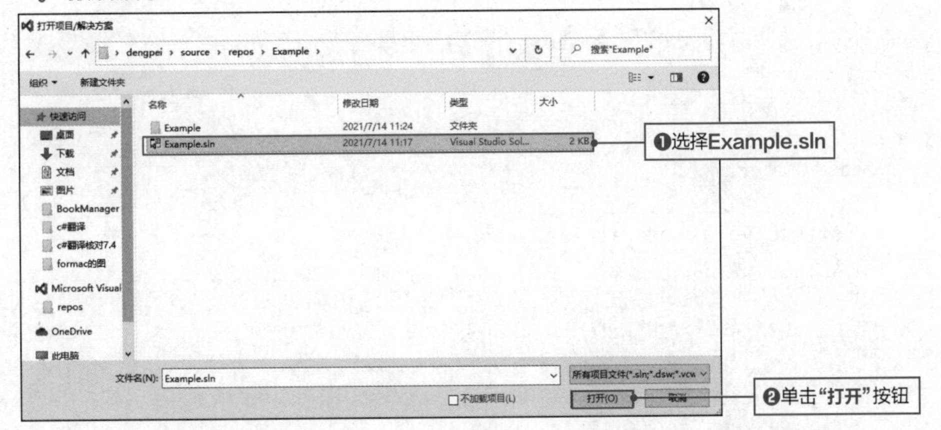

样例文件 ▸ C#程序源码\第5章\List 5-1.txt

样例 01　在List中添加体重数据

现在需要创建一个记录每日体重数据的应用程序，根据到目前为止学到的知识，可以使用数组，因为它能够处理很多数据。但是，如果每天都管理体重数据，数据就会一天比一天多。为了保存每天的数据，只设定 7 个或 14 个元素可能不够。那么有 100 个就够了吗？还是说需要 365 个？就像这样，在编写程序的阶段也有无法确定元素个数的情况。

Fig　**不知道应该准备几个元素**

在这种情况下，比起需要事先确定元素个数的数组，使用可以追加或删除元素的动态数组会更方便。下面的程序将一周的体重数据放入 List 类型的集合中后进行显示。请实际输入程序代码，参考如下。

List 5-1　List 的使用　　List 5-1.txt

```
1 using System;
2 using System.Collections.Generic; // 需要使用List
3
4 namespace Example
5 {
6     class Program
7     {
8         static void Main(string[] args)
9         {
10            // 声明List型变量
11            List<float> weights = new List<float>();
12
13            // 在List中添加元素
14            weights.Add(41.2f);
15            weights.Add(42.5f);
16            weights.Add(44.9f);
17            weights.Add(43.2f);
18            weights.Add(43.2f);
19            weights.Add(42.7f);
20            weights.Add(41.7f);
21
22            // 显示List中的全部元素
23            for (int i = 0; i < weights.Count; i++)
24            {
25                Console.WriteLine(weights[i]);
26            }
27        }
28    }
29 }
```

▼运行结果

```
41.2
42.5
44.9
43.2
43.2
42.7
41.7
```

解说 使用List

对于数组，如果已经确定了数组的元素个数，则之后无法修改元素个数。而 List 则可以根据需要添加元素。如果数组是层数确定好的衣橱，那么 List 就如同可以扩展的收纳盒。

Fig 数组与List的不同之处

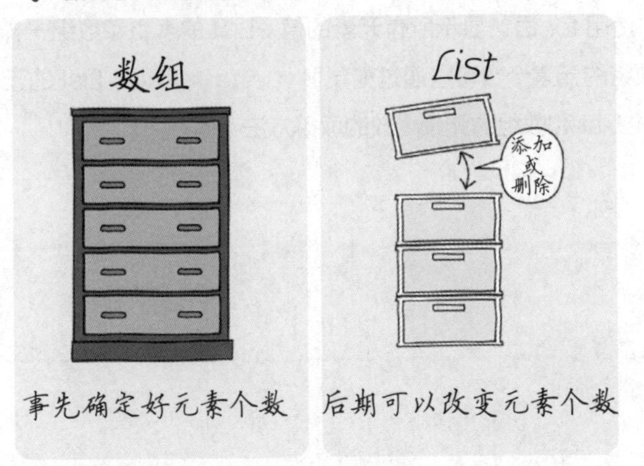

在使用 List 和 Dictionary 时，需要像 List 5-1 中的第 2 行那样添加“using System.Collections.Generic;”语句。如果没有添加这条语句，则会出错，所以请不要忘记。

初始化 List 类型变量的格式如下，**“<>”**中的类型名部分需包含要分配给 List 的值的类型。另外，List 和 Dictionary 与数组相同，仅能声明不能使用，因此需要使用 **new** 运算符来使用 List。

格式 **设置List类型的变量**

```
List<类型名> 变量名 = new List<类型名>();
```

在 List 5-1 的第 11 行中创建 **List<float>** 型的 weights 变量。因为在 List 中含有带小数点的体重数据，所以指定了 float 类型。接下来，在第 14 ~ 20 行中，使用 **Add 方法**向 List 中逐个添加元素。如果使用 Add 方法添加元素，则要在 Add 之后的“()”内输入添加的值。

格式 **在List中添加元素**

```
变量名.Add(添加的值);
```

添加元素后，数据将被添加到 List 的末尾，从而增加 List 的长度。

Fig 用Add方法在List中添加元素

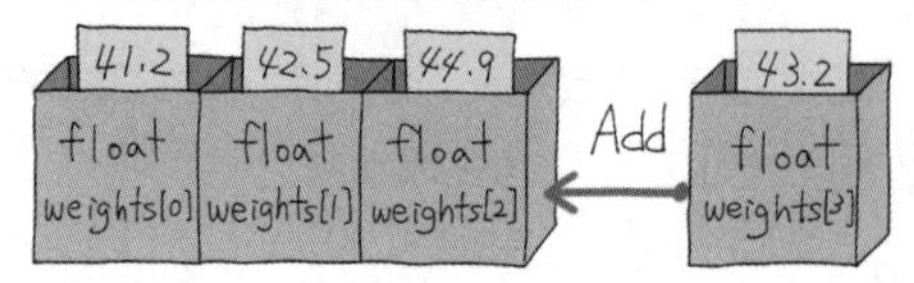

在 List 5-1 的第 23 ~ 26 行中，使用 for 语句显示所有元素的值。List 的索引和数组一样从 0 开始，所以将循环变量初始化为 0。数组的元素个数可以通过**变量名 .Length** 取得，List 的元素个数可以通过**变量名 .Count** 取得。记住 List 和数组的元素个数的取得方法不同。

Point!

List的特征

在List中可以根据需要添加元素。

练习题 5-1

声明 List<string> 型的 names 变量，并注册和显示一些姓名。

样例文件 ▸ C#程序源码\第5章\List 5-2.txt

样例 02 从List中删除体重数据

重新看一下体重数据，发现第 3 天的体重数据太轻了。看来，其记录的不是人的体重数据，而是一只坐在体重秤上的猫的体重数据。

Fig 想修改异常数据……

如果只删除异常的数据，则可以通过List按以下程序简单地删除数据。请试着输入。

List 5-2　从List中删除元素　　List 5-2.txt

```
 8 static void Main(string[] args)
 9 {
10     // 声明List型变量
11     List<float> weights = new List<float>();
12 
13     // 在List中添加元素
14     weights.Add(41.2f);
15     weights.Add(42.5f);
16     weights.Add(3.2f);
17     weights.Add(43.2f);
18     weights.Add(43.2f);
19     weights.Add(42.7f);
20     weights.Add(41.7f);
21 
22     // 删除List中的第3个元素
23     weights.RemoveAt(2);
24 
25     // 显示List中的全部元素
26     for (int i = 0; i < weights.Count; i++)
27     {
28         Console.WriteLine(weights[i]);
29     }
30 }
```

▼运行结果

```
41.2
42.5
43.2
43.2
42.7
41.7
```

解说　从List中删除元素

List 5-2 中的程序声明了 List<float> 型的 weights 变量，在第 14 ~ 20 行中添加了数据（元素）。为了删除 List 中存储的第 3 个异常数据，需要使用 **RemoveAt 方法**（第 23 行）。

在 RemoveAt 之后的“()”内写索引值时，**指定索引的元素将会从 List 中删除**。在第 23 行中，通过指定 2，删除了索引中的第 2 个元素（即第 3 天的数据）。后面的元素则会一个一个地向前推进。

格式　**从List中删除元素**

```
变量名.RemoveAt(索引);
```

Fig　**从List中删除元素**

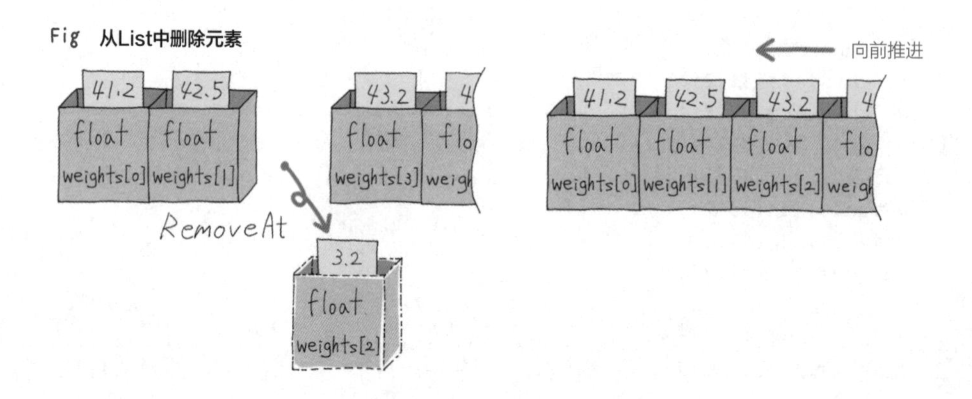

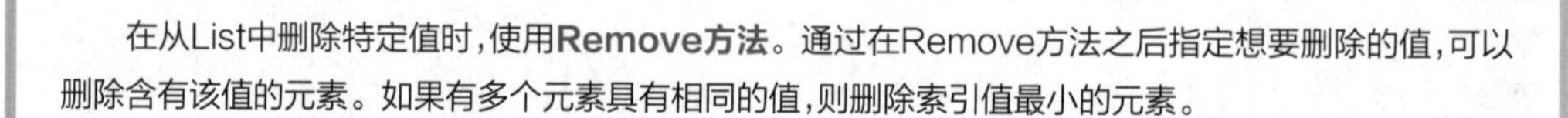

删除特定值

在从List中删除特定值时，使用**Remove方法**。通过在Remove方法之后指定想要删除的值，可以删除含有该值的元素。如果有多个元素具有相同的值，则删除索引值最小的元素。

样例文件 ▸ C#程序源码\第5章\List 5-3.txt和List 5-4.txt

样例 03　把体重按从轻到重进行排序

List 不仅有 Add 方法和 RemoveAt 方法，还有其他便利的方法。下面看一个例子。List 5-3 是从一周的体重数据中输出前三名（体重较轻的前三天）。

可以在 List 中使用**排序**。使用该功能可以将 List 中的数据按顺序排序。试着输入下面的程序。

List 5-3 将List中的数据按照升序排列

List 5-3.txt

```
8  static void Main(string[] args)
9  {
10     // 声明List型变量
11     List<float> weights = new List<float>();
12 
13     // 在List中添加元素
14     weights.Add(41.2f);
15     weights.Add(42.5f);
16     weights.Add(44.9f);
17     weights.Add(43.2f);
18     weights.Add(43.2f);
19     weights.Add(42.7f);
20     weights.Add(41.7f);
21 
22     // 将体重按照升序重新排列
23     weights.Sort();
24 
25     // 显示List中的前三个元素
26     for (int i = 0; i < 3; i++)
27     {
28         Console.WriteLine(weights[i]);
29     }
30 }
```

▼运行结果

```
41.2
41.7
42.5
```

解说 将List排序并改变排列顺序

将体重按从轻到重的顺序显示前三名，可以按照以下步骤实现。

❶ 按升序对List的体重数据进行排序。

❷ 显示排序后的List的前三个数据。

在第 23 行中，使用 **Sort 方法**将 List 按值从小到大排序。

格式 **将List排序**

```
变量名.Sort();
```

把值从小到大进行排列叫作“升序”，把值从大到小进行排列叫作“降序”。

使用 Sort 方法进行排序时，如果是 int 型或 float 型等数值，则按从小到大排序；如果是 string 型或 char 型的英文字符，则按 abc 字母顺序排序。

Fig **将List按升序排序时的顺序**

排序前	排序	排序后
43	→	11
29		29
11		33
78		43
33		78

按数值排序的情况

排序前	排序	排序后
Eclair	→	Donut
KitKat		Eclair
Donut		JellyBean
JellyBean		KitKat
Lollipop		Lollipop

按字母顺序排序的情况

程序中的排序对象是 float 型，从小到大排列为（41.2, 41.7, 42.5, 42.7, 43.2, 43.2, 44.9）。为了显示体重轻的前三位，在第 26 ~ 29 行中，采用索引循环来显示排序后的 List。

使用List方法

List中的常用方法如下表所列。使用时需要指定方法名称后面的“()”中所需的参数。

Table **List方法**

方法名称	作用
Add(要添加的值)	在最后添加元素
Insert(追加位置,追加值)	在指定位置插入元素
Remove(要删除的值)	删除指定值的元素
RemoveAt(要删除的索引)	删除指定索引的元素
Clear()	删除全部元素
IndexOf(检索的值)	查找元素位置
Contains(检索的值)	检查元素是否存在
Sort()	将List进行升序排序
Reverse()	将List进行降序排序

练习题 5-2

改写 List 5-3，试着从一周的体重数据中输出体重最大的前三名（体重较重的三天）。

利用Dictionary处理数据

集合的代表类型除了 List 还有 **Dictionary**。这里使用 Dictionary 型变量将日期和体重数据结合起来进行管理。

List 5-4 Dictionary的使用样例 List 5-4.txt

```
1 using System;
2 using System.Collections.Generic; // 需要使用Dictionary
3
4 namespace Example
5 {
6     class Program
7     {
8         static void Main(string[] args)
9         {
10            // 声明Dictionary型变量
11            Dictionary<string, float> weights =
12                new Dictionary<string, float>();
13
14            // 添加日期和体重成对的元素
15            weights.Add("2016/12/10", 41.2f);
16            weights.Add("2016/12/11", 42.5f);
17            weights.Add("2016/12/12", 44.9f);
18            weights.Add("2016/12/13", 43.2f);
19            weights.Add("2016/12/14", 43.2f);
20            weights.Add("2016/12/15", 42.7f);
21            weights.Add("2016/12/16", 41.7f);
22
23            // 显示2016/12/13的体重
24            Console.WriteLine(weights["2016/12/13"]);
25        }
26    }
27 }
```

▼运行结果

```
43.2
```

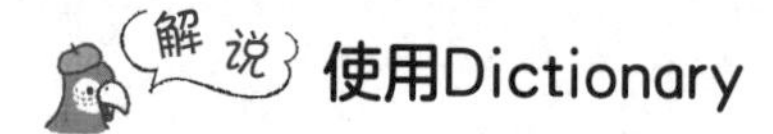

使用Dictionary

List 为每个元素存储了一个数据。与此相对，Dictionary 用“键”和“值”(key 和 value) 成对进行数据存储。例如，姓名和电话号码、邮政编码和地址、项目名称和价格等，如果想以两种数据的组合形式存储数据，则 Dictionary 会非常方便。

Fig　Dictionary将值成对保存

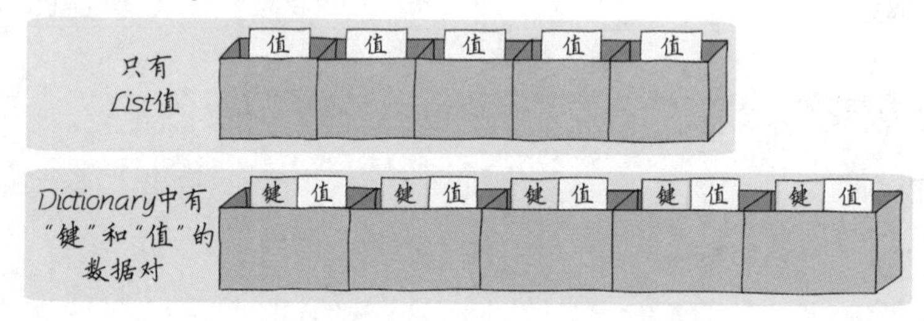

为了使用 Dictionary，与使用 List 时一样，需要添加“using System.Collection.Generic;”语句。

在第 11 行和第 12 行中声明 **Dictionary** 型变量。当声明 List 型变量时，已经在“<>”中写入了一个值的类型名，而对于 Dictionary 而言，可以在“<>”中输入 key 和 value 的类型名称。在 List 5-4 中，作为 key 的日期为 string 型，作为 value 的数值体重数据为 float 型。

格式　**声明Dictionary型变量**

```
Dictionary<key的类型, value的类型> 变量名 = new Dictionary<key的类型, value的类型>();
```

在第 15 ~ 21 行的 weights 变量中，以日期和体重为 key 和 value 对 (键值对) 的形式追加数据。与 List 相同，也使用 Add 方法向 Dictionary 型变量中添加值。与 List 不同的是，添加元素时通常为 (key,value) 的格式。

格式　**在Dictionary中添加元素**

```
变量名.Add(key, value);
```

另外，通过如下语句，可以取得与 key 对应的 value。

格式 **获取Dictionary中key对应的value**

```
变量名[key]
```

第 24 行 中 写 着 weights["2016/12/13"]， 也 就 是 读 取 2016 年 12 月 13 日 的 体 重 数 据（43.2 千克）。

Point!

使用Dictionary对key和value对进行管理

Dictionary以key和value对来管理数据。通过指定key，可以获取相应的value。

练习题 5-3

使用 Dictionary 创建一个如下表所列的电话簿，并编写显示山田电话号码的程序。

```
山田    000-123-4563
小山田  000-469-2488
山本    000-312-7721
```

其他集合类型

集合中除了List和Dictionary，还有Stack和Queue等。Stack和Queue都可以通过Push操作添加数据并通过Pop操作检索数据，Stack从最后添加的数据中按顺序取出数值，而Queue则从最初添加的数据开始按顺序取值。

Fig Stack和Queue

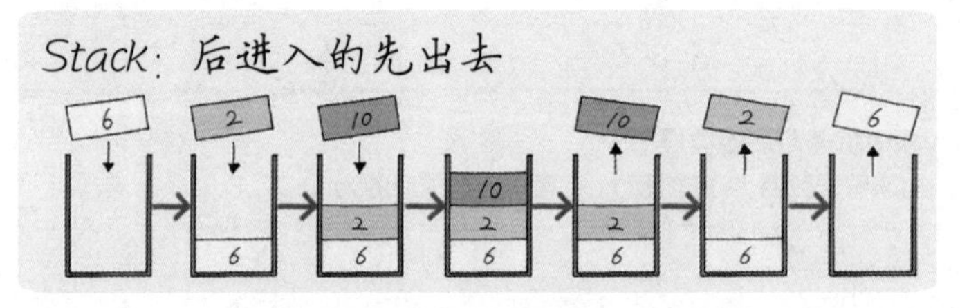

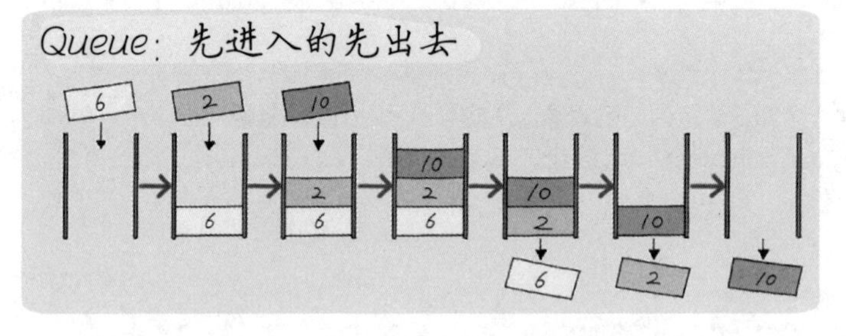

5-2 LINQ和Lambda表达式

LINQ（Language Integrated Query，语言集成查询）是从 C# 3.0 版本导入的结构，可以很简单地处理数组和集合中存储的数据。例如，从数组中取出满足特定条件的数据，对数组中的每个数据进行处理等操作，如果使用 LINQ 来实现，那么编写几行代码就可以完成。

在使用 LINQ 时要使用 Lambda 表达式来指定处理条件等。在使用 LINQ 之前，先从 Lambda 表达式的写法开始介绍。

所谓Lambda表达式

简单来说，Lambda 表达式就是“将返回值的方法写得更简洁的方法”。Lambda 表达式的写法有很多种，这里介绍一下 Lambda 表达式的常用写法。

♦ 具有一个参数的方法

下面先来说明一下怎么编写 Lambda 表达式。例如，假设有 Add 方法将参数加上 5 再返回（这里省略 static）。

```
int Add(int n)
{
    return n + 5;
}
```

如果用 Lambda 表达式写与这个方法有相同作用的代码则会很简洁，如下所示。

```
n => n + 5
```

如果要将常规方法转换成 Lambda 表达式，可以在左边输入参数，在右边输入返回值，然后在中间输入“=>”运算符。

格式 Lambda表达式

(参数) => 返回值的计算式
※参数只有一个时，左边括号可以省略

♦ 具有两个参数的方法

接下来，我们来看看有两个参数的例子。以下示例是将两个参数的和作为返回值的方法。

```
int Add(int a, int b)
{
    return a + b;
}
```

以上代码如果用 Lambda 表达式编码，代码如下所示。

```
(a, b) => a + b
```

参数多于两个时，用“,”连接参数，用“()”包围参数，参数为 0 时也需要使用“()”。在右边写返回值的计算公式。

♦ 具有非int型返回值的方法

返回值可以是任何类型。以下示例表示在参数值大于或等于 0 时返回 true，否则返回 false。

```
bool IsPositive(int n)
{
    return n >= 0;
}
```

用 Lambda 表达式改写以上代码，如下所示。

```
n => n >= 0
```

如果使用 LINQ，掌握 Lambda 表达式的知识就足够了。从下一节开始将用 Lambda 表达式来学习 LINQ 的使用方法。

Lambda表达式

使用**Lambda表达式**可以编写一个简短的方法来返回值。

所谓LINQ

使用 LINQ，可以从数组或集合中只取出满足条件的值，并对每个数据进行特定处理。通过刚才学过的 Lambda 表达式指定提取数据的条件和处理内容。

接下来，通过程序来学习如何使用 LINQ。

Fig　LINQ可以做到的事情

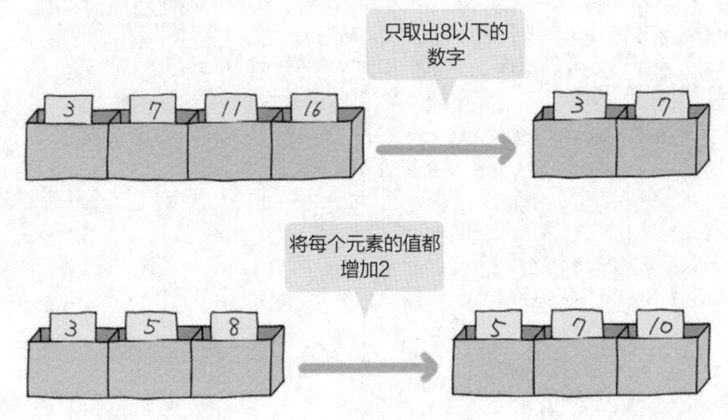

样例文件▶ C＃程序源码\第5章\List 5-5a.txt和List 5-5b.txt

样例 01　只显示HP值在500及以上的怪兽

当 5 只怪兽的 HP 进入列表时，如何从列表中找出 HP 值在 500 及以上的怪兽的元素呢？下面的程序是不使用 LINQ 编写的例子。

List 5-5a 显示列表中HP值在500及以上的元素 List 5-5a.txt

```
1  using System;
2  using System.Collections.Generic;
3
4  namespace Example
5  {
6      class Program
7      {
8          static void Main(string[] args)
9          {
10             int[] hp = { 420, 120, 600, 0, 1200 };
11             List<int> newHP = new List<int>();
12
13             for (int i = 0; i < hp.Length; i++)
14             {
15                 // 当HP值在500及以上时，将其添加到新的列表中
16                 if (hp[i] >= 500)
17                 {
18                     newHP.Add(hp[i]);
19                 }
20             }
21
22             // 显示newHP的元素
23             foreach (int n in newHP)
24             {
25                 Console.WriteLine(n);
26             }
27         }
28     }
29 }
```

▼运行结果

```
600
1200
```

在第10行中，创建了一个hp数组，其中包括5只怪兽的体力值数据。在第11行中，创建了List型的newHP变量，用于存储500及以上的值。因为不知道要存储的数值个数，所以使用了可以添加元素的List列表型。

在第13～20行中，按顺序检查hp列表中的元素，如果值为500，就添加到newHP中。在第23～26行中，使用foreach语句将newHP变量的值逐个取出并输出到控制台。

Fig 取出HP值在500及以上的怪兽

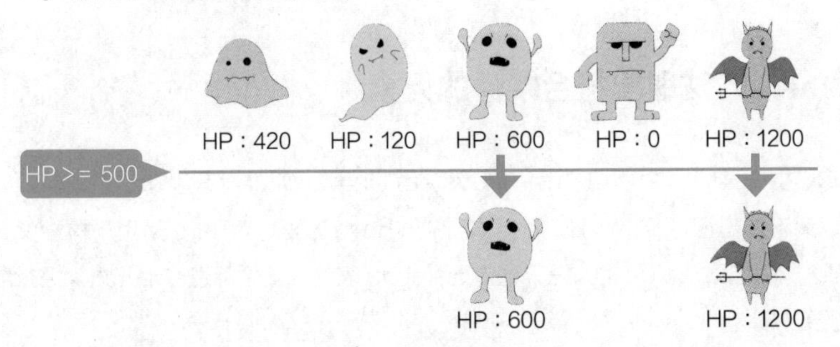

下面的程序与 List 5-5a 中的处理过程相同，只是使用 LINQ 重写了代码（运行结果相同）。与刚才的程序相比，使用 LINQ 编写会更简洁。

List 5-5b 使用LINQ获取列表中HP值在500及以上的元素　　List 5-5b.txt

```
1  using System;
2  using System.Collections.Generic;
3  using System.Linq;   // 使用LINQ时的引用
4
5  namespace Example
6  {
7      class Program
8      {
9          static void Main(string[] args)
10         {
11             int[] hp = { 420, 120, 600, 0, 1200 };
12
13             // 使用LINQ获取HP值在500及以上的元素
14             var newHP = hp.Where(n => n >= 500);
15
16             // 显示newHP的元素
17             foreach (int n in newHP)
18             {
19                 Console.WriteLine(n);
20             }
21         }
22     }
23 }
```

运行结果与List 5-5a相同。

使用Where方法取出符合条件的元素

为了使用LINQ，要在第3行中添加“using System.Linq;”。如果没有添加这条语句，运行LINQ会出错，所以请不要忘记。第14行使用LINQ的**Where方法**。Where是用于检索参数中指定的Lambda表达式的结果为true的方法。通过Lambda表达式逐个筛选数组元素，只有结果为true的数值才能通过筛选。

Fig Where方法

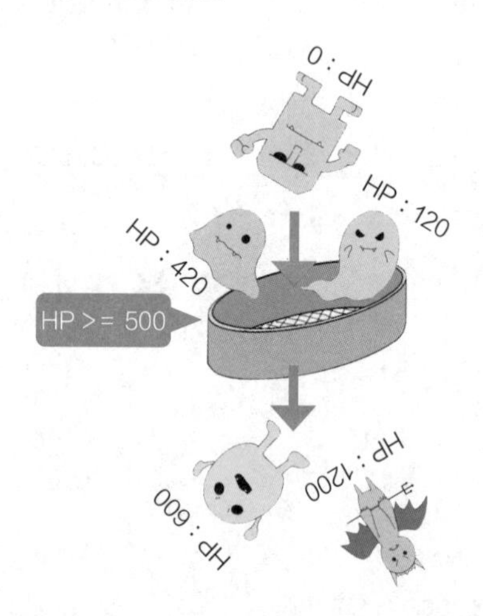

Where方法的格式如下。

格式　在数组或集合中取出符合Lambda表达式的数据

```
变量名.Where(Lambda表达式)
```

这里，在Where方法的参数中使用“n=>n>=500”的Lambda表达式。Lambda表达式的写法是“参数 => 返回值的计算公式”。“n=>n>=500”取的是参数中的n，n在“500及以上”时，返回true的结果。最终，只能取HP值在500及以上的怪兽。

Fig 用LINQ的Where方法取值

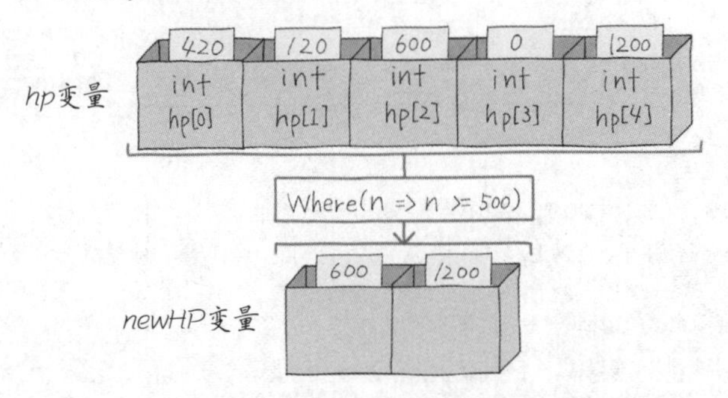

使用 Where 方法创建的数据可以作为返回值进行检索。此时，返回值的类型为 **var 型**（第 14 行）。所谓 var 型，并不是像 int 型和 float 型那样表示特定的类型，而是编译器根据输入值自动判断并确定的类型。LINQ 方法的返回值基本上是 var 型。

Point!

LINQ

如果使用LINQ方法，可以快速且简洁地实现对数组或集合元素的处理。

样例文件 ▸ C＃程序源码\第5章\List 5-6a.txt和List 5-6b.txt

样例 02 使用“全部魔法”将所有怪兽的体力值都减少100

下面再介绍一个使用 LINQ 的例子，即用“全部魔法”将所有怪兽的体力值都减少 100 的程序。

Fig 减少所有怪兽的体力值

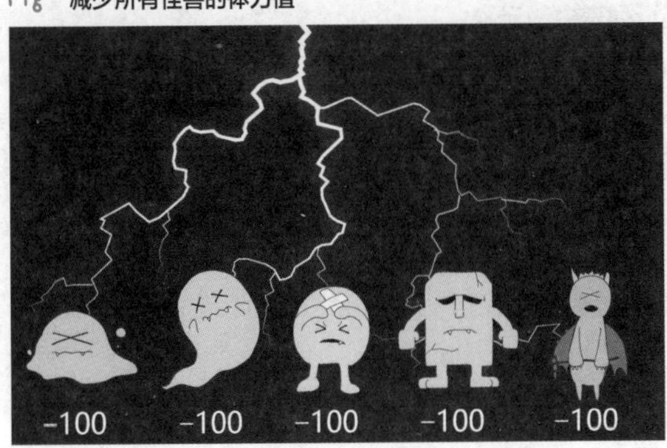

和刚才一样，先看看不使用 LINQ 编写的程序。

List 5-6a 将列表中的元素值全部减去100 List 5-6a.txt

```
 9 static void Main(string[] args)
10 {
11     int[] hp = { 550, 420, 600, 800, 220 };
12     List<int> newHP = new List<int>();
13 
14     // 添加将hp列表中的每个元素都减去100所得的值，并形成新的列表
15     for (int i = 0; i < hp.Length; i++)
16     {
17         newHP.Add(hp[i] - 100);
18     }
19 
20     // 显示newHP的元素
21     foreach (int n in newHP)
22     {
23         Console.WriteLine(n);
24     }
25 }
```

▼运行结果

```
450
320
500
700
120
```

在第 15 ~ 18 行中，将 hp 数组的值分别减少 100，并添加到 newHP 变量的 List 中。在第 21 ~ 24 行中，使用 foreach 语句显示列表中的元素。

使用 LINQ 重写该程序，如下所示（运行结果相同）。

List 5-6b 使用LINQ将列表中的元素值全部减去100 List 5-6b.txt

```
 9 static void Main(string[] args)
10 {
11     int[] hp = { 550, 420, 600, 800, 220 };
12 
13     // 使用LINQ将列表中的元素值全部减去100
14     var newHP = hp.Select(n => n - 100);
15 
16     // 显示newHP的元素
```

```
17      foreach (int n in newHP)
18      {
19          Console.WriteLine(n);
20      }
21  }
```

解说 使用Select方法创建新的数据

第 14 行中使用了 LINQ 的 Select 方法。Where 方法相对比较传统，有时优选 Select 方法。Select 方法用于逐个提取数组或集合元素，并在参数中加入指定的 Lambda 表达式进行处理。

Fig 通过Select方法对数组的各元素进行处理

Select 方法的格式如下。

格式 **根据Lambda表达式对数组或集合中的数据进行处理，以创建新的数据**

```
变量名.Select(Lambda表达式)
```

这里将“n=>n-100”的 Lambda 表达式作为 Select 方法的参数。该 Lambda 表达式与在参数中取 n，将 n 的值减去 100 后返回数值的方法相同。对数组的各元素进行处理，将其结果存入 var 型的 newHP 变量中。

Fig 通过Select方法对数组值进行处理后的汇总结果

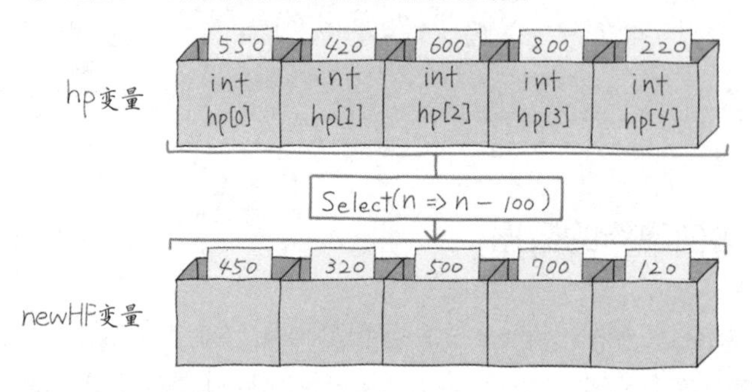

样例文件 ▶ C#程序源码\第5章\List 5-7a.txt和List 5-7b.txt

样例 03 计算打倒怪兽的数量

接下来，结合多个LINQ方法，编写计算体力值为0的怪兽数量的程序。先介绍不使用LINQ编写的程序。

List 5-7a 计算数组中数值为0的元素个数　　List 5-7a.txt

```
 9 static void Main(string[] args)
10 {
11     int[] hp = { 550, 0, 600, 0, 220 };
12     int num = 0;  // 计算hp数组中数值为0的元素的个数
13 
14     for (int i = 0; i < hp.Length; i++)
15     {
16         // 如果数值为0，则num增加1
17         if (hp[i] == 0)
18         {
19             num++;
20         }
21     }
22     Console.WriteLine(num);
23 }
```

▼运行结果

```
2
```

计算 hp 数组中数值为 0 的元素共有几个。在第 12 行中，将计算 hp 数组中数值为 0 的怪兽数量的 num 变量初始化为 0。在第 14 ~ 21 行中，逐个观察数组中的元素，当数值为 0 时，num 的数量增加 1。

Fig hp数组中数值为0的怪兽的数量

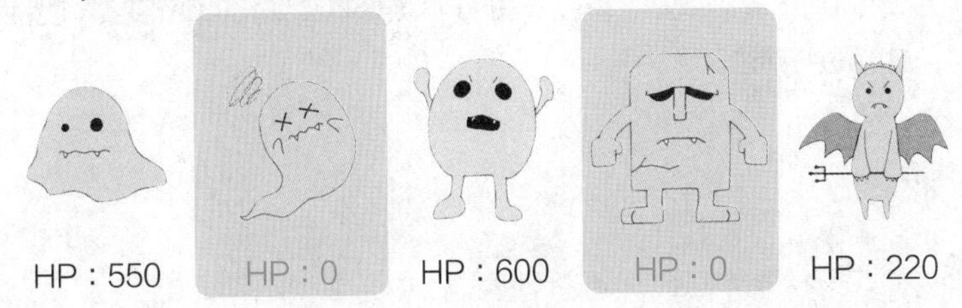

下面使用LINQ重写该程序,代码如下(运行结果相同)。

List 5-7b 使用LINQ计算数组中数值为0的元素个数 List 5-7b.txt

```
 9 static void Main(string[] args)
10 {
11     int[] hp = { 550, 0, 600, 0, 220 };
12 
13     // 使用LINQ取出hp数组中数值为0的元素
14     // 将其数量代入num中
15     int num = hp.Where(n => n == 0).Count();
16 
17     Console.WriteLine(num);
18 }
```

使用Count方法检查数据的数量

第 15 行只取出 hp 数组中数值为 0 的怪兽，并统计数量。该行代码是将以下两行程序用“.”连接起来的。

```
var defeatedMonsters = hp.Where(n => n == 0);
int num = defeatedMonsters.Count();
```

第 1 行中的 Where 方法的参数为“n=>n==0”的 Lambda 表达式。此 Lambda 表达式表示参数 n 的值等于 0 时返回 true。因此，从数组中找到与 0 相等的值，将“{0,0}”的结果存入变量 defeatedMonsters 中。

第 2 行使用 LINQ 的 **Count 方法**对 Where 方法的结果进行计数。Count 方法的语法格式如下。

格式 **获取数组中的元素个数**

```
变量名.Count()
```

在这里，通过使用 Count 方法对数据“{0,0}”进行筛选，将 2 赋给 num 变量，然后使用 Where 方法对数据“{0,0}”进行筛选。

Fig **Where和Count的组合**

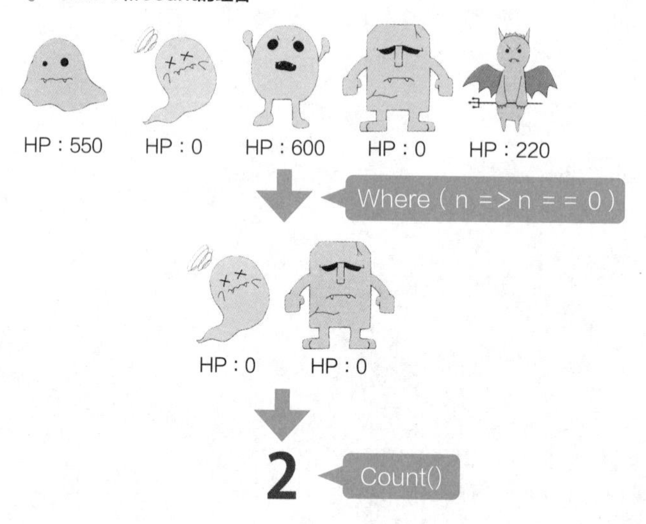

LINQ 中除了 Where、Select、Count 方法以外，还有如下表所列的方法。通过这些方法的组合，就能方便地写出处理目标程序的简洁表达式。

Table **LINQ的方法**

方法名称	作　用
Where(Lambda表达式)	返回满足条件的全部元素
Select(Lambda表达式)	对各元素进行处理并返回新数据
OrderBy(Lambda表达式)	返回升序排序的数据
OrderByDescending(Lambda表达式)	返回降序排序的数据
Distinct()	返回非重复值
Max()	返回最大值
Min()	返回最小值
Average()	返回平均值
Sum()	返回总和
Count()	返回元素个数
All(Lambda表达式)	判断所有元素是否满足条件
Any(Lambda表达式)	判断是否包含满足条件的元素

练习题 5-4

创建一个具有{-1,-10,-5,-40,-15}元素的数组，将所有元素的值均增加10，利用LINQ方法统计结果为0及以上的元素个数。

用LINQ对类实例进行排序

使用LINQ的OrderBy方法,可以根据成员变量对自己创建的类实例进行排序。例如,对员工级别的实例按评价排序,或者对项目级别的实例按价格排序。

下面对Player类实例以体力值为基础按升序进行排序。

```
class Player
{
    public string name;  // 姓名
    public int hp;       // 体力值

    public Player(string name, int hp)
    {
        this.name = name;
        this.hp = hp;
    }
}
```

OrderBy方法采用Lambda表达式作为参数。在Lambda表达式中指定要排序的成员变量。这里按照玩家的体力值进行排序，Lambda表达式为“n=>n.hp”。

```
static void Main(string[] args)
{
    List<Player> players = new List<Player>();
    players.Add(new Player("一郎", 70));
    players.Add(new Player("次郎", 60));
    players.Add(new Player("太郎", 100));

    // 按体力值进行排序
    var sortPlayers = players.OrderBy(n => n.hp);

    foreach (Player player in sortPlayers)
    {
        Console.WriteLine(player.name);
    }
}
```

5-3 值类型和引用类型

在第 4 章中已经说明了定义的类可以像 int 型一样作为类型使用。但是，类和值类型之间有一个很大的区别。本节将详细介绍这个区别。

值类型和引用类型简介

C# 大致分为**值类型**和**引用类型**两种：值类型直接将“值”赋给变量；引用类型将“值的引用位置信息”分配给变量。

Fig　引用包含位置的类型

值类型包括 int 型、float 型、double 型、bool 型等；引用类型包括类、数组集合、string 型等。

Fig　值类型和引用类型的区别

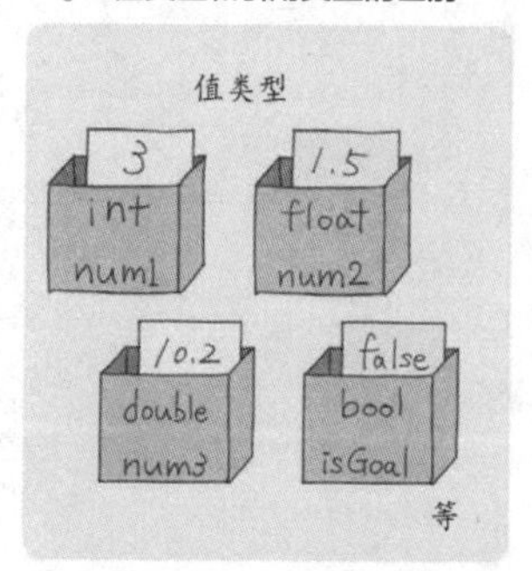

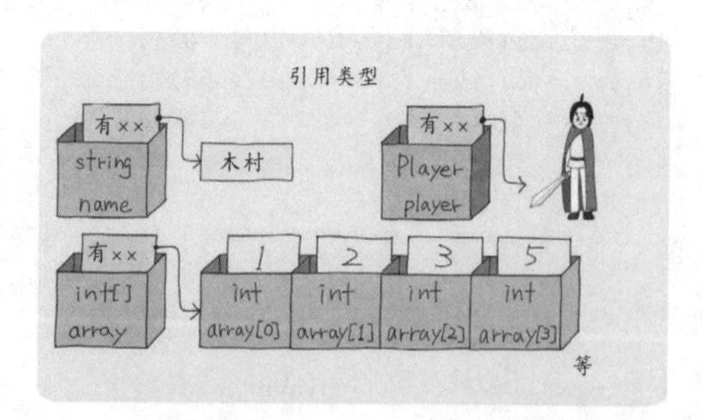

确认变量和实例之间的关系。到目前为止，引用类型通过以下代码创建实例并赋值。

```
float[] weights = new float[7];
List<float> weights = new List<float>();
Player player = new Player();
```

使用 new 运算符生成实例，并将其赋给变量。在这种情况下，变量中并没有直接放入实例。由 new 运算符创建的实例将保存在内存中的某个位置。变量中会保存“实例在内存中的某个位置”的引用信息。

Fig 内存和引用的关系

```
Player player = new Player();
```

Point!

值类型和引用类型

值类型直接赋值，引用类型存储实例的位置。

为什么需要引用类型

如果将类、列表、字符串等直接放入变量，就不会在意值类型和引用类型的区别了。但是，为什么会有引用类型呢?

引用类型的特征是“放入变量中的元素数量有可能增加”。string 型的字符串可能会很长，而且数组可能会有很多元素。即使是类，也可能有很多成员。如果将这么多元素直接存入变量，那么将该变量复制到其他变量中就需要很长时间。

Fig 元素很多的情况复制就会很麻烦

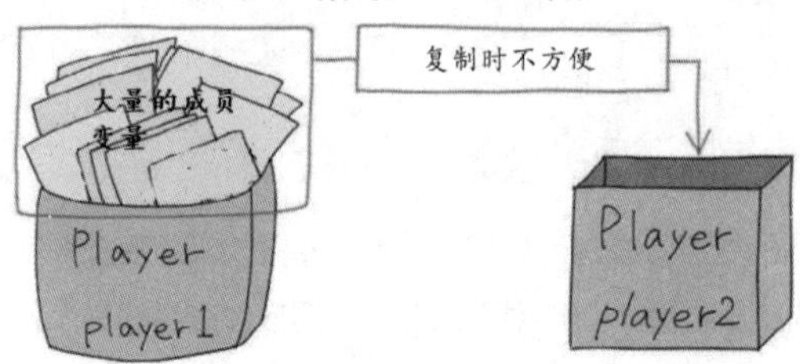

因此，存入变量中的元素数量可能会发生变化，此时不需要直接把所有的元素存入变量，而是通过引用来访问实例。这样复制变量内容时只复制引用信息就可以了。

Fig 只复制引用信息即可

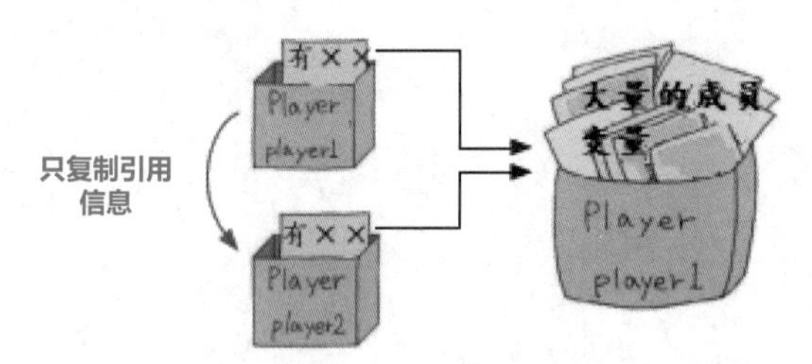

引用类型虽然可以高效复制，但复制时也需注意一些事项，下面通过一个程序来说明一下。

Note

string型也是引用类型

string型是特殊的引用类型，可以像值类型一样进行处理。对于string型，即使程序员不使用new运算符创建实例，也可以将值存入变量，复制字符串时也与值类型相同，也会复制字符串本身。

样例文件▶C#程序源码\第5章\List 5-8.txt

样例 01 使用引用类型时的注意事项

首先介绍值类型变量之间复制值的情况。在这里将使用第 4 章创建的 **SamplePRG** 项目。打开已有的项目，在 Visual Studio 的启动界面中选择“打开项目或解决方案”，或者在菜单栏中选择 **“文件”→“打开”→“选择项目 / 解决方案”** 命令（如果是在 macOS 中，选择在启动界面中打开，或者在菜单栏中选择 **“文件”→“打开”** 命令）。

Fig 打开项目①

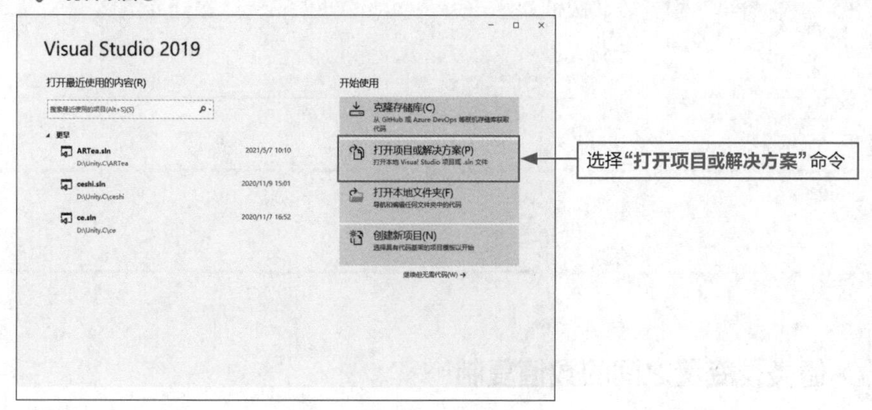

在“打开项目 / 解决方案”界面中选择 SampleRPG 文件夹中的 **Example.sln** 文件，然后单击 **“打开”** 按钮（如果是在 macOS 中，也可以从打开的界面中选择 SampleRPG 文件夹中的 **Example.sln**，然后单击 **“打开”** 按钮）。

Fig 打开项目②

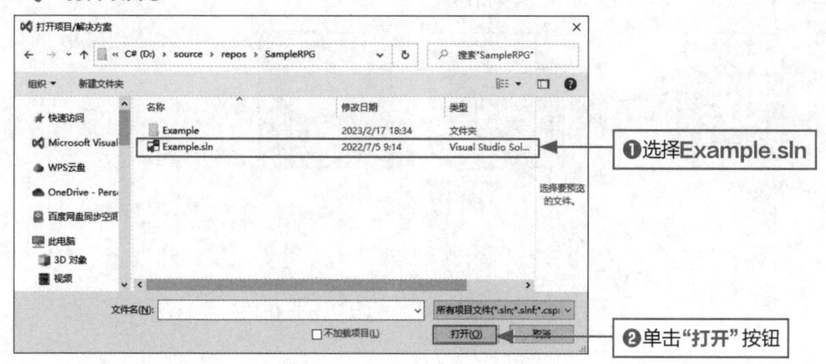

打开 SampleRPG 项目后，将 Program.cs 的 Main 方法改写成以下内容，并实际进行操作。

List 5-8　值类型变量之间的数值复制(Program.cs)　List 5-8.txt

```
5  class Program
6  {
7      static void Main(string[] args)
8      {
9          int num1 = 35;
10         int num2 = num1;    // 将变量num1的值赋给变量num2
11         Console.WriteLine(num2);
12         num1 = 0;   // 在num1中存入
13         Console.WriteLine(num2);
14     }
15 }
```

▼运行结果

```
35
35
```

值类型变量之间的数值复制

在第 10 行中将变量 num1 的值赋给变量 num2 后，在第 12 行中将 num1 的值设为 0。在值类型变量之间赋值时，右边变量中的“值”的副本将被传递给左边，因此，即使改写变量 num1 的值，变量 num2 也不会重写。

Fig　值类型变量之间复制的情况

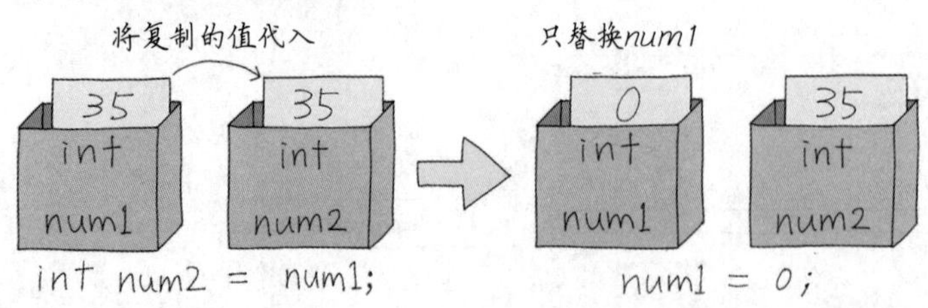

样例 02 引用类型变量之间的数值复制

接下来，介绍引用类型变量之间的数值复制。对于 Player 类，请直接使用第 4 章中创建的 List 4-11，并重写 **Program.cs** 中 Main 方法的内容。

List 5-9　引用类型变量之间的数值复制　　List 5-9.txt

```
5  class Program
6  {
7      static void Main(string[] args)
8      {
9          Player player1 = new Player("张三",35);
10         Player player2 = new Player("李四",100);
11
12         player2 = player1;  // 将player1的值赋给player2
13         Console.WriteLine(player2.Hp);
14         player1.Hp = 0;     // 将player1的体力值设定为0
15         Console.WriteLine(player2.Hp);
16     }
17 }
```

▼运行结果

```
35
0
```

解说 引用类型变量之间的数值复制简介

在List 5-9的第9行和第10行中创建了Player类的实例，将player1的Hp值设定为35，将player2的Hp值设定为100。由于在第12行中将变量player1赋给变量player2，所以变量player1和变量player2的Hp值都变成了**35**。这里应该可以理解。但在第14行中将player1的Hp值设定为**0**后，不知为何，变量player2的Hp值也变成了**0**。下面来分析这个原因。

下面的图是体力为 35 的 player1 和体力为 100 的 player2 刚创建后的状态。

Fig 变量player1和变量player2①

接着，将变量 player2 赋给变量 player1 的状态如下图所示。此时被复制的不是 player1 的实例本身，而是“player1 的实例在 [ ] 内的引用信息”。其结果是 player1 和 player2 引用同一个实例。

Fig 变量player1和变量player2②

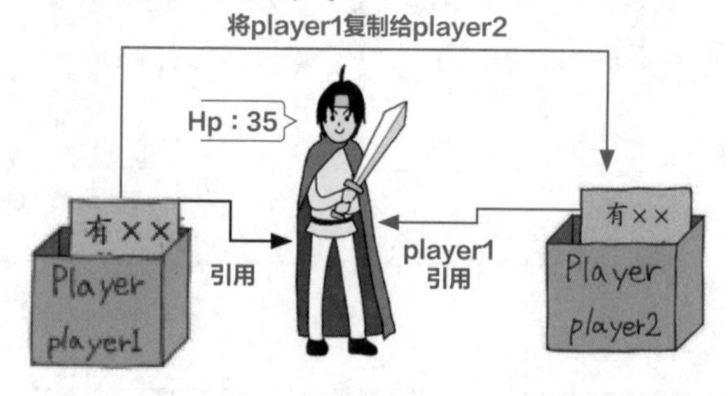

因为变量 player1 和变量 player2 引用同一个实例，所以如果在第 14 行中将 player1 的 Hp 变成 0，则 player2 的 Hp 也会变成 0。像这样复制引用类型的值并不会产生与复制值类型的值相同的结果，这里需要注意。

Fig 变量player1和变量player2③

样例
03 ref修饰符和out修饰符

在向方法中传递参数时，因为值类型和引用类型不同，程序运行的结果也会发生变化，所以需要注意。

方法的参数和引用类型

在向方法中传递参数时，参数的值将被复制并传递。因此，如果将值类型传递给参数，即使在方法中改写该值，调用源也不会发生变化。但是，如果将引用类型传递给方法的参数，那么就会复制引用信息，也会影响调用源的变量。

下面具体看看是怎么回事。如下 Player 类成员具有 hp 变量。

```
class Player
{
    public int hp;
    public Player(int hp)
    {
        this.hp = hp;
    }
}
```

如果使用 Player 类创建下面的程序，显示结果会怎样呢?

```
static void Recover(Player player)
{
    player.hp = 100;
}

static void Main()
{
    Player player = new Player(30);
    Recover(player);
    Console.WriteLine("HP=" + player.hp);  // 显示HP=100
}
```

在 Main 方法中，将 Player 类的实例传递给 Recover 方法。

当将引用类型的值传给方法的参数时，“在调用源上赋值变量”和“方法接收到的参数”是指同一实例，因此在方法中修改数值时，也会影响调用源的变量。因此，如果在 Recover 方法中改写 player 的 hp，则在调用源中赋值的 player 实例的 hp 也会被改写，显示为 HP=100。

将值类型的参数作为引用类型传递

在前面的程序中，将引用类型的值作为参数传递，并改写了方法中的值。如果将值类型作为参数传递，并在方法中改写，则传递的是值的引用，因此调用源的变量值不会改变。为了在方法中改写值类型的参数，可以使用 ref 修饰符或 out 修饰符。

在定义方法时，通过在参数前加 **ref**，可以实现值类型参数的引用。此时，需要注意的是，调用方法时也要在参数前加 ref。

在下面的程序中，参数前加了 ref 修饰符。虽然指定了值类型的参数，但是和使用引用类型时一样显示为"HP=100"（如果去掉两处 ref 修饰符，则其结果为"HP=30"）。

```
static void Recover(ref int hp)
{
    hp = 100;
}

static void Main()
{
    int hp = 30;
    Recover(ref hp);
    Console.WriteLine("HP=" + hp);  // 显示HP=100
}
```

out 修饰符和 ref 修饰符一样是用于进行引用传递的修饰符。带有 ref 的参数必须提供带有数值的变量。而带有 **out** 的参数，则无须事先将数值存入传递给参数的变量中。但是，必须在方法中代入数值。

此处将未赋值的变量 hp 传递给 InitHp 方法，执行后显示为"HP=30"。

```
static void InitHp(out int hp)
{
    hp = 30;
}

static void Main()
{
    int hp;
    InitHp (out hp);
    Console.WriteLine("HP=" + hp);  // 显示HP=30
}
```

在将数值传递给方法以重写或修正时使用 ref 修饰符，在返回方法中的计算结果时使用 out

修饰符。

结构体

与类相似的机制还有结构体。与类一样，结构体也是管理变量和方法的机制，其声明的方法和类基本相同。两者最大的区别是，类是引用类型，而结构体是值类型。因为结构体是值类型，所以没有必要像在本章中学到的那样在复制时多加注意。因此，如果在既要成为类的特征，又要像值类型一样（表示二维坐标的Point型、表示向量的Vector型、表示颜色的Color型等）使用的场景中，就可以经常使用结构体。

格式 **结构体的写法**

```
struct 结构体名称
{
    成员变量
    成员方法
}
```

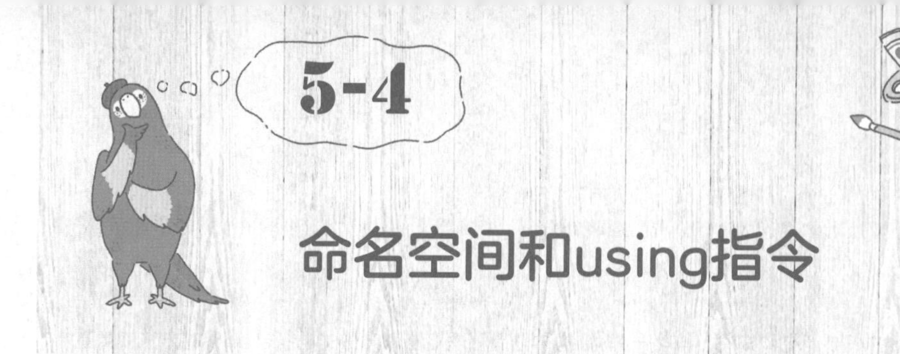

命名空间和using指令

本节主要学习在程序开头使用 using 指令的作用。

命名空间

如果很多人共同完成一个项目，就可能建立一个名称相同的类。例如，A 负责在游戏的舞台上放置敌人，B 负责在另外的舞台上放置敌人，两个人分开创建类。在这种情况下，如果 A 和 B 都将自己的敌人类取名为 Enemy 类，在游戏项目中就会出现两个 Enemy 类。如果一个项目中出现多个同名的类，就会发生错误。

为了避免发生这样的错误，C# 有一种叫作**命名空间**的机制。命名空间是通过确定“类所属的组名”来防止类之间的冲突。

如果要使用命名空间，可以使用 namespace{} 将类本身包裹起来。

格式　**使用命名空间的写法**

```
namespace 命名空间的名称
{
    class 类名
    {
        类的内容
    }
}
```

把 A 创建的 Enemy 类写在名为 Stage A 的命名空间中，把 B 创建的 Enemy 类写在名为 Stage B 的命名空间中，代码如下。

```
namespace StageA
{
    class Enemy
    {
        A创建的Enemy类
    }
}

namespace StageB
{
    class Enemy
    {
        B创建的Enemy类
    }
}
```

使用命名空间中的类时，写作**“命名空间 . 类名”**。

格式 **使用命名空间中的类**

```
命名空间.类名
```

想使用 A 创建的敌人类时，写作 StageA.Enemy；想使用 B 创建的敌人类时，写作 StageB.Enemy。

```
// 使用A创建的敌人类
StageA.Enemy enemy = new StageA.Enemy();
```

using 指令

但是，每次使用 A 创建的 Enemy 类时都要写 StageA.Enemy，这样有点麻烦。因此可以使用 **using 关键字**。在文件开头写上**“using 命名空间;”**，就可以将“命名空间 . 类名”省略为“命名空间”。

格式 **在命名空间文件的开头书写**

```
using 命名空间;
```

通过在文件的开头写上“using StageA;”，在这个文件中使用 Enemy 类时始终会使用 StageA 命名空间中的 Enemy 类。

```
using StageA;

class Game
{
    static void Main()
    {
        // 使用A创建的Enemy类
        Enemy enemy = new Enemy();
    }
}
```

我们一直使用 Console.WriteLine 方法，Console 类包含在 System 命名空间中。本来应该写成 System.Console.WriteLine，但是由于编写程序文件时常以“using System;”作为文件的开头，所以就省略了 System 命名空间，而直接写 Console.WriteLine。

static关键字

在定义类成员时使用**static关键字**，可以在不创建实例的情况下调用该成员。另外，带有static的成员不属于实例，而是属于类自身，并成为实例之间共享的值。

例如下面的程序，假设有员工类。

```
class Employee
{
    public static string companyName;

    public static string GetCompanyAddress()
    {
        取得居住地址方法
    }
}
```

在这种情况下，由于在companyName变量和GetCompanyAddress方法之前带有**static**，所以使用Employee类成员时，可以不创建实例，而按以下方式进行描述。

```
Console.WriteLine(Employee.companyName);
Employee.GetCompanyAddress();
```

如果使用static，会有哪些便利呢？作为示例，到目前为止，可以使用WriteLine方法显示字符串。WriteLine方法被定义为Console类的static成员。如果没有static关键字，则每次显示字符串时都需要创建一个实例，这样会比较麻烦。

```
Console console = new Console();
console.WriteLine("显示字符串");
```

因为WriteLine方法是Console类的static成员，所以不用创建实例，就可以调用WriteLine方法。

```
Console.WriteLine("显示字符串");
```

Chapter 5 的总结

在本章中，对C#的应用语法进行了说明。了解了使用集合会更方便，使用LINQ可以使程序更简洁。另外，注意本章中介绍的值类型和引用类型之间的差异，可以防止程序调试时出现各种错误。请重点理解一下。

Windows应用程序的开发基础

在接下来的章节中，将学习如何开发Windows应用程序（Windows应用程序只能在Windows操作系统上运行）。在本章中，学习开发Windows应用程序所需的基础知识，并创建一个简单的程序，只要单击一下按钮，窗体中的文字就会发生变化。通过创建这个应用程序，掌握Windows应用程序的创建流程。

创建Windows应用程序概述

到第 5 章为止，我们学习了 **C#** 的语法，并编写了将程序结果显示在控制台界面上的应用程序（控制台应用程序）。从本章开始，将介绍可以在 Windows 平台上显示并且可以利用图像和按钮等进行操作的 Windows 应用程序的创建方法。

创建Windows应用程序

如果要创建像 Word 和 Excel 一样有按钮、图标和文字输入部分等的 Windows 应用程序，不仅要掌握“C# 的知识”，还要掌握“创建应用程序界面的方法”。

Fig 创建Windows应用程序所需的知识

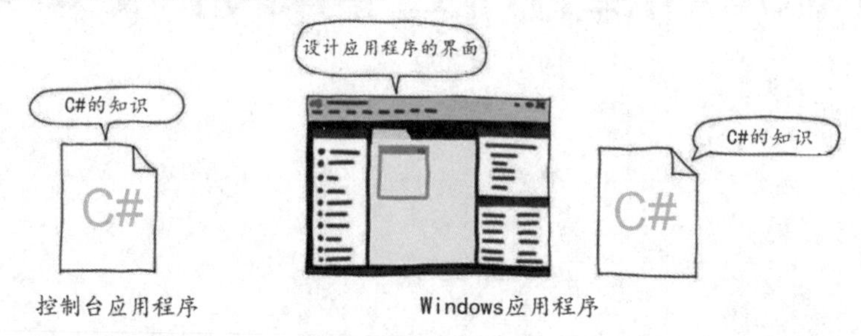

在 Visual Studio 中，可以通过拖放将按钮和文本框等控件放到应用窗体中，这样就可以进行应用界面布局。这里的创建方法和之前的控制台应用有些不同，所以请逐步进行理解。

Windows应用程序的运行流程

在学习创建应用程序窗体之前，首先了解一下 Windows 应用程序的运行流程。如果了解了运行流程，就可以帮助你理解应用程序是如何创建的。

Windows 应用程序的运行流程基本上是“接收用户输入的信息”→“根据输入执行处理（程序）”→“根据处理结果更新屏幕显示”。

Windows应用程序的运行流程

❶ 接收用户输入的信息。

❷ 根据输入执行处理（程序）。

❸ 根据处理结果更新屏幕显示。

例如，计算器应用程序的运行流程如下：

❶ 输入公式。

❷ 将输入的公式按照程序进行计算。

❸ 在屏幕上显示计算结果。

Fig 计算器应用程序的运行流程

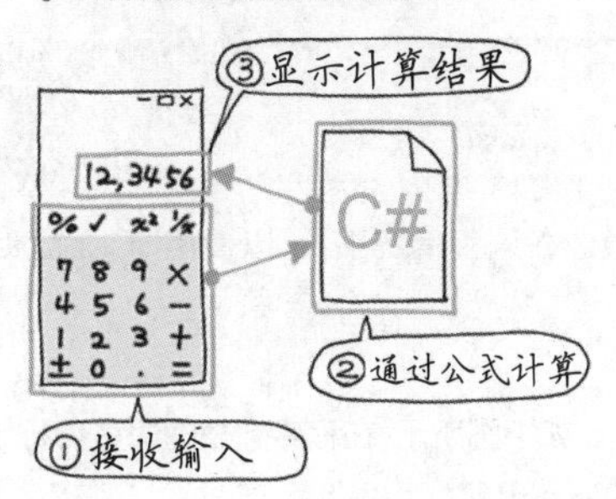

使用 Excel 制作图表时，运行流程如下：

❶ 选择行、列的数据并单击创建图表按钮。

❷ 将选定的行、列数据制作成图表。

❸ 在屏幕上显示绘制的图表。

Fig 用Excel制作图表时的运行流程

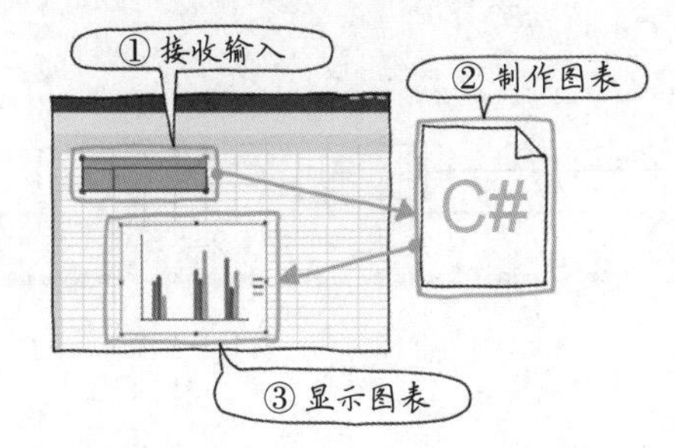

在 Windows 应用程序中，用户也需要接收相应输入并执行与该输入对应的处理，如“单击按钮后处理 A”“按下 Enter 键后处理 B”“选择菜单后处理 C”等。

Fig　根据输入执行相应处理

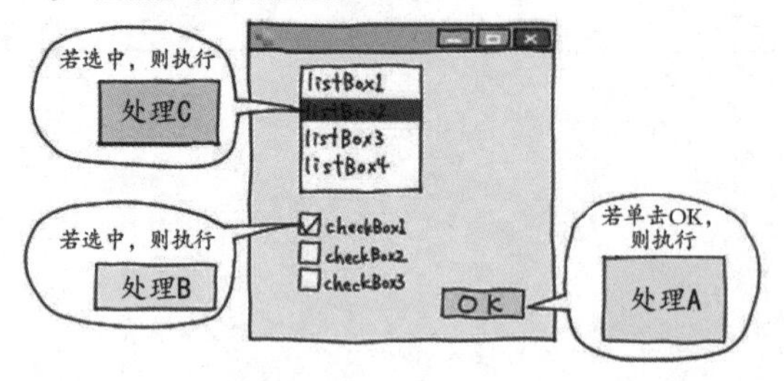

下面介绍在创建样例应用程序中开发 Windows 应用程序的操作和处理方法的流程。

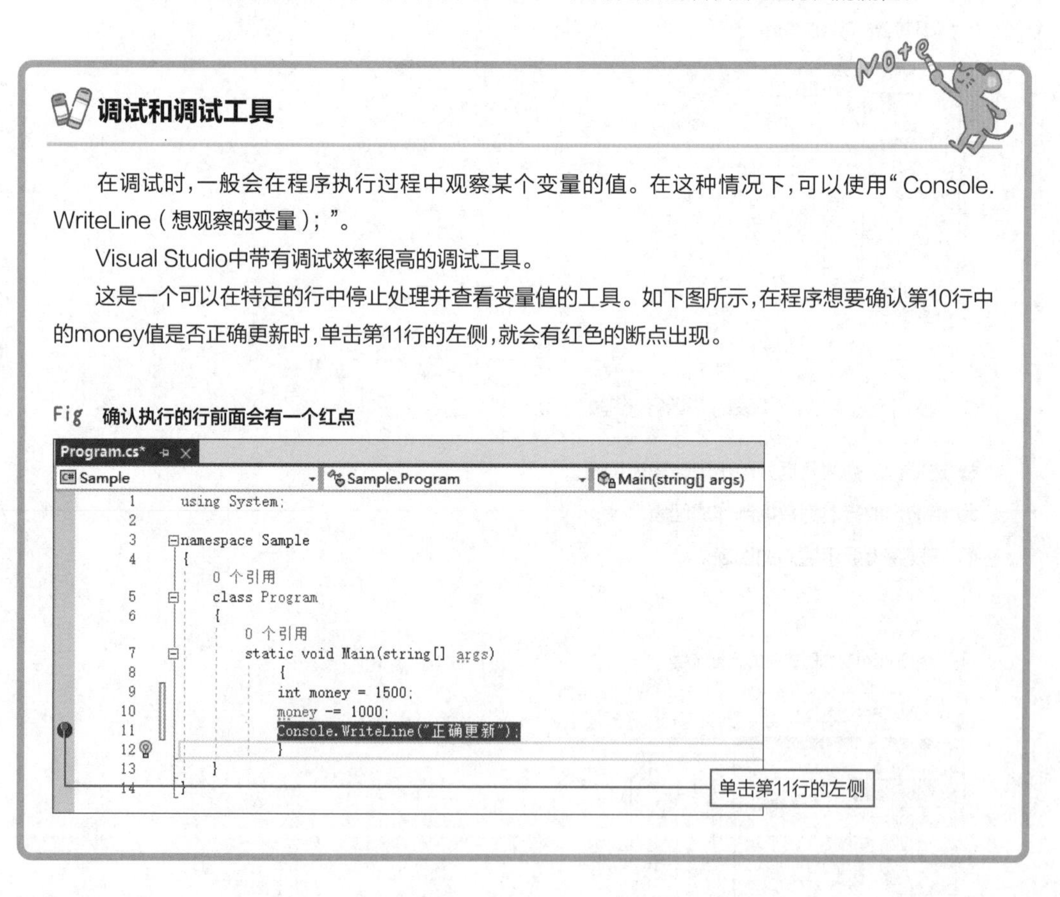

Note

调试和调试工具

在调试时，一般会在程序执行过程中观察某个变量的值。在这种情况下，可以使用“Console.WriteLine（想观察的变量）；”。

Visual Studio中带有调试效率很高的调试工具。

这是一个可以在特定的行中停止处理并查看变量值的工具。如下图所示，在程序想要确认第10行中的money值是否正确更新时，单击第11行的左侧，就会有红色的断点出现。

Fig　确认执行的行前面会有一个红点

在此状态下，如果从菜单栏中选择“调试”→“开始调试”命令，则在选定的第11行会停止继续往下执行，在左下角显示本地窗口，在该窗口中显示变量值。在本地窗口中，可以观察程序运行到这一步时本地变量的值。

Fig 显示变量的值

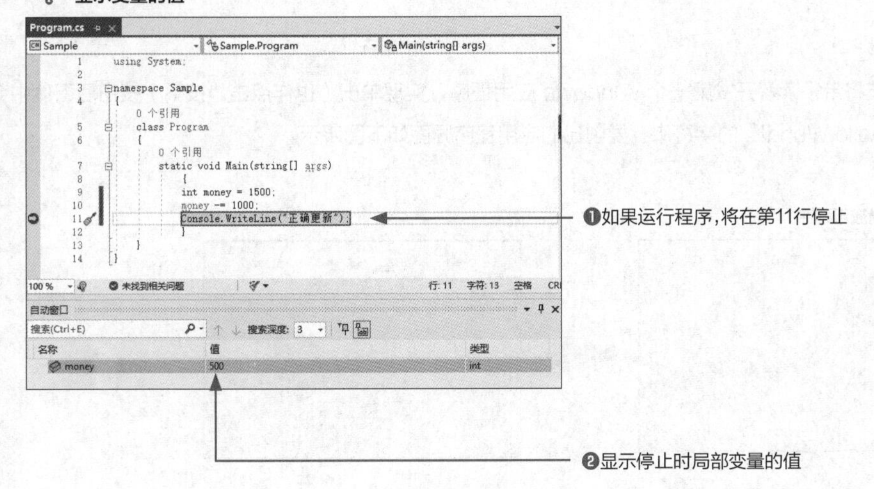

要停止调试，可以从菜单栏中选择“调试”→“停止调试”命令，或者单击Visual Studio顶部的“停止”按钮（红色方块）。

6-2 Hello World：第一个Windows应用程序

本节将带领读者开发第一个 Windows 应用程序，实现单击（也作点击、按下）按钮后窗体中会显示“Hello,World!”的字符串。要创建的应用程序界面如下图所示。

Fig 创建应用程序

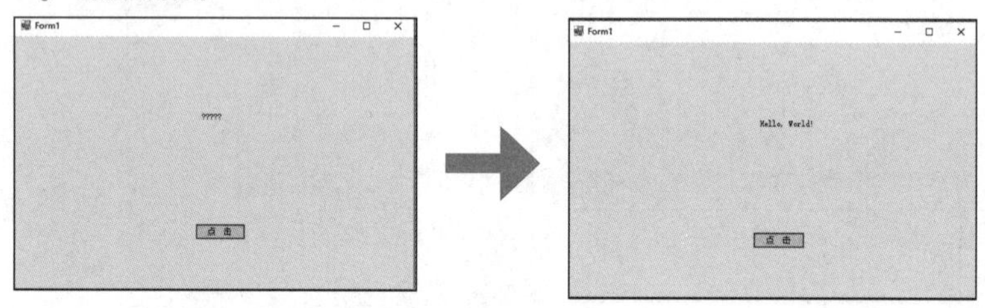

Windows应用程序概述

在开始创建 Windows 应用程序之前，介绍一下开发 Windows 应用程序时常用的专有名词。

应用程序的界面称为**“窗体”**。窗体中配置的按钮等统称为**“控件”**，用户的输入称为**“事件”**，发生事件时执行的方法称为**“事件处理程序”**。这些在本书的后面也会多次出现，请牢记。

Fig C#中使用的专有名词

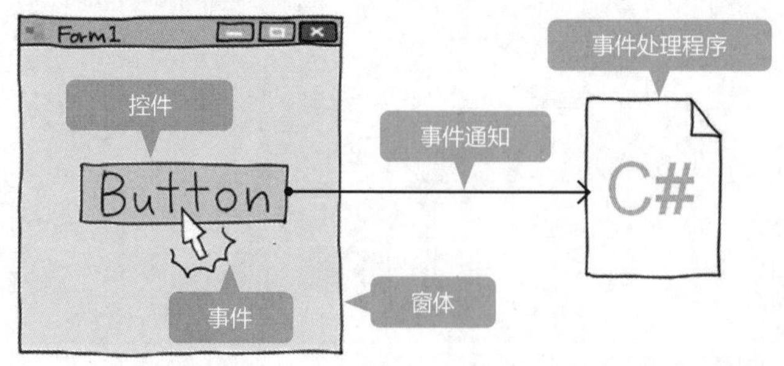

关于“事件”和“事件处理程序”，下面再详细说明一下。

用户输入称为**事件**，如“按下按钮”“在输入框中输入”“选择菜单”等。每个控件都有很多事件，可以接收用户的各种输入。

以按钮为例，有“鼠标单击（**Click**）”“鼠标单击完成离开（**MouseUp**）”“鼠标指针放在按钮上（**MouseHover**）”等事件。

没有必要一次记住所有的事件。可以使用本书中介绍的事件逐步掌握。

Fig **所谓事件**

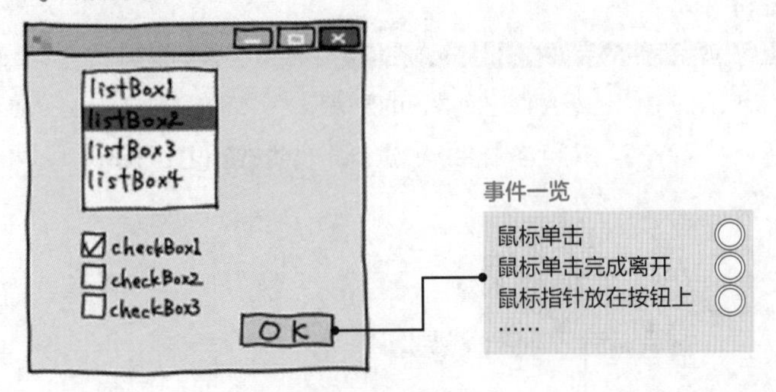

此外，在按下按钮后会执行处理 A 等与事件对应的方法，将“事件”和“事件发生时执行的方法”结合起来的方法称为**事件处理程序**，响应事件而执行事件处理程序的方式称为**事件驱动**。

Fig **事件处理程序**

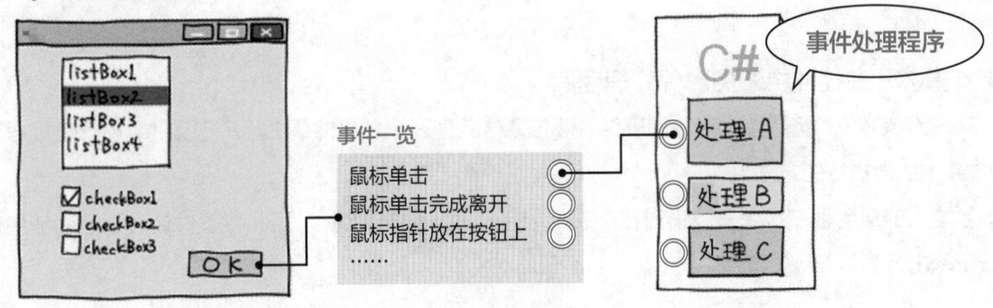

应用程序的创建步骤

创建 Windows 应用程序，基本按以下 3 步进行。

创建Windows应用程序的步骤

步骤① 在窗体中添加控件。

步骤② 在控件中添加事件处理程序。

步骤③ 根据输入编写相应的事件处理程序。

下面看一下每个步骤的具体操作。

♦ 步骤①：在窗体中添加控件

在步骤①中，可以一边想象应用程序的完成样式，一边在窗体中放置必要的控件。控件是指按钮、标签、菜单、滑块等可以接收用户输入的组件。这次放置的是表示“?????”和“Hello,World!”字符串的**标签（Label）**，以及将“?????”转换为“Hello, World!”的**按钮（Button）**。

Fig 在窗体中放置控件

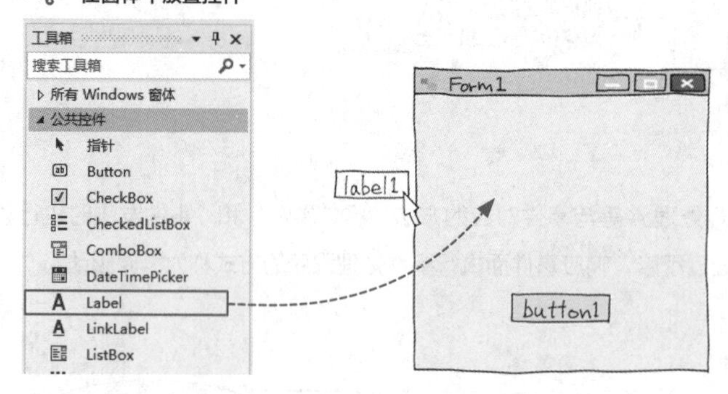

♦ 步骤②：在控件中添加事件处理程序

在步骤②中，选择控件接收的事件，添加事件处理程序。事件是由用户定义的，事件处理程序是“事件发生时执行的方法”。

这次的应用程序是单击按钮时在标签上显示“Hello,World!”，因此将事件处理程序添加到检测按钮单击行为的 Click 事件中。

Fig　向按钮中添加事件处理程序

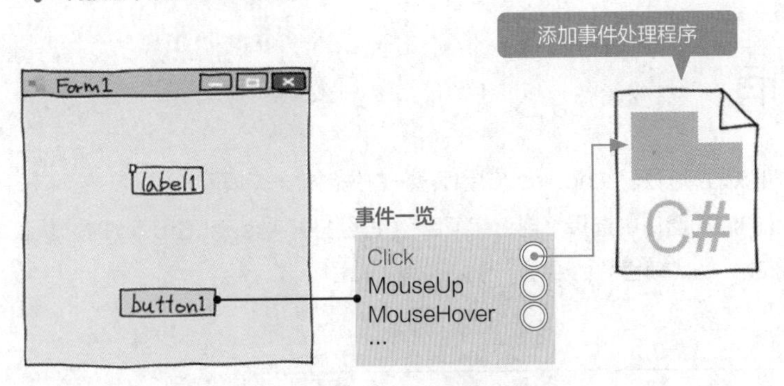

♦ 步骤③：根据输入编写对应的事件处理程序

在步骤③中，在步骤②中添加的事件处理程序中编写接收用户的输入后要执行的处理程序。本次Click 事件的处理程序是：**在标签上显示"Hello, World!"**。

Fig　在事件处理程序中输入事件发生时的处理

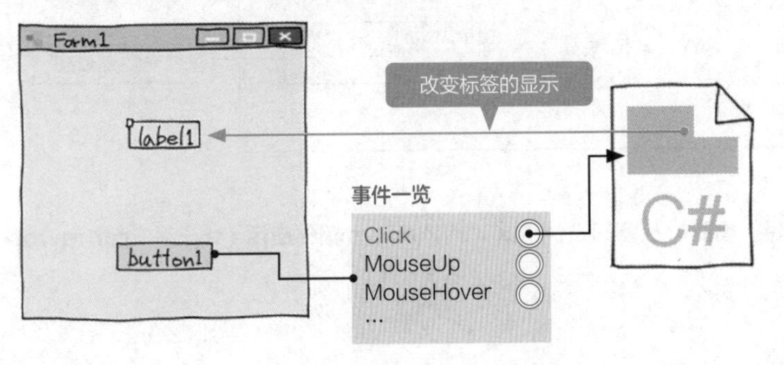

事件的种类

控件可以接收的事件有很多种。具有代表性的事件如下所示。

Table　代表性事件

事　件	调 用 事 件
Click	单击后调用
TextChanged	当文本发生变化时调用
SelectedIndexChange	当选中的项目发生变化时调用
MouseDown	鼠标被按下时调用

样例 01 创建项目

为了按照刚才梳理的流程来开发 Windows 应用程序，首先创建一个项目。

从 Visual Studio 的启动窗口中选择**"创建新项目"**（已经打开 Visual Studio 时，从菜单栏中选择"文件"→"新建"→"项目"命令）。

Fig 创建项目①

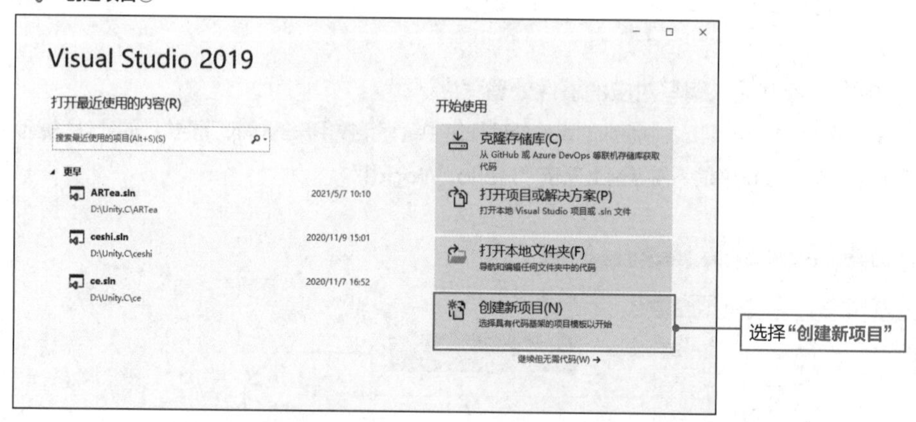

打开"创建新项目"窗口，从窗口右侧选择**"Windows 窗体应用（.NET Framework）"**，然后单击**"下一步"**按钮。

Fig 创建项目②

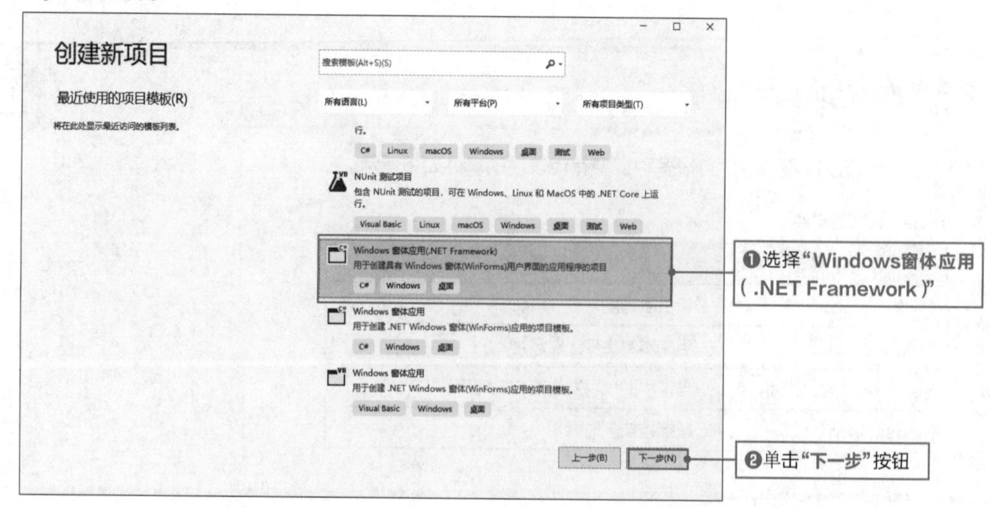

这里把项目名称定为“Hello World”。请指定项目的保存位置（任意），然后单击“创建”按钮。

Fig 设置项目名称和保存位置

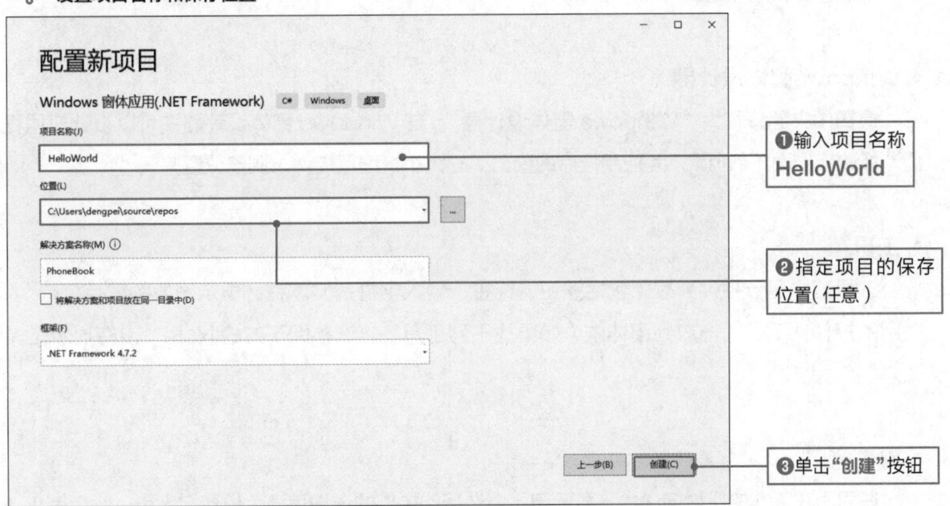

在指定的位置创建项目，并显示创建 Windows 应用程序的界面。

Fig 创建Windows应用程序的界面

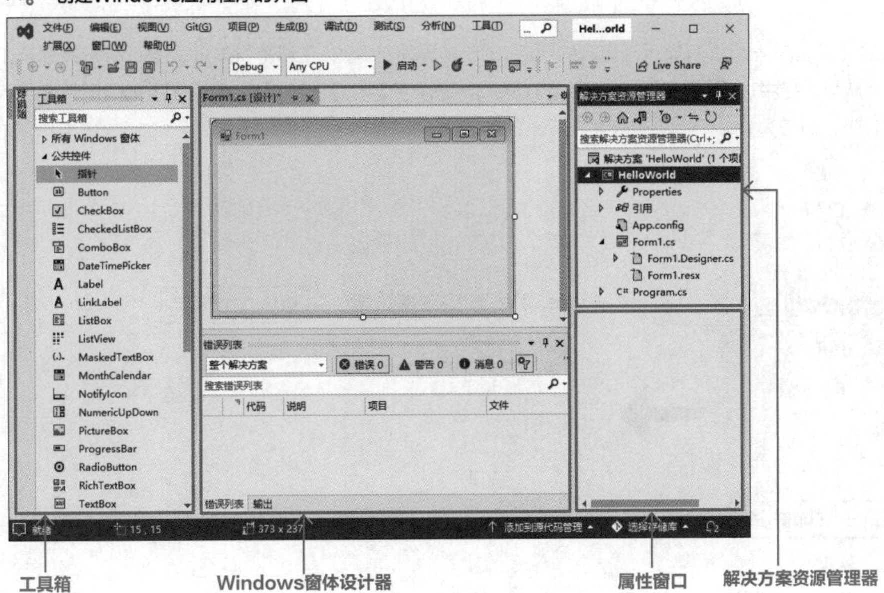

与之前看到的控制台应用的界面看起来有点不一样。另外，虽然现在界面上什么都没显示，但在窗口下方也显示了控制台应用中使用的“输出”和“错误列表”窗口。

下面介绍新添加窗口的构成。

♦ Windows窗体设计器

窗口中央部分称为“Windows 窗体设计器”。在 Windows 窗体设计器中可以设计应用程序界面，如改变界面（Windows 应用程序的窗口）的大小、配置控件、调整位置等。

♦ 工具箱

工具箱中显示控件列表（包括按钮、标签、输入字符的文本框、显示图像的图片框等）。将要使用的控件从工具箱拖放到窗体中（如果找不到工具箱，请参阅下方的 Note“没有显示工具箱怎么办”）。

♦ 属性窗口

在界面右下方的属性窗口中，显示窗体中选择的控件的详细信息（位置、大小、颜色等）。此外，事件处理程序的设置也在该窗口中进行。

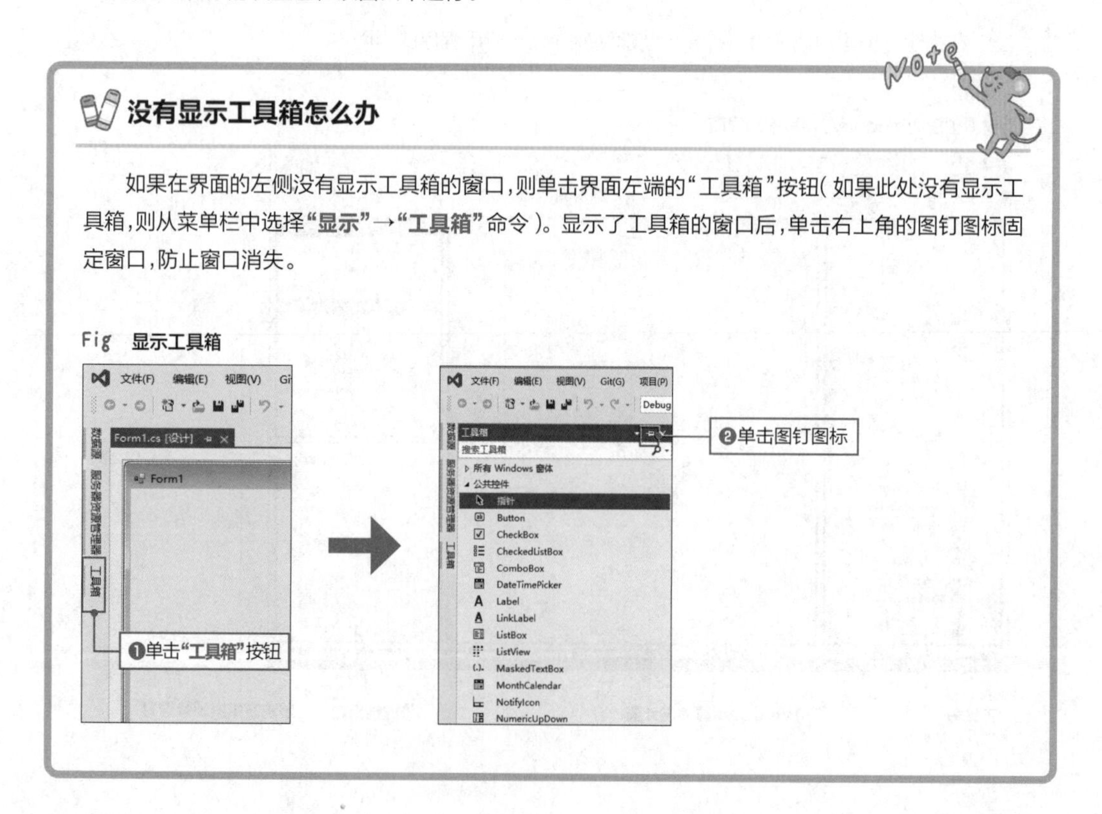

没有显示工具箱怎么办

如果在界面的左侧没有显示工具箱的窗口，则单击界面左端的“工具箱”按钮（如果此处没有显示工具箱，则从菜单栏中选择**“显示”**→**“工具箱”**命令）。显示了工具箱的窗口后，单击右上角的图钉图标固定窗口，防止窗口消失。

Fig　显示工具箱

样例
02 添加控件

创建项目后，就可以将控件放置在窗体中。在这里，需要放置**标签（Label）**以及实现在标签上显示“Hello，World!”的**按钮（Button）**。

经常使用的控件在第 231 页的 Table“常用控件的类型”中有介绍，感兴趣的读者可以参照。

♦ 配置按钮

单击工具箱中的**公共控件**，将显示控件列表。从列表中选择 **Button**，然后将其拖放到窗体中。放置的地方不用很精确。如果觉得按钮太小，可以拖动窗体或按钮的边缘来调整大小。

Fig 通过拖放设置控件

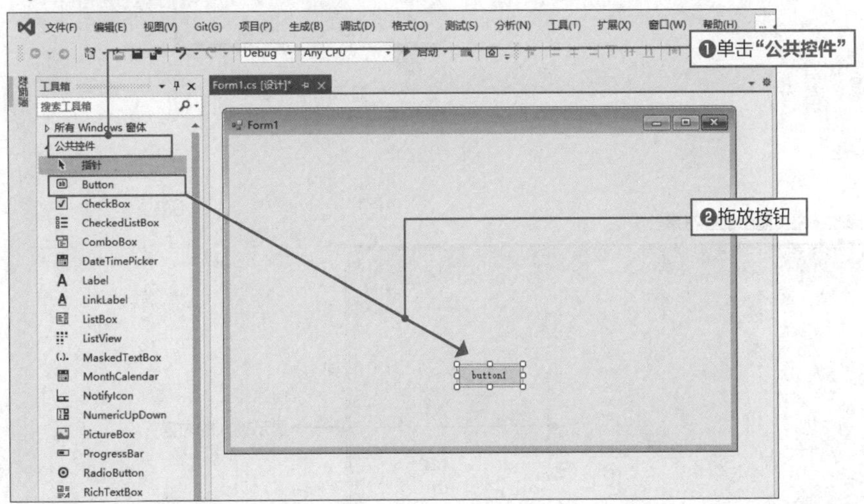

♦ 更改按钮的显示

默认情况下，窗体中配置的按钮上写着 **button1**，将此按钮更改为 **“单击”**。

Fig 将button1修改为“单击”并显示

选择窗体中配置的按钮，在右下方的属性窗口中将显示 button1 的**属性**（双击按钮显示程序，请看第 223 页的 Note“删除事件处理程序”）。通过属性可以设置选定的控件的颜色、大小、位置和显示字符等。通过改变控件属性可以在窗体中确认并更改控件的外观。

确认选择了属性窗口的**“属性”**选项卡后，在 **Text** 属性栏中输入**“单击”**后按 **Enter** 键，窗体中的按钮就会显示为“单击”。这样就可以将 Text 属性栏中输入的字符串显示到控件上。

Fig **设定按钮的Text属性**

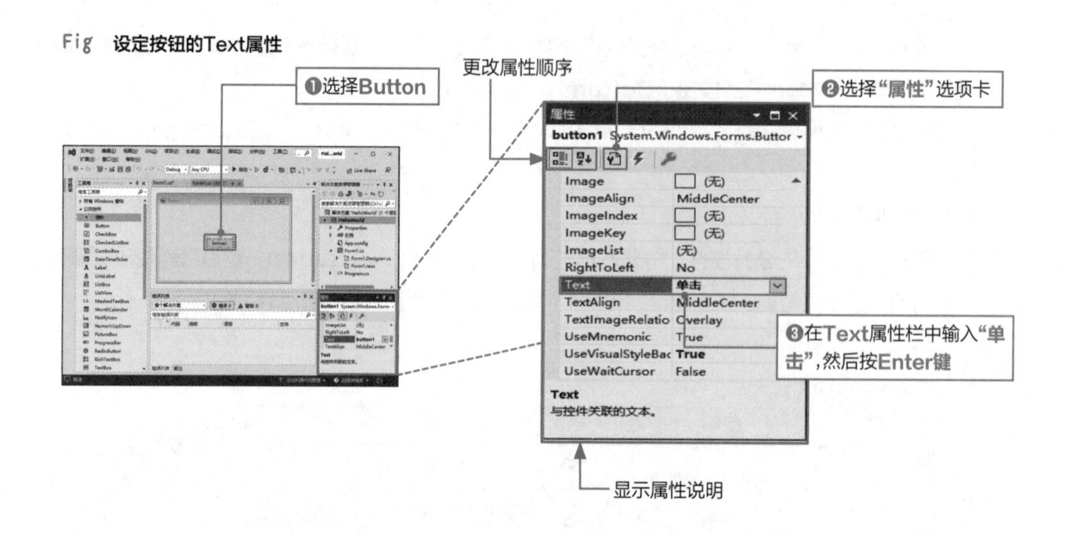

Fig **修改按钮上显示的字符串**

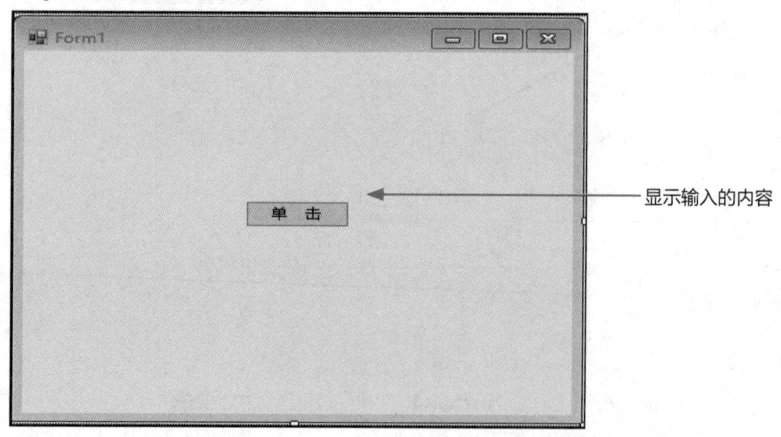

每个属性的作用都会在属性窗口的下方显示说明，以供参考。此外，属性的排列还可以在“按项目”和“按 A~Z 顺序”选项卡之间切换（本书使用“按项目”排序）。

删除事件处理程序

双击窗体中的按钮时会自动跳转到程序界面，生成名为**button1_Click**的事件处理程序。

Fig **自动生成事件处理程序**

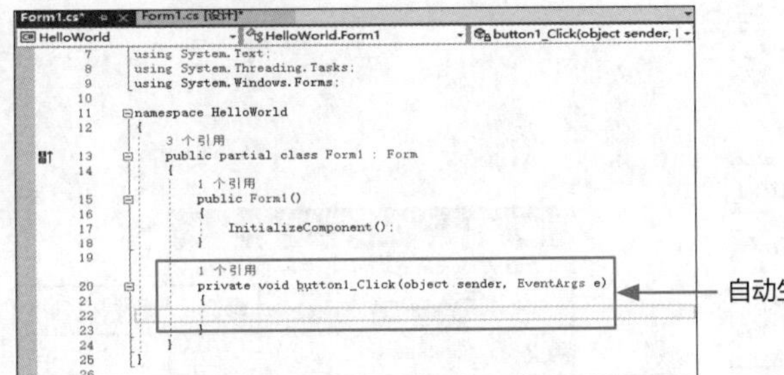

在这样的情况下，首先选择**Form1.cs[设计]**选项卡，再回到设计界面。

Fig **返回设计界面**

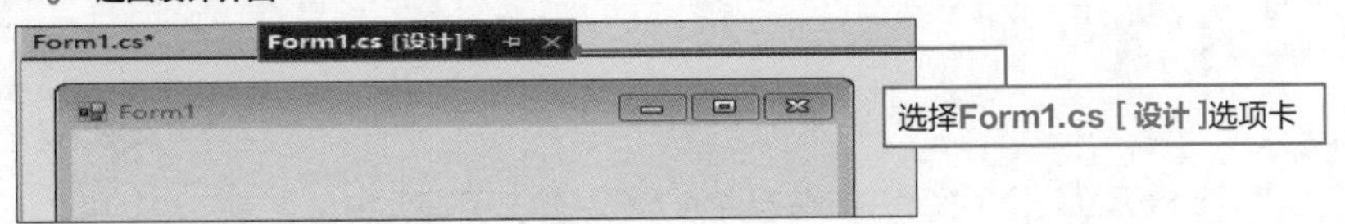

选择按钮，从右下方的属性窗口中选择“事件”选项卡，并在**Click**中删除button1_Click，然后按Enter键。

Fig **删除事件处理程序**

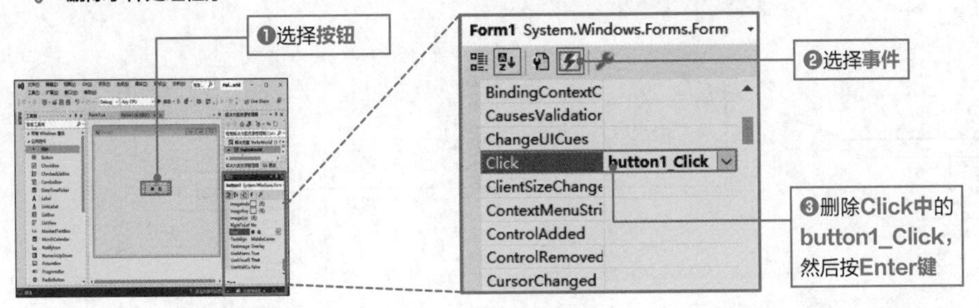

此操作还将删除刚才在程序中自动生成的事件处理程序。请注意，如果手动删除程序中自动生成的事件处理程序，则无法与窗体界面匹配，需要花时间修改。

♦ 重命名按钮

将控件从工具箱拖放到窗体中时，会自动设置名称（不是控件中显示的字符，而是按钮本身的名称）。将其改成可以表示按钮作用的名称。

这次更改 **Name** 属性。当窗体中的 **Button** 处于选中状态时，在属性窗口的 **(Name)** 属性栏中输入 **helloButton**。

在此设定的 Name 属性在程序中作为变量名使用。在这里设定了 helloButton，所以在程序中可以用 helloButton 这个变量名处理这个按钮。

Fig 设置按钮的Name属性

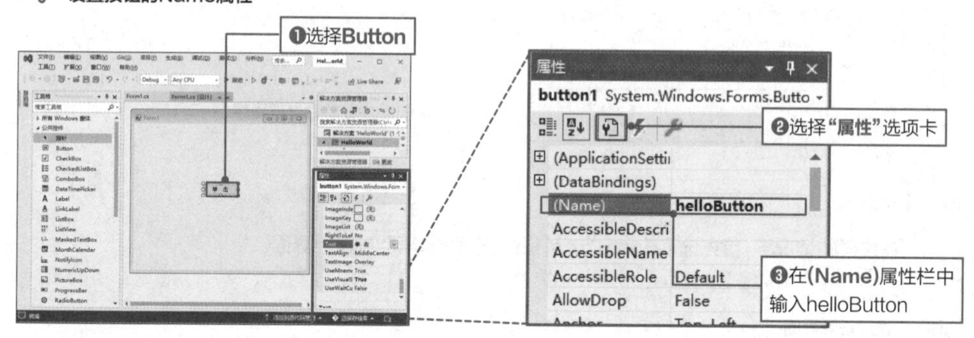

♦ 放置标签

按照同样的步骤放置标签。将工具箱中公共控件的 Label 拖放到窗体中。

Fig 放置标签

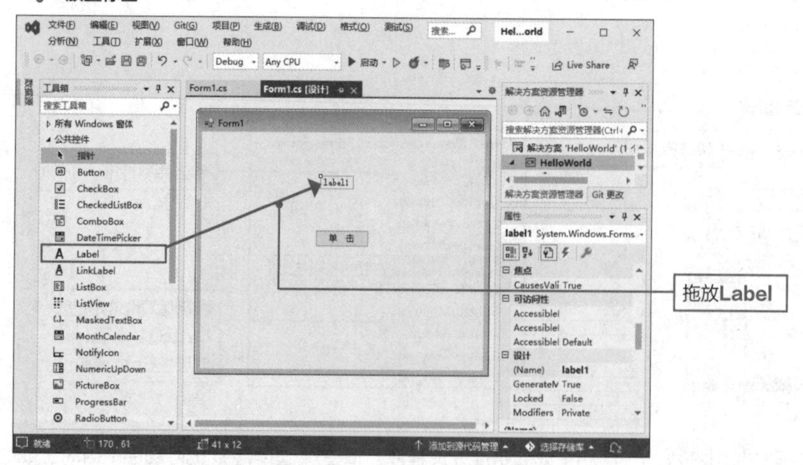

♦ 更改标签的显示

将标签上显示的字符串从 label1 变更为“?????”。这里也和按钮的操作一样，修改标签的 **Text** 属性。当窗体中的 Label 处于选中状态时，在属性窗口的 **Text** 属性栏中输入 **“?????”**，然后按 Enter 键。

Fig 设置标签显示的字符

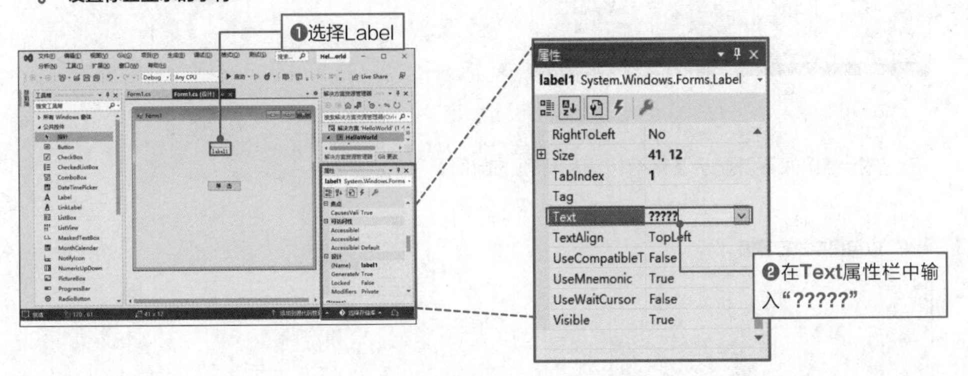

♦ 重命名标签

为 Label 加上变量名。在窗体中选择已配置的 **Label**，在属性窗口的 **(Name)** 属性栏中输入 **helloLabel**。在程序中，该标签将以 helloLabel 的变量名进行处理。

Fig 设置标签的Name属性

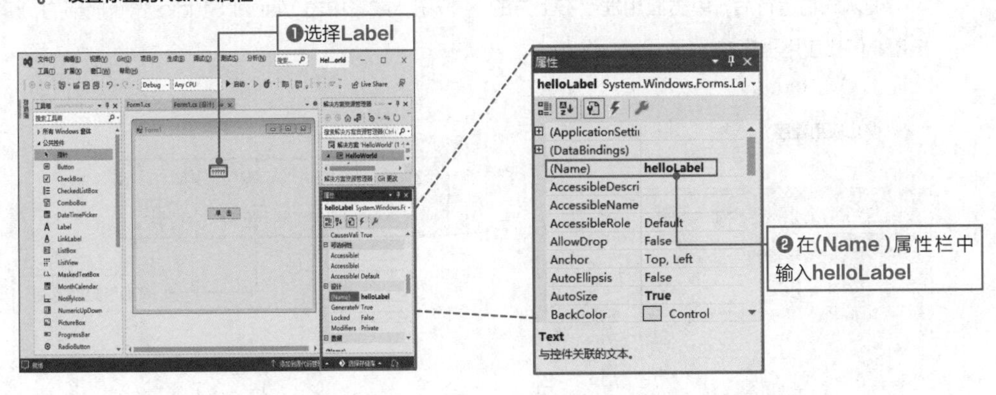

以上所需的控件全部配置完毕。执行程序确认一下外观。如果要执行程序，单击画面顶部的 **“启动”** 按钮。

Fig **运行应用程序**

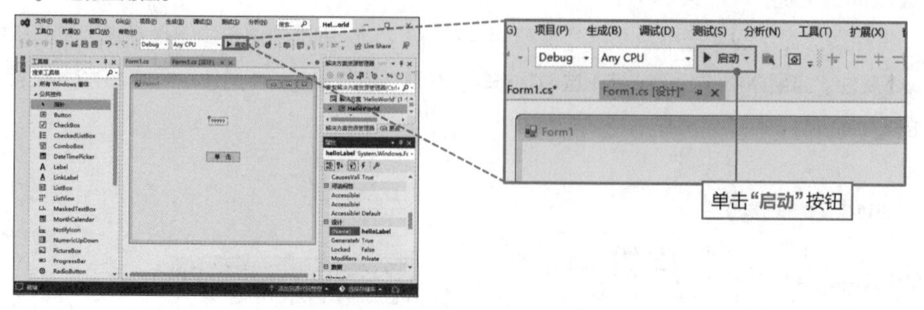

执行结果如下。显示了带有按钮和标签的窗口。

Fig **应用程序执行界面**

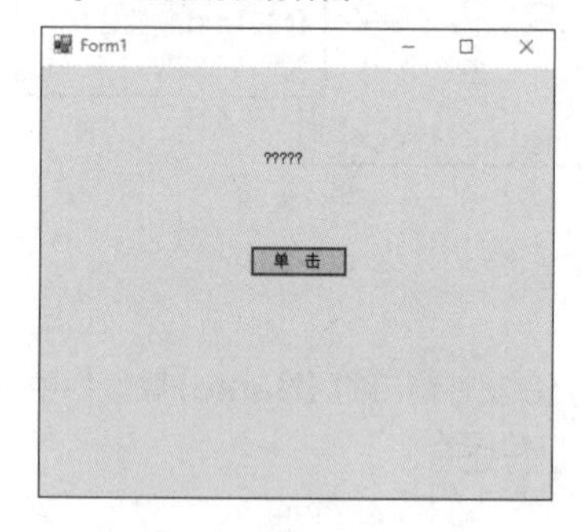

确认成功运行后，单击应用程序右上方的 × 按钮，或者单击 Visual Studio 界面顶部的 **"停止"** 按钮，停止应用程序的运行。

Fig **停止应用程序**

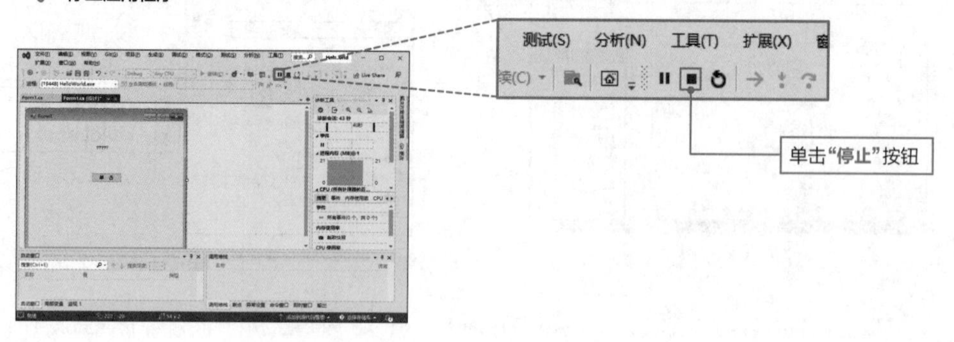

解说 什么是控件

这次配置的按钮和标签等控件，在第 4 章中已经涉及过。这些类是微软提供的，使用它们可以便捷地开发 Windows 应用程序。

在配置控件阶段，没有必要意识到**"控件是类"**，但是在编写程序时，必须有这个想法，请务必记住。

此外，通过设置属性更改了按钮和标签的外观。这里设置的属性与 4-3 节中描述的属性相同。

第 4 章在 Player 类中创建了 Hp 属性。与此相同，Button 类和 Label 类有 Text 属性和 Name 属性，可以直接用菜单进行可视化编辑。

Fig 所谓属性

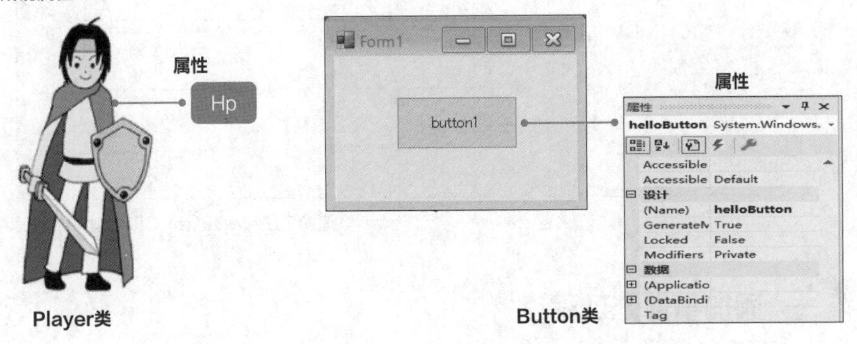

样例 03 设置按钮的事件处理程序

接下来，为了在单击按钮的同时使标签的显示发生变化，将事件处理程序添加到按钮的 Click 事件中。请选择窗口中的 **Button**，并从属性窗口中选择 **"事件"** 选项卡。在活动标签的 **Click** 属性栏中输入 **HelloButtonClicked**，然后按 **Enter** 键。

Fig 添加事件处理程序

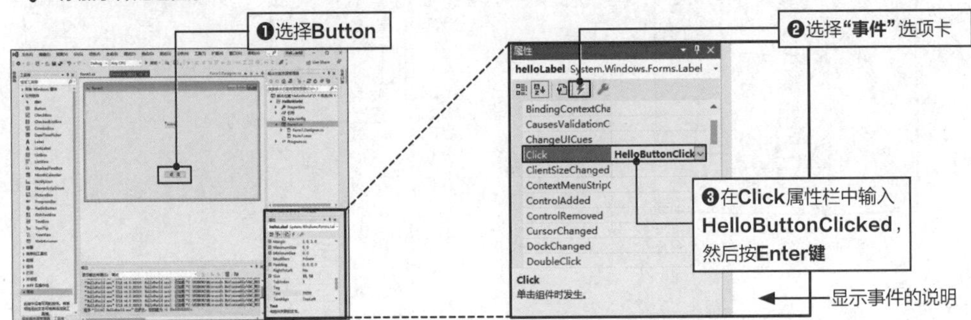

将 Windows 窗体设计器显示的部分切换为程序，其中追加了 **Click 事件**中设定的 **HelloButtonClicked 事件处理程序**。

Fig 在程序中追加了事件处理程序

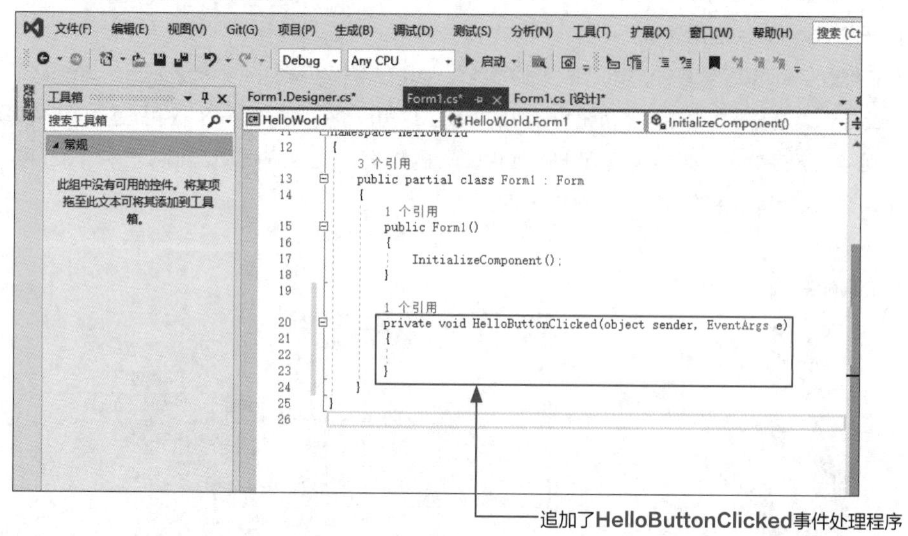

解说 添加事件处理程序

在属性窗口的“事件”选项卡中，可以设置当控件接收到事件（用户输入）时执行的事件处理程序（方法）。事件的种类有很多，可以选择想要接收的事件来设置事件处理程序。

这次的应用程序需要检测用户单击按钮并进行处理。用户单击按钮时会触发 Click 事件，因此向该事件添加了 HelloButtonClicked 事件的处理程序。

Fig 添加事件处理程序

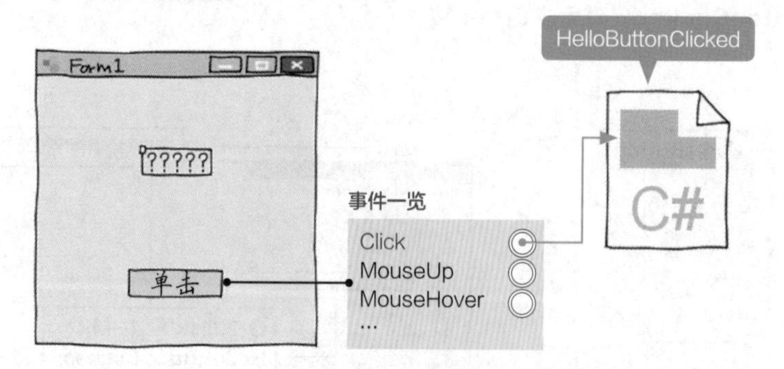

双击也可以添加事件处理程序

双击窗体中的控件,可以将事件和事件处理程序进行关联。对于按钮,双击时会生成名为"Name属性_Click"的事件处理程序。当双击创建事件处理程序时,事件类型会自动选择各个控件中的常用事件。

样例文件▶C#程序源码\第6章\List 6-1.txt

样例 04 编写事件处理程序的内容

在 HelloButtonClicked 事件处理程序中,编写将标签显示的信息从"?????"更改为"Hello, World!"的代码。在 **Form1.cs** 中输入下面的程序(输入的部分用阴影表示)。

List 6-1 通过单击按钮改变标签显示的信息(Form1.cs) List 6-1.txt

```
1  using System;
2  using System.Collections.Generic;
3  using System.ComponentModel;
4  using System.Data;
5  using System.Drawing;
6  using System.Linq;
7  using System.Text;
8  using System.Threading.Tasks;
9  using System.Windows.Forms;
10
11 namespace HelloWorld
12 {
13     public partial class Form1 : Form
14     {
15         public Form1()
16         {
17             InitializeComponent();
18         }
19
20         private void HelloButtonClicked(object sender, EventArgs e)
21         {
22             this.helloLabel.Text = "Hello, World!";
23         }
24     }
25 }
```

单击**“启动”**按钮执行程序。显示窗口后单击“单击”按钮，并确认显示内容是否由“?????”变成了“Hello, World!”。

Fig 应用程序的执行结果

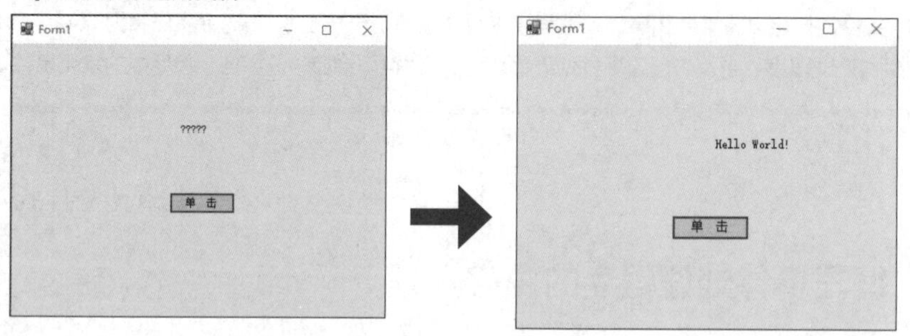

在事件处理程序中更改标签显示内容

观察程序，和控制台应用程序相比，**using** 的数量增加了。这是因为窗体或控件类需要指定命名空间才可以使用。描述程序的 **Form1** 类继承了用于显示应用窗口的 **Form** 类（第 13 行）。接下来会在这个类里添加启动应用程序的程序。

在 Form1 的构造函数中调用 **InitializeComponent 方法**，在窗体中将配置的控件初始化。

第 20 ~ 23 行是刚才追加的 **HelloButtonClicked 事件处理程序**。在该事件处理程序中编写了改写标签显示内容的程序。

如果要使用程序操作控件，可以使用 Name 属性中设置的变量名称。因为 Label 的 Name 属性变成了 helloLabel，所以可以用 this.helloLabel 访问标签。

为了重命名标签，在第 22 行的“=”左边写上 this.helloLabel.Text，将标签的 **Text 属性**赋值为字符串。

最后，单击“单击”按钮时，复习一下程序的运行流程。

单击窗体界面中的按钮后会发生 Click 事件，并调用添加到该事件中的 **HelloButtonClicked 事件处理程序**。在 HelloButtonClicked 事件处理程序中，**helloLabel** 的 **Text 属性**将被设置为“Hello,World!”，所以窗体界面中的标签会显示为“Hello,World!”。

✎ 练习题 6-1

观察上一个程序的执行结果，发现“Hello, World!”的文字没有在页面的中间显示，有点不协调。请调整 Label 的属性，使其显示在窗体中间。将 Label 的 AutoSize 属性设为 False，并将 TextAlign 属性设为 Center 即可。

事件处理程序的参数

在事件处理程序中必须有两个参数：第1个参数存储来自相应控件的信息；第2个参数存储事件的详细信息。

各种控件

Windows应用程序可以使用各种各样的控件。这里将介绍常用控件。

Table　常用控件的类型

控件名称	外　观	作　　用
Button	button1	按钮
CheckBox	☑ checkBox1 ☑ checkBox2 ☐ checkBox3	从项目中选择所需项目（可多选）
RadioButton	○ radioButton1 ○ radioButton2 ◉ radioButton3	从项目中选择必要的项目（只能选择一个）
ListBox	listBox1	从列表中选择项目
ComboBox	ComboBox ⌄	在下拉列表中显示可选项目,选择其中一个
DataGridView	Column1 Column2 *	显示表格格式的数据

续表

控件名称	外　观	作　　用
Label	label1	显示字符
MenuStrip	请在此处键入	显示菜单栏
PictureBox		显示图像
ProgressBar		显示处理进度
TextBox	textBox1	输入字符

Chapter 6 的总结

因为是第一次编写Windows应用程序，所以可能和以前不同，操作起来并不是很习惯。任何Windows应用程序基本上都是按照本章的3个步骤来完成的，所以在掌握程序流程之前，可以试着开发几个像本章样例一样的简单应用程序。

- **步骤❶：在窗体中添加控件。**
- **步骤❷：在控件中添加事件处理程序。**
- **步骤❸：根据输入编写相应的事件处理程序。**

Chapter 7

创建Windows应用程序

在本章中，我们将创建 5 个应用程序样例。通过这些样例，学习组合框、数据网格视图、菜单栏等各种控件的使用方法。另外，还介绍了 Nuget 软件包管理项目库的使用方法。

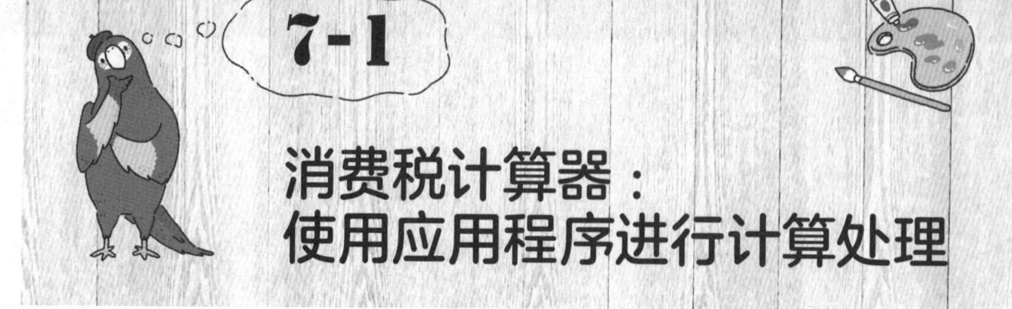

7-1 消费税计算器：使用应用程序进行计算处理

本节将介绍如何创建消费税计算器。在计算器的输入栏中输入不含税的价格，单击“计算”按钮，就会显示税后的价格。其窗体界面如下所示。通过这个样例，带领读者学习 Windows 应用程序的开发**步骤**和接收输入并进行**计算处理**程序的开发方法。

Fig　消费税计算器的界面

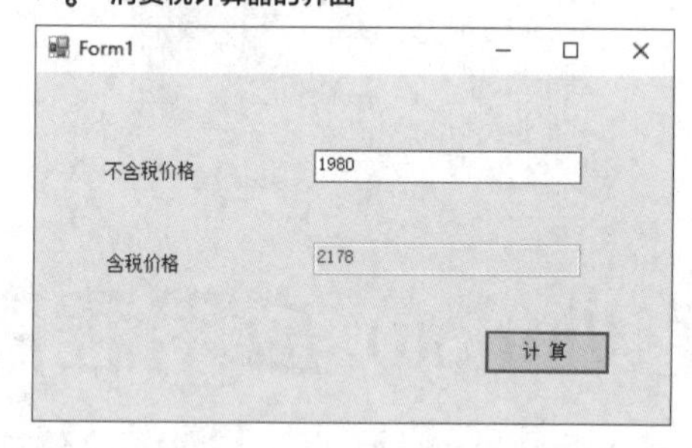

 消费税计算器的设计步骤

与第 6 章中介绍的步骤一样，本次按照以下 3 个步骤进行设计。

Windows应用程序的设计步骤

- 步骤① 在窗体中添加控件。
- 步骤② 在控件中添加事件处理程序。
- 步骤③ 根据输入编写相应的事件处理程序。

♦ 步骤①：在窗体中添加控件

观察消费税计算器的界面图，将必要的控件添加到窗体中。

这里的控件包括显示“不含税价格”和“含税价格”的**标签（Label）**、表示不含税价格和含税价格的**文本框（TextBox）**以及开始计算的**按钮（Button）**。

Fig 需要添加的控件

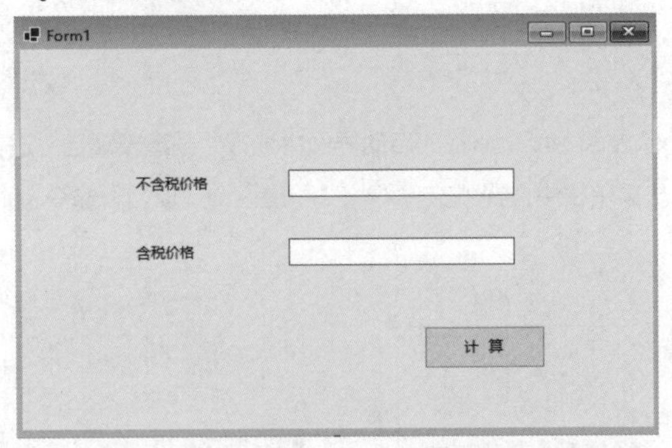

♦ 步骤②：在控件中添加事件处理程序

单击“计算”按钮后，可以计算含税价格。这一步需要在按钮的 Click 事件中添加事件处理程序。

Fig 要添加的事件处理程序

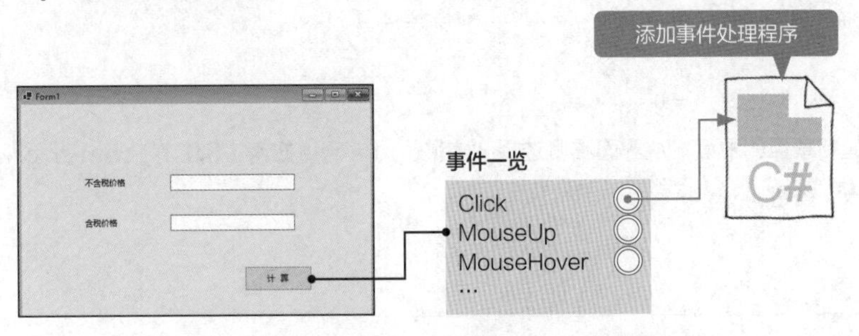

♦ 步骤③：根据输入编写相应的事件处理程序

在步骤②中创建的按钮事件处理中添加计算含税价格的程序代码。具体来说，就是编写在窗体中显示以不含税价格为基础计算出的含税价格。

Fig 在事件处理程序中编写代码

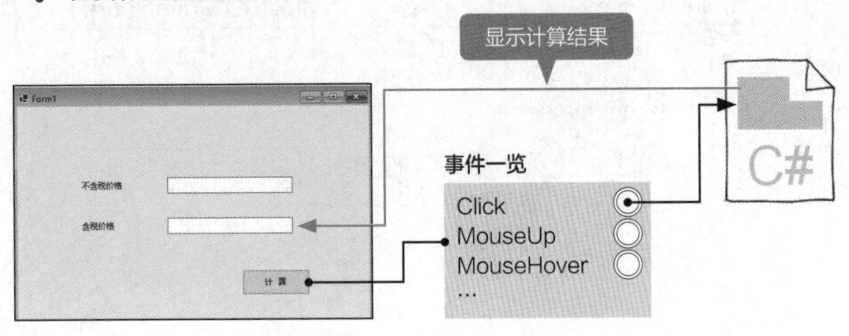

样例 01 创建项目

首先创建 Windows 应用程序项目。从 Visual Studio 的启动界面中选择**“创建新项目”**进行创建（如果已经打开 Visual Studio，可以从菜单栏中选择“文件”→“新建”→“项目”命令）。

Fig 创建项目①

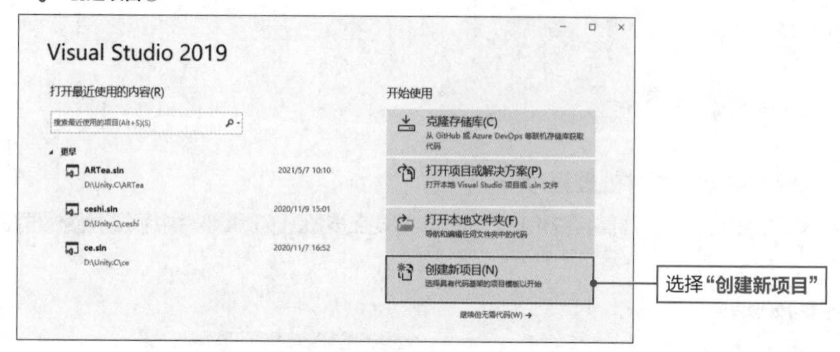

显示如下创建新项目的界面。从界面右侧选择**“Windows 窗体应用（.NET Framework）”**，然后单击**“下一步”**按钮。

Fig 创建项目②

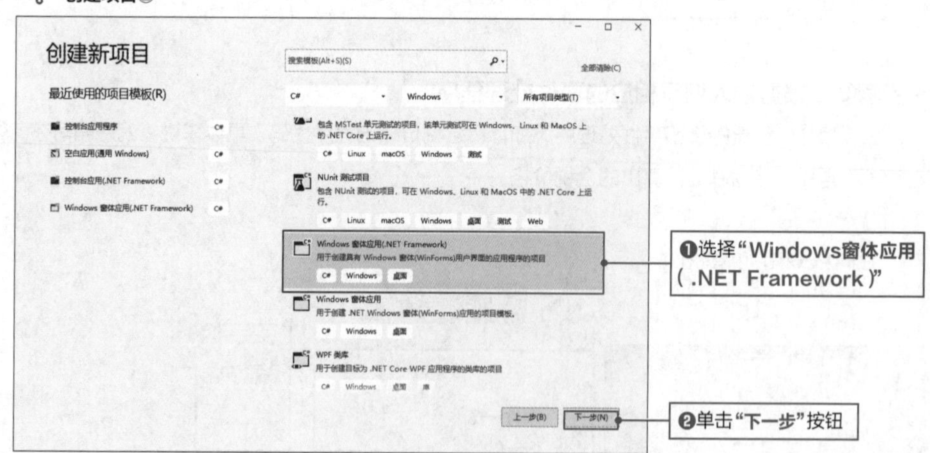

这里把项目名称命名为 **TaxCalc**。指定项目的保存位置，然后单击**“创建”**按钮。

Fig 设置项目名称和保存位置

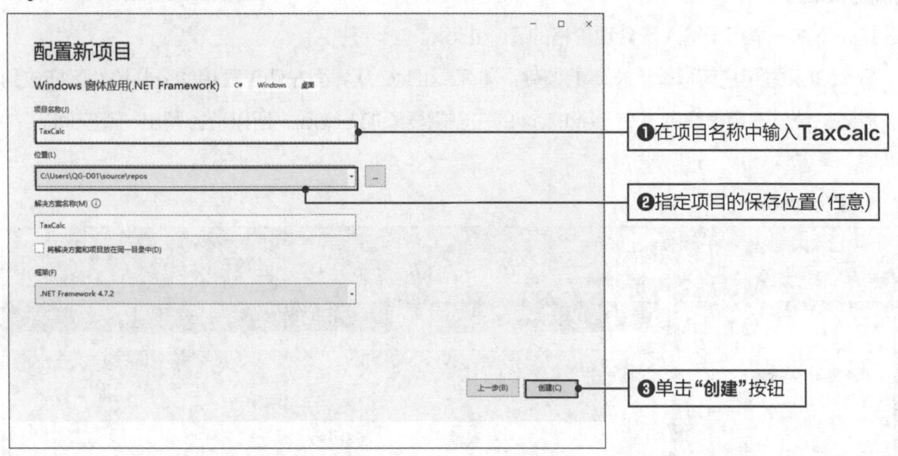

样例 02 添加控件

在 Windows 窗体设计器中，**将窗体改变为如下的形状**。拖动 **Form1** 的边缘可以修改窗体的大小。此外，也可以更改属性窗口中的 Size 从而更改窗体和控件的大小。

Fig 调整窗体的大小

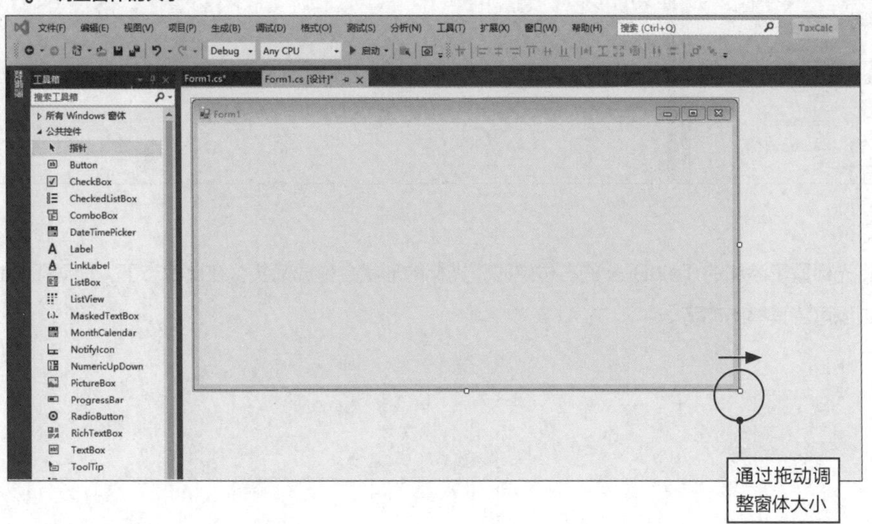

在窗体中添加所需的控件，这次需要添加 **TextBox**、**Button**、**Label** 三种控件。

♦ 添加TextBox

首先添加一个用于输入不含税价格的 TextBox。

TextBox 是用户可以输入文本的控件。将 TextBox 从界面左侧工具箱的公共控件区拖放到窗体中。放置的位置不用很精确，在 TextBox 的左侧需要添加 Label，所以稍微留出一点空间。

Fig 配置TextBox

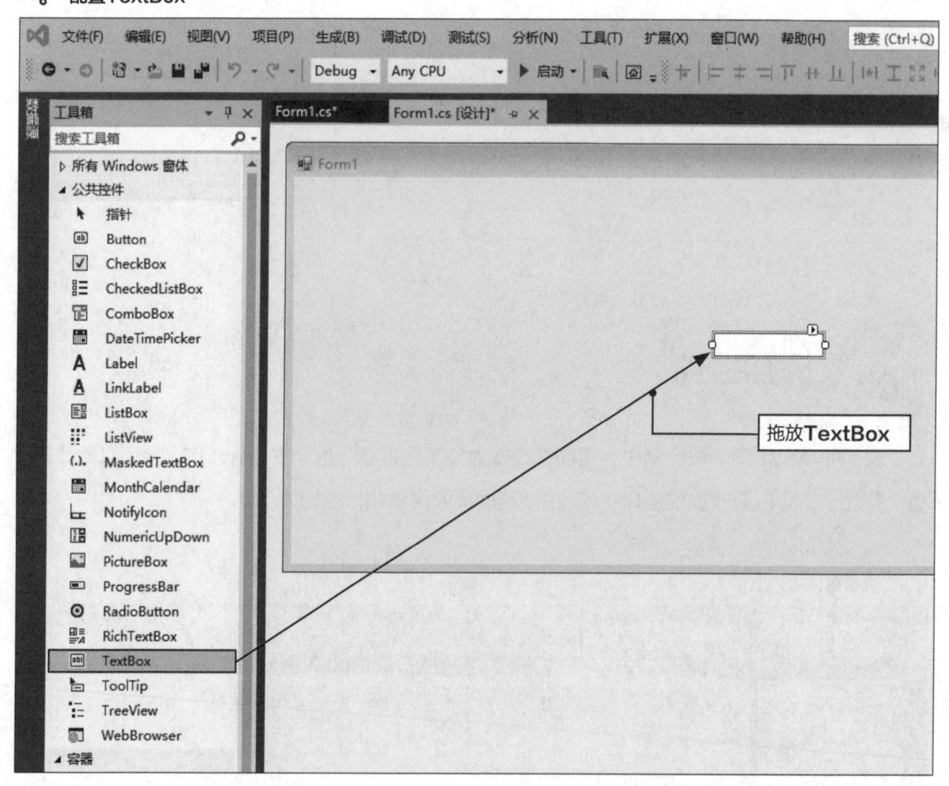

将光标置于添加的 TextBox 的右边缘时，光标的形状会变成箭头。在此状态下，拖动 TextBox 的右边缘可将其横向加宽。

Fig 调整TextBox的大小

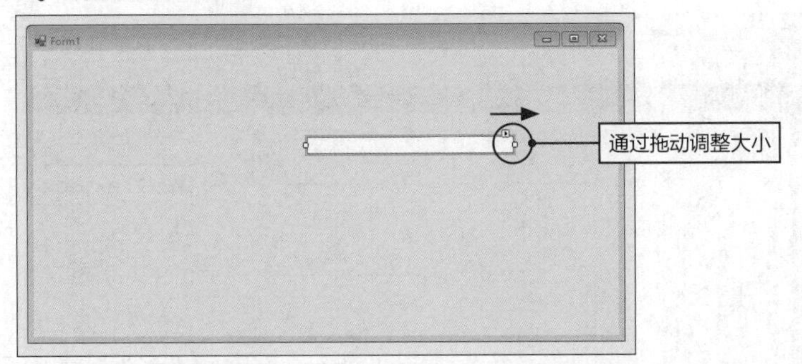

选择窗体中配置的 TextBox 后，选择属性窗口中的“属性”选项卡，在 **(Name)** 属性栏中输入 **priceBox**，(Name) 属性栏中设定的值在程序中将作为变量名称使用。**对于可能通过代码操作的控件，需要设定容易理解的变量名称。**

Fig 设置TextBox的Name属性

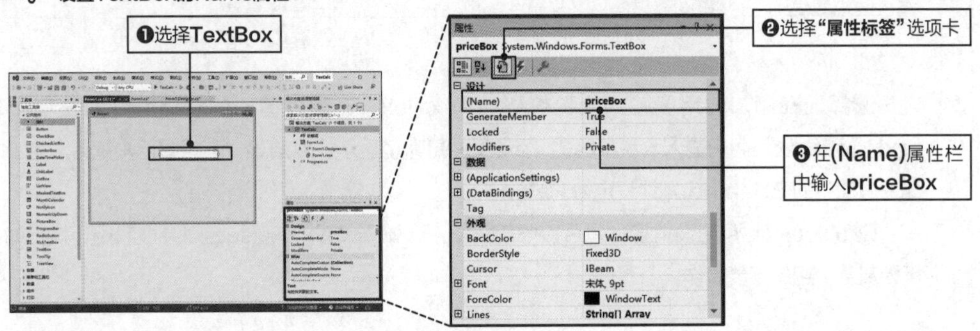

用同样的方法添加用于输入含税价格的 TextBox。从工具箱中选择 **TextBox**，然后将其拖放到要输入不含税价格的 TextBox 下面，调节横向长度，使其长度与不含税价格的 TextBox 相同。

Fig 配置第2个TextBox

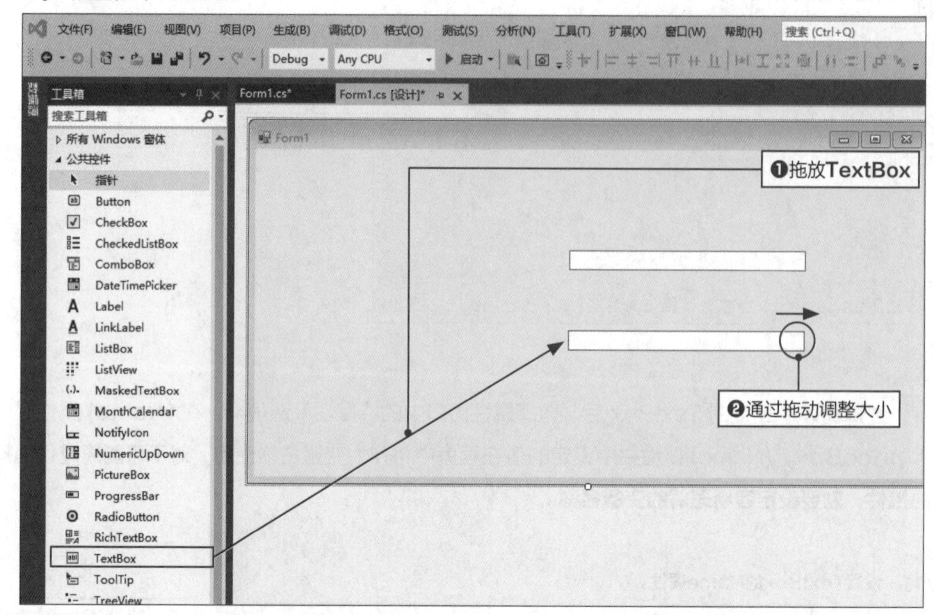

选择现在添加的用于输入含税价格的 TextBox，在属性窗口的 **(Name)** 属性栏中输入 **taxPriceBox**。用于输入含税价格的 TextBox 是为了显示计算结果，不希望用户输入。因此，将属性窗口中的 **Enabled** 属性设定为 **False**。

Enabled 属性用于设置控件是否接收用户输入，如果设置为 False，则会被禁用，执行时会显示为灰色，用户不能操作。

Fig 设置第2个TextBox的Name属性

Fig 禁用TextBox

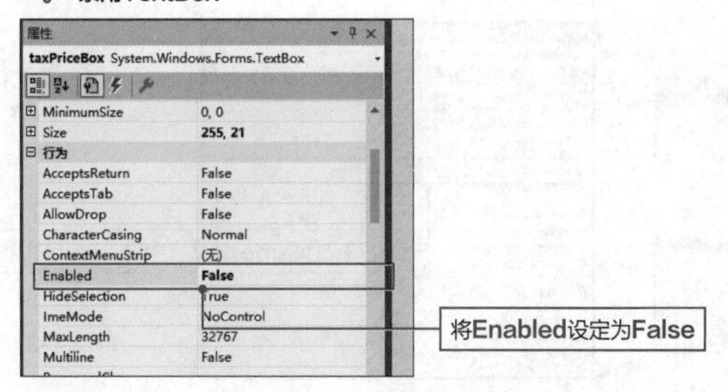

♦ 添加Button

下面添加计算按钮。将 Button 从工具箱的公共控件区拖放到窗体中。同时可以把控件尺寸放大一点，以便能看到 Button 上显示的文字。通过拖动 Button 的右边缘，可以更改大小。

Fig 配置Button

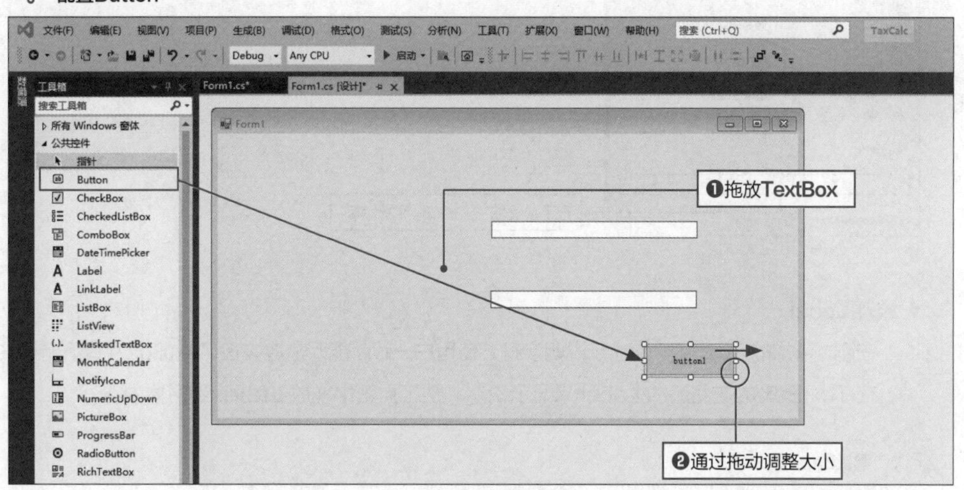

选择窗体中添加的 Button，在属性窗口的 **(Name)** 属性栏中输入 **calcButton**。

Fig　设置Button的Name属性

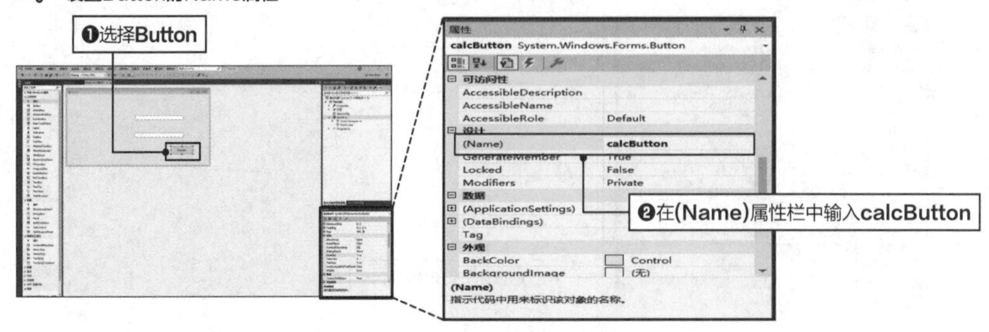

在选择 Button 的状态下，在属性窗口的 **Text** 属性栏中输入 **“计算”**。设置 Text 属性，可以更改控件上显示的字符。

Fig　设置Button的Text属性

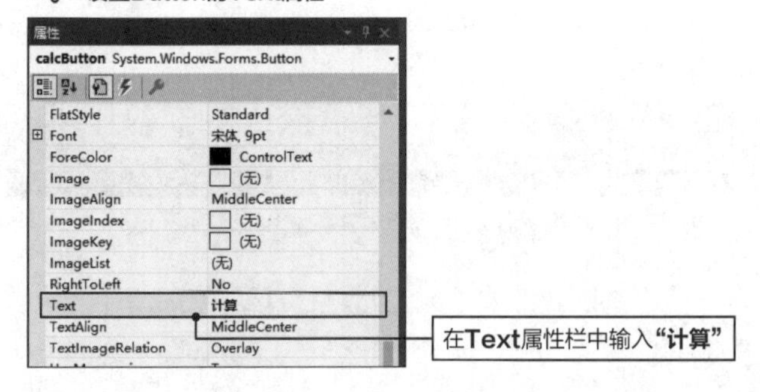

♦ 添加Label

在刚才添加的 TextBox 前显示说明字符，使用户一眼就能明白应该在 TextBox 中输入什么内容。在 TextBox 的左侧添加 Label 来显示说明。从工具箱中拖放 **Label** 到窗体中。

Fig　配置Label

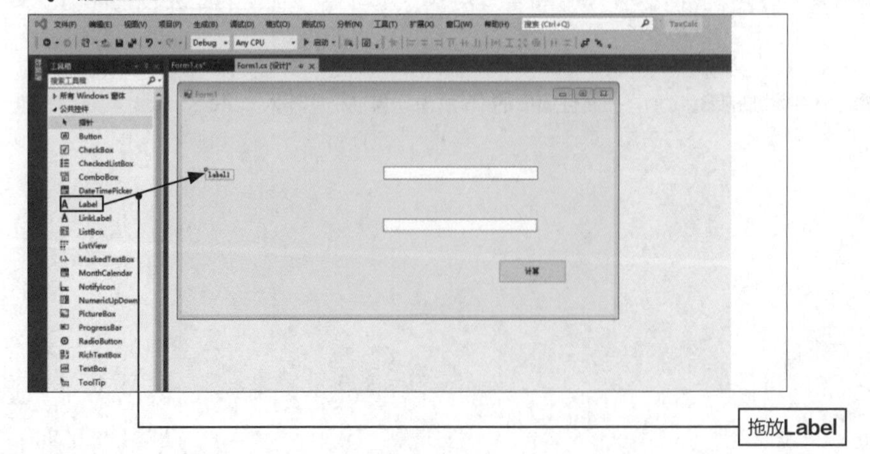

选择配置好的 Label，在属性窗口的 **Text** 属性栏中输入 **“不含税价格”**。

Fig 设置Label的Text属性

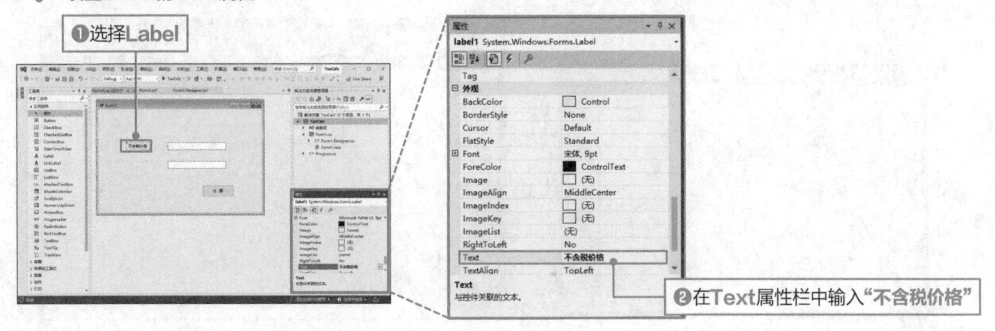

按照同样的步骤，设置含税价格用的标签。从工具箱中拖放 **Label** 到窗体中，并在属性窗口的 **Text** 属性栏中输入 **“含税价格”**。

Fig 配置第2个Label

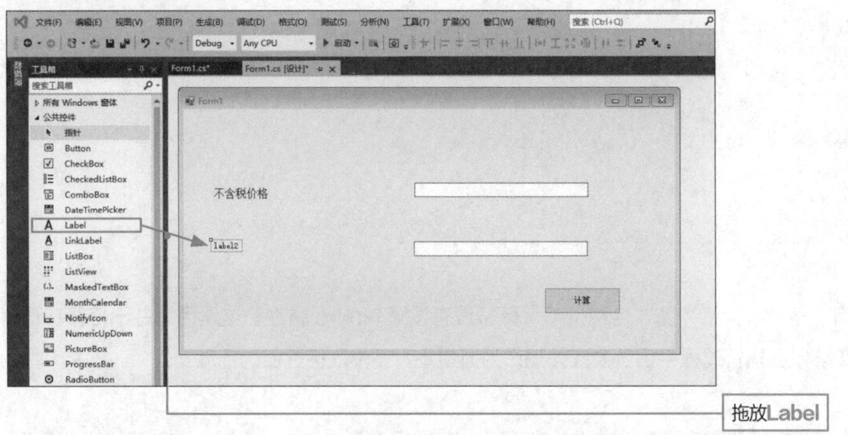

Fig 设置第2个Label的Text属性

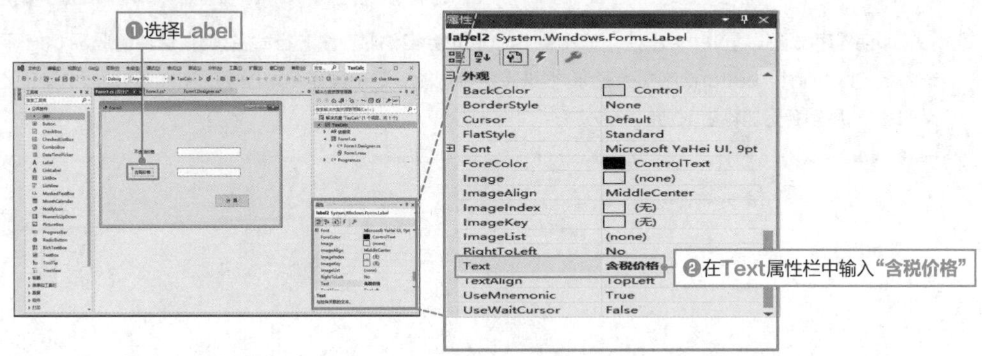

至此，我们已经设置好所需的全部控件。尝试调整窗体和控件的位置和大小，使界面更为协调。

Fig　运行应用程序

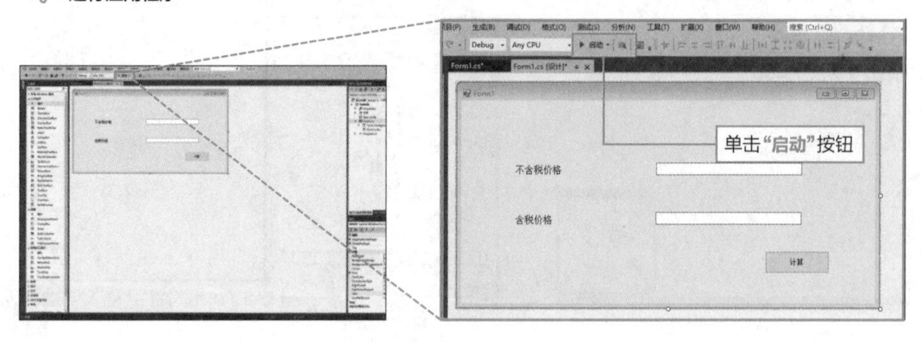

做到这里，试着运行一下。显示结果如下图所示。

Fig　应用程序执行界面

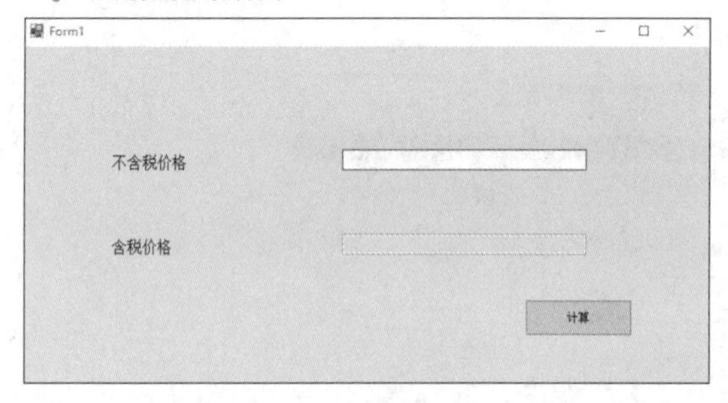

只有“不含税价格”和“含税价格”标签没有设置 Name 属性。这是因为并不打算在程序中修改标签值。以在执行过程中是否改变外观作为衡量是否要修改标签值的标准。

Name属性

即使程序员不设置Name属性，Visual Studio也会自动对变量进行命名，但在这种情况下，对于系统命名的button1、button2这样的名称，很难想象其功能。对于需要编写程序的控件，定义一个具有意义的名称，后期会更加容易识别。

在添加控件时，程序中发生了什么变化

将控件拖放到窗体中时，程序有哪些变化呢?

创建 Windows 应用程序项目后，将创建以下两个类和三个文件。

- **Program类(Program.cs)。**
- **Form1类(Form1.cs和Form1.Designer.cs)。**

Program 类包括 Main 方法，并在 Main 方法中生成 Form1 类的实例。

Form1 是用于编写应用程序处理的类，分为 **Form1.cs** 和 **Form1.Designer.cs**。Form1.cs 是程序员编写事件处理程序内容的文件，Form1.Designer.cs 是 Visual Studio 自动生成与控件相关的程序的文件。

Fig　**生成的类和文件**

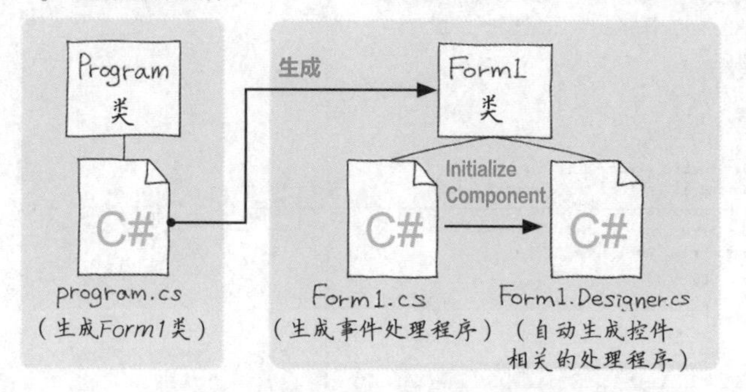

当把控件拖放到窗体中时，让我们来看看会发生什么。正如第 6 章中所写的那样，控件是由类组成的。将控件拖放到窗体中后，生成该实例的程序将自动写入 Form1.Designer.cs 文件中。从窗口右侧的“解决方案资源管理器”中打开 Form1.Designer.cs（在下图中，为了方便查看，关闭了工具箱）。

Fig　**显示Form1.Designer.cs**

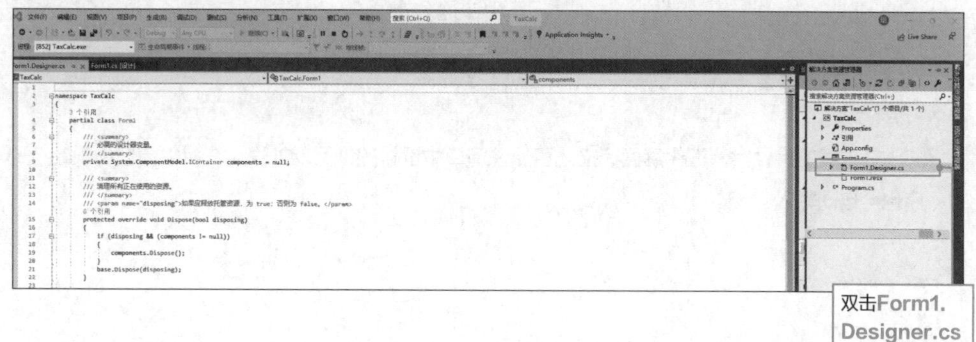

从 Form1.Designer.cs 的程序中可以看到刚添加的控件变量。请注意，变量名就是在属性窗口中设置的 Name 属性的值。

```
private System.Windows.Forms.TextBox priceBox;
private System.Windows.Forms.TextBox taxPriceBox;
private System.Windows.Forms.Button calcButton;
private System.Windows.Forms.Label label1;
private System.Windows.Forms.Label label2;
```

也就是说，每次将控件拖放到窗体中时都会在 Form1.Designer.cs 中生成相应的控件变量。同时可以在 Form1.Designer.cs 的 **InitializeComponent 方法**中单击“Windows 窗体设计器生成的代码”行左侧的 ⊞ 按钮展开代码。

Fig **展开 InitializeComponent方法**

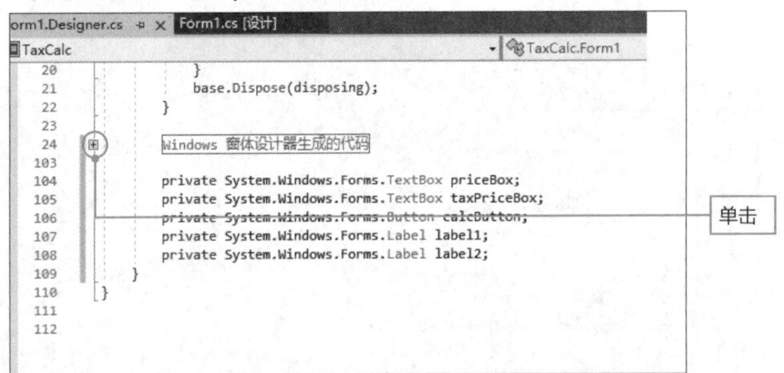

在 InitializeComponent 方法的开头，生成了以下控件实例。因为 InitializeComponent 方法是从 Form1 类的构造函数中调用的，所以在生成 Form1 类的同时也会生成控件实例。

```
this.priceBox = new System.Windows.Forms.TextBox();
this.taxPriceBox = new System.Windows.Forms.TextBox();
this.calcButton = new System.Windows.Forms.Button();
this.label1 = new System.Windows.Forms.Label();
this.label2 = new System.Windows.Forms.Label();
```

在创建的控件实例程序后面，描述了属性窗口中设置的项目的处理。在属性窗口中设定值时，程序也会自动写入。

partial关键字

Form1类被分割成Form1.cs和Form1.Designer.cs两个文件。要将其分成两个文件来描述，请在类声明之前加上**partial**关键字。

样例 03 添加事件处理程序

单击按钮后会发生 Click 事件，所以在 Button 的 Click 事件中添加一个名为 CalcButtonClicked 的事件处理程序。

Fig 添加事件处理程序

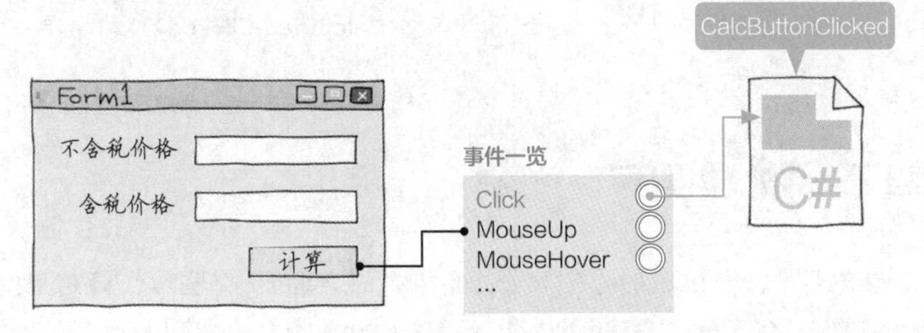

事件处理程序在属性窗口中设置。❶选择 **“Form1.cs[设计]”** 选项卡；❷单击窗口中添加的 **“计算”** 按钮；❸选择属性窗口中的 **“事件”** 选项卡；❹在 **Click** 属性栏中输入 **CalcButtonClicked**，并按 Enter 键确认。

Fig 添加事件处理程序

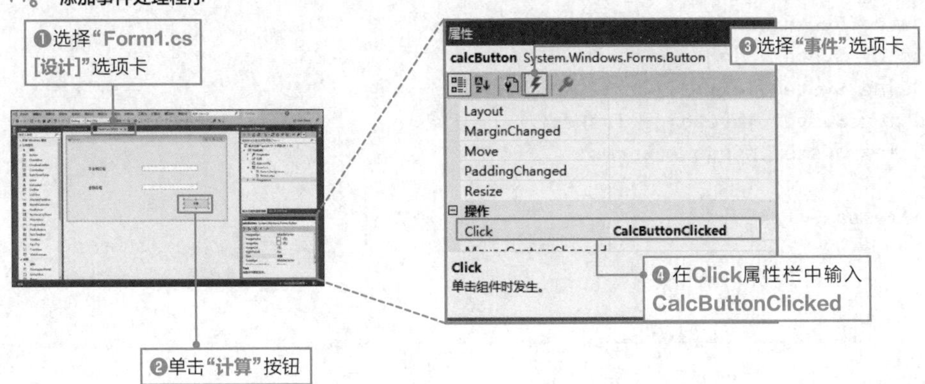

这样就完成了在 Form1.cs 中添加 CalcButtonClicked 事件处理程序的操作。Button 接收 Click 事件后，这个 CalcButtonClicked 事件处理程序就会被调用。

Fig　**生成事件处理程序**

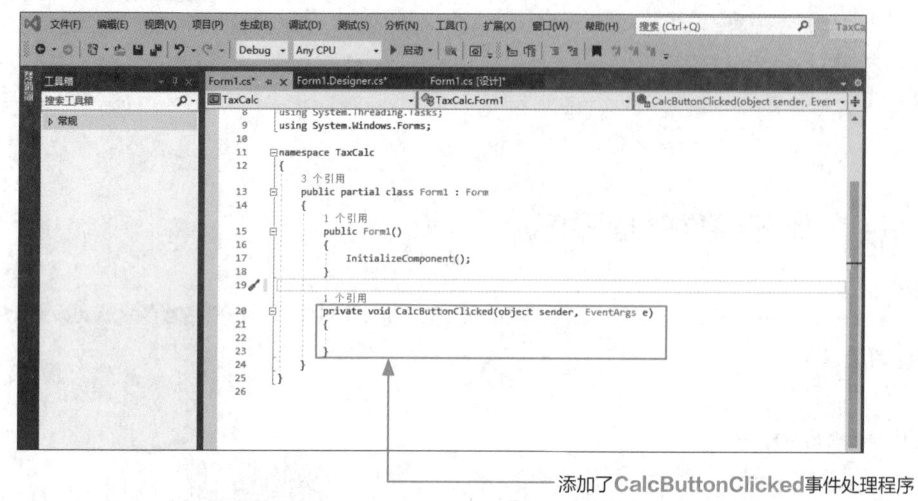

样例文件▶ C#程序源码\第7章\List 7-1.txt

样例 04　实现事件处理程序

在窗体中单击“计算”按钮时，在“含税价格”的 TextBox 中显示计算结果，在 CalcButtonClicked 方法中写下事件处理程序的内容。接着在 Form1.cs 中输入以下程序。

List 7-1　**在CalcButtonClicked中输入事件处理程序的内容**　　List 7-1.txt

```
 1 using System;
 2 using System.Collections.Generic;
 3 using System.ComponentModel;
 4 using System.Data;
 5 using System.Drawing;
 6 using System.Linq;
 7 using System.Text;
 8 using System.Threading.Tasks;
 9 using System.Windows.Forms;
10
11 namespace TaxCalc
12 {
13     public partial class Form1 : Form
14     {
```

```
15          public Form1()
16          {
17              InitializeComponent();
18          }
19
20          private void CalcButtonClicked(object sender, EventArgs e)
21          {
22              int price;
23              bool success = int.TryParse(this.priceBox.Text, out price);
24
25              if (success)
26              {
27                  // 计算消费税
28                  int taxPrice = (int)(price * 1.1);
29                  this.taxPriceBox.Text = taxPrice.ToString();
30              }
31          }
32      }
33  }
```

单击 Windows 窗体设计器顶部的“启动”按钮来执行程序，确认操作是否正确。在下图中，在“不含税价格”中输入 1980，在“含税价格”中显示计算结果。

Fig 执行结果

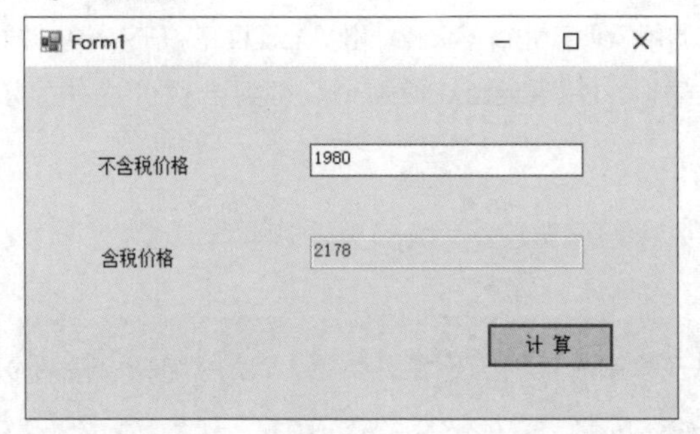

计算消费税

在 List 7-1 程序代码中，单击按钮时，会在 CalcButtonClicked 事件处理程序（第 20 ~ 31 行）中计算消费税。在处理时，将“不含税价格”的 TextBox（变量名为 priceBox）中输入的值乘上 1.1，并且在“含税价格”的 TextBox（变量名为 taxPriceBox）中显示（消费税作为 10% 计算）结果。

在第 23 行中，取得了 priceBox 中输入的价格。输入值为字符串型，不能直接计算。需要使用 **TryParse** 方法将字符串型的值转换成数值型。

用 TryParse 方法将输入的字符串转换为数字，并赋给第 2 个参数 price（out 修饰符请参照 5-3 节中的样例 03），如果转换成功，则返回 true；否则返回 false。

在第 25 ~ 30 行中，在字符串成功转换成数字的情况下，计算含税价格并显示在 taxPriceBox 上。在第 28 行中，将不含税价格乘上 1.1 计算含税价格。将计算结果采用 int 方法强制转换为整型，并保存在 taxPrice 变量中。

为了将含税价格显示在 taxPriceBox 上，需要将计算的值再次转换成字符串。因此，在第 29 行中，使用 **ToString 方法**将含税价格的数值转换成字符串，并赋给 taxPriceBox 的 Text 属性。ToString 是将数值转换成字符串的方法。

Fig　**应用程序的数据流向**

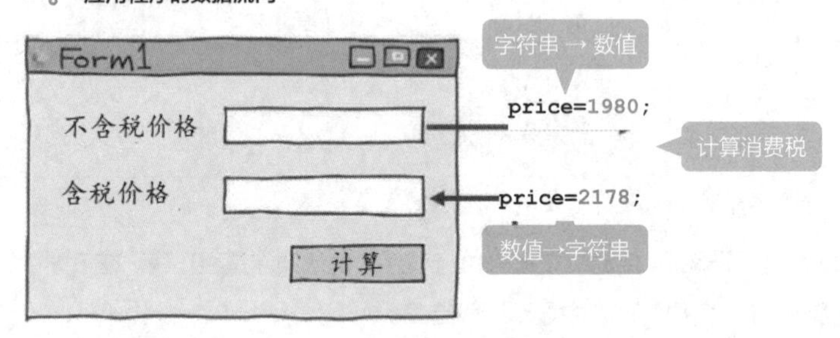

至此，完成了消费税计算器的创建。最后，复习一下单击"计算"按钮时程序的运行流程。

单击"计算"按钮，会发生Click事件，并调用CalcButtonClicked事件处理程序。在这个事件处理程序中取得priceBox的值，把调用的值乘以1.1并赋给taxPriceBox，得到含税价格并显示在taxPriceBox中。

练习题 7-1

如果 TryParse 失败，将显示错误消息"请输入正确的不含税价格"。使用 MessageBox.Show 显示错误消息。

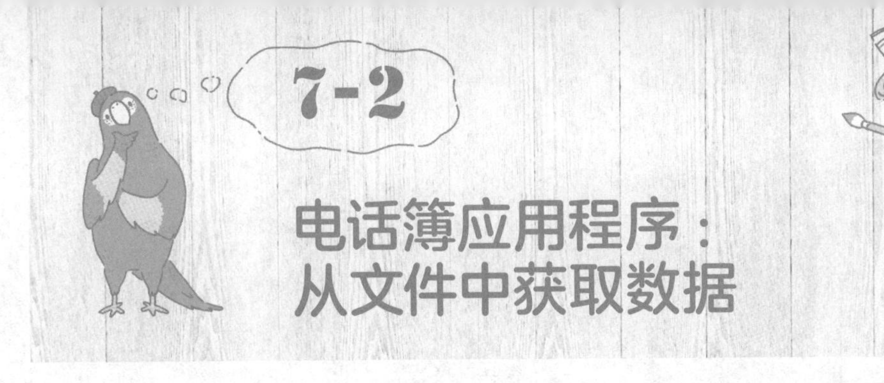

7-2 电话簿应用程序：从文件中获取数据

本节开发的应用程序是**电话簿**。在窗口左侧显示姓名列表，如果选择列表中的姓名，则该人的电话号码将显示在右侧的文本框中，如下图所示。通过这个样例，学习从控件和文件中获取数据并在程序内使用的方法。

Fig　**电话簿应用程序的界面**

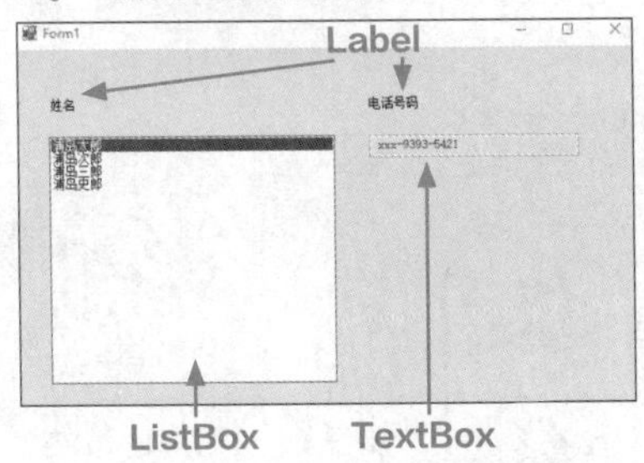

电话簿应用程序的设计步骤

与前面章节一样，按照以下 3 个步骤设计应用程序。

Windows应用程序的设计步骤

- 步骤① 在窗体中添加控件。
- 步骤② 在控件中添加事件处理程序。
- 步骤③ 根据输入编写相应的事件处理程序。

♦ 步骤①：在窗体中添加控件

对照电话簿应用程序的界面，考虑需要使用哪些控件。这里，需要显示姓名一览的**列表框**（**ListBox**）、显示与姓名对应的电话号码的**文本框**（**TextBox**）、显示姓名和电话号码的**标签**（**Label**）（电话号码的显示也可以是标签，不过以文本框的形式显示会更好一些）。

Fig　配置的控件

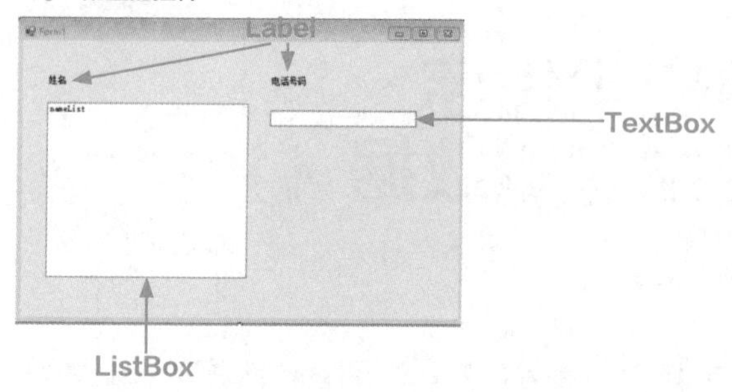

♦ 步骤②：在控件中添加事件处理程序

在列表框中选择姓名后，在右边的文本框中显示相应的电话号码。因此对于列表框而言，需要添加选择事件处理程序，用来检测已选择的姓名。

Fig　添加事件处理程序

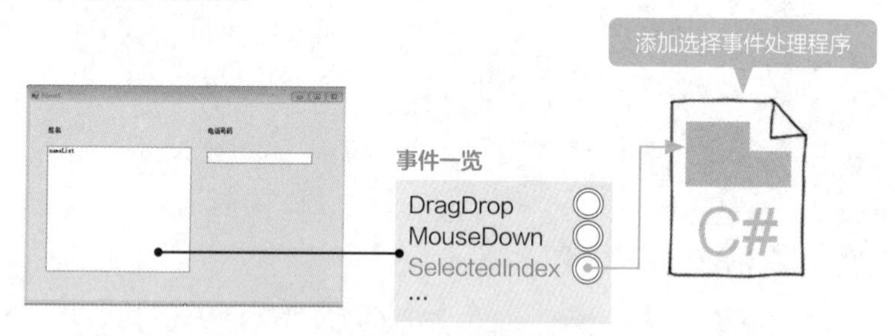

♦ 步骤③：根据输入编写相应的事件处理程序

在步骤②中添加的事件处理程序中，写入代码实现将列表框中选择的姓名对应的电话号码显示在文本框中。

Fig　在事件处理程序中编写事件处理程序

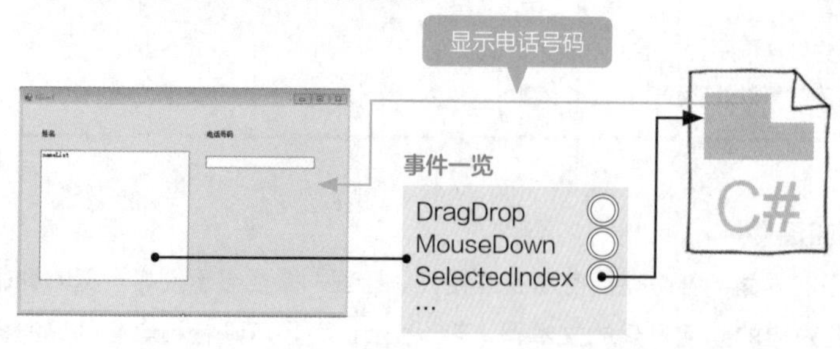

样例 01 创建项目

为电话簿应用程序创建新的项目。从 Visual Studio 的启动界面中选择**“创建新项目”**进行创建（如果已经打开 Visual Studio，可以从菜单栏中选择“文件”→“新建”→“项目”命令）。

Fig 创建项目①

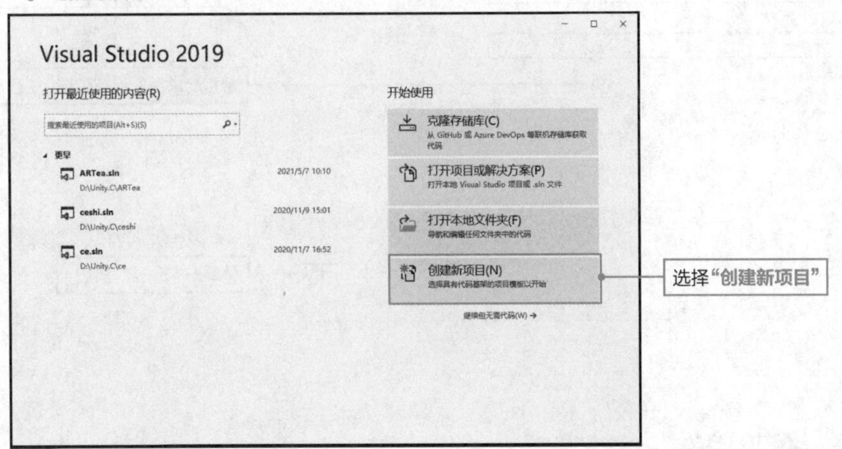

从界面右侧选择**“Windows 窗体应用（.NET Framework）”**，然后单击**“下一步”**按钮。

Fig 创建项目②

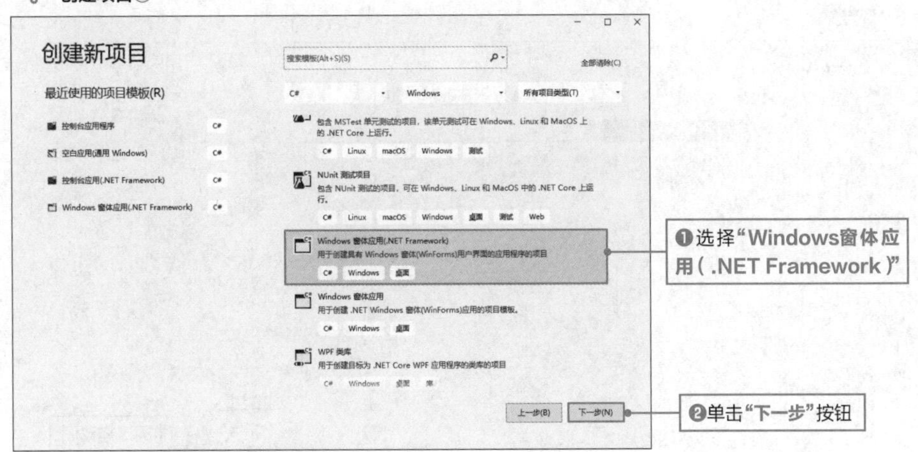

这里把项目命名为 **PhoneBook**。指定项目的保存位置（任意），然后单击 **“下一步”** 按钮。

Fig 设置项目名称和保存位置

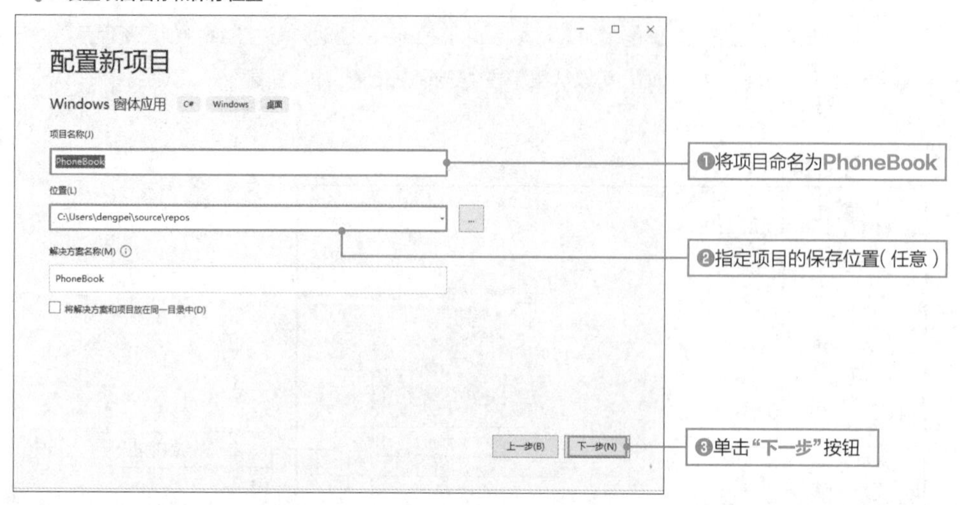

样例 02 添加控件

在窗体中添加所需的控件。

将窗体的尺寸在横向上调宽一些。拖动 **Form1** 右下角来调整窗体大小。

Fig 调整窗体大小

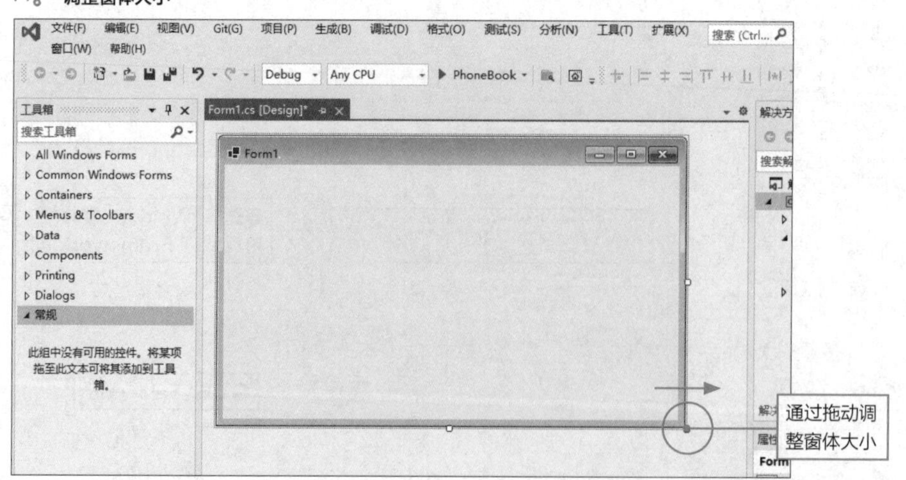

本样例中需要 **ListBox**、**TextBox** 和 **Label** 三种控件。

♦ 添加ListBox

将显示姓名一览的 ListBox 添加到窗体的左侧。将 ListBox 从工具箱的公共控件区拖放到窗体中，然后修改成下图所示的大小。此外，请在属性窗口的 **(Name)** 属性栏中输入 **nameList**。

Fig 配置ListBox

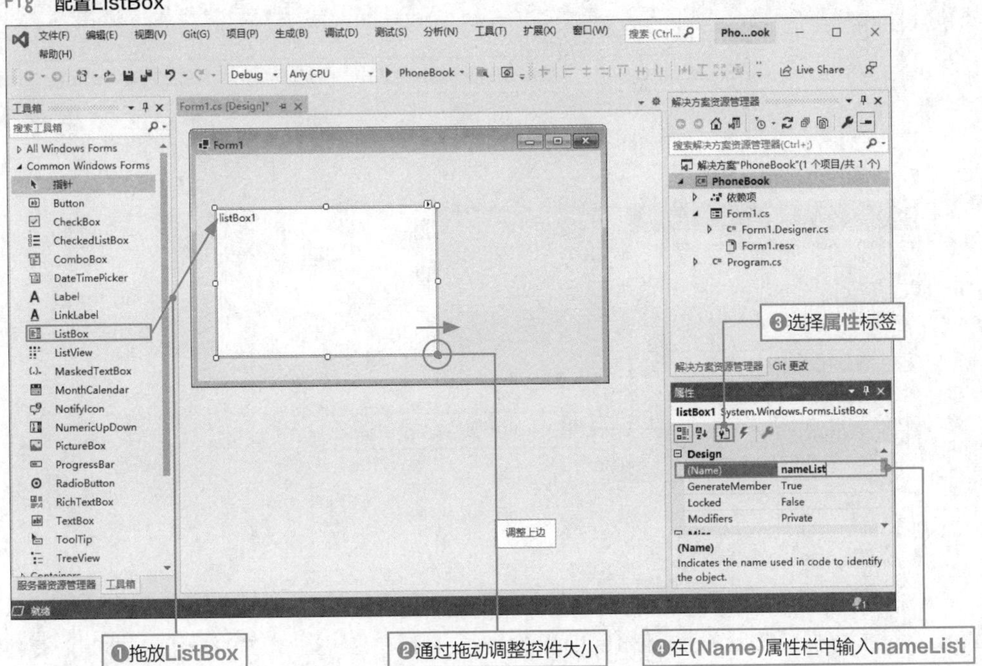

♦ 添加TextBox

将显示电话号码的 TextBox 添加到窗体的右侧。从工具箱的公共控件区中拖放 **TextBox** 到窗体中，以显示电话号码。此外，请在属性窗口的 **(Name)** 属性栏中输入 **phoneNumber**，并将属性窗口中的 **Enabled** 属性设定为 **False**，以防止在 TextBox 中输入任何内容。

Fig 配置TextBox

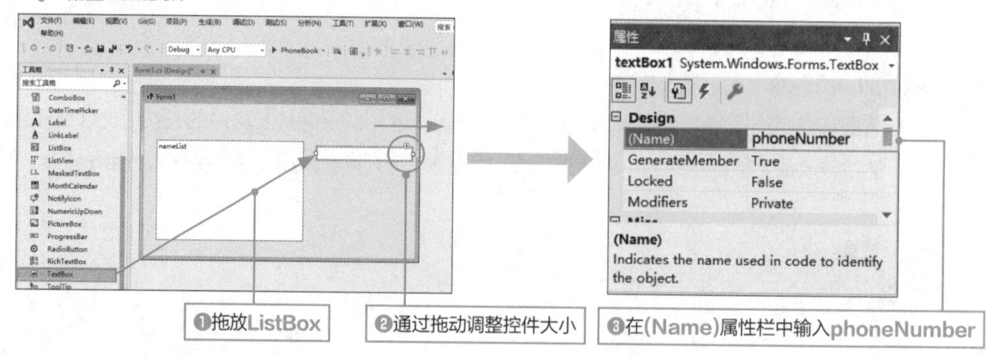

Fig 禁止在TextBox中输入

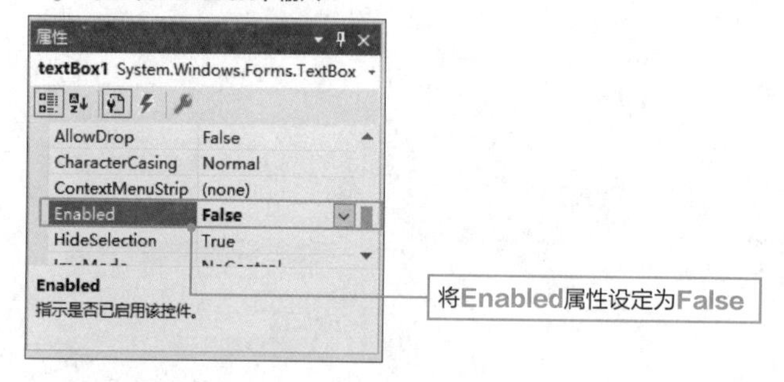

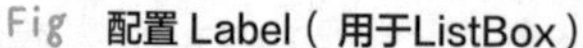

◆ 添加Label

添加 Label，用于提示 ListBox 和 TextBox 上显示的内容。分别将 **Label** 从工具箱的公共控件区拖放到 ListBox 的上方和 TextBox 的上方。然后在 ListBox 上方的 **Label** 的 **Text** 属性栏中输入 **"姓名"**，在 TextBox 上方的 Label 的 **Text** 属性栏中输入 **"电话号码"**。

Fig 配置 Label（用于ListBox）

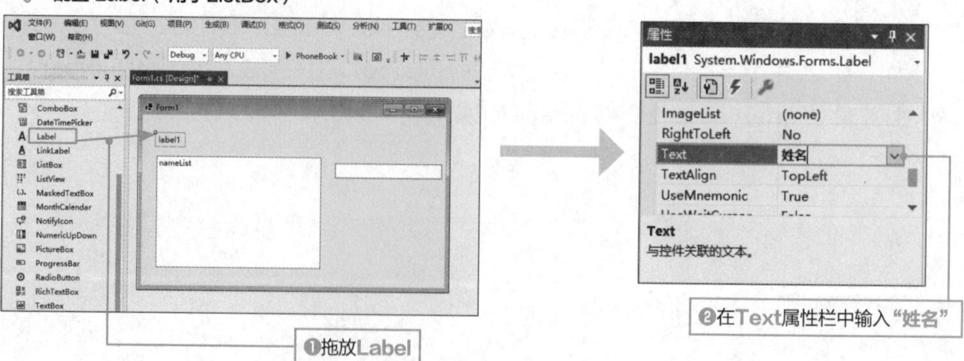

Fig 配置第2个Label（用于TextBox）

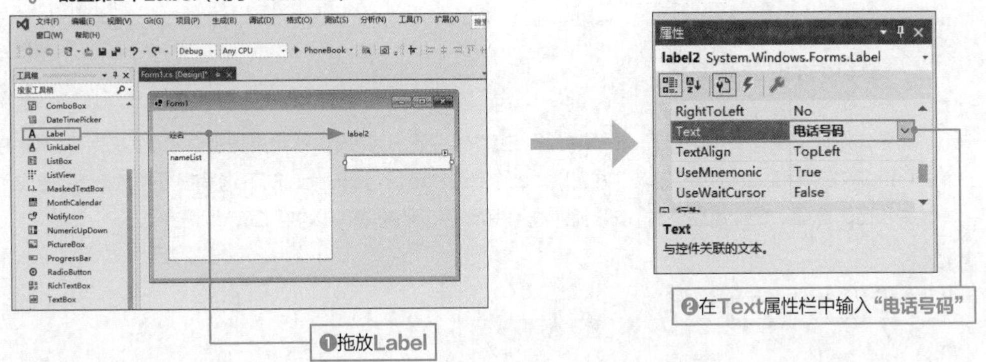

至此，就添加了所有必需的控件，可以试着运行一次，查看一下效果。

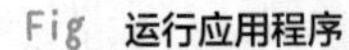

Fig 运行应用程序

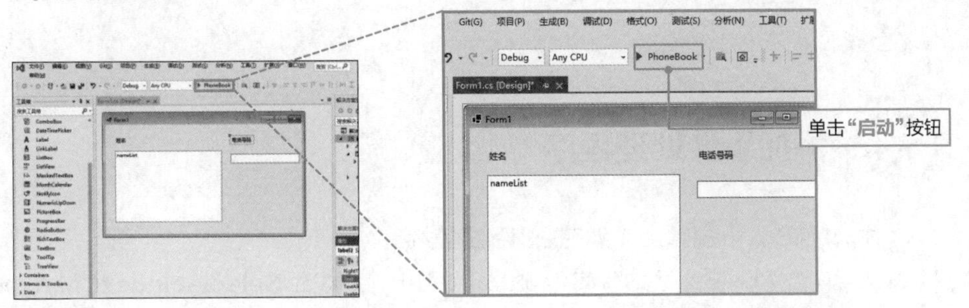

Fig 应用程序运行界面

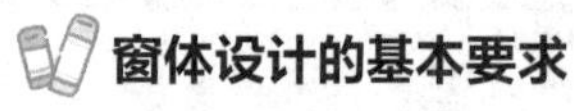

窗体设计的基本要求

窗体设计的基本要求是对齐。尽量将各个控件的位置对齐,窗体就会更美观。本次的应用程序将姓名Label的左端和ListBox的左端、姓名Label的下端和电话号码Label的下端等很规整地对齐,构成了较为和谐的界面。在配置控件时,按照辅助线的指示进行配置,就可以做到简单地对齐。

Fig 按照参考线的指示配置控件

样例 03 添加事件处理程序

添加从 ListBox 中选择姓名时调用的事件处理程序。

如果用户选择 ListBox 中的列表项(这里是姓名),则会发生 **SelectedIndexChanged** 事件。为这个事件添加名为 **NameSelected** 的事件处理程序。

Fig 添加事件处理程序

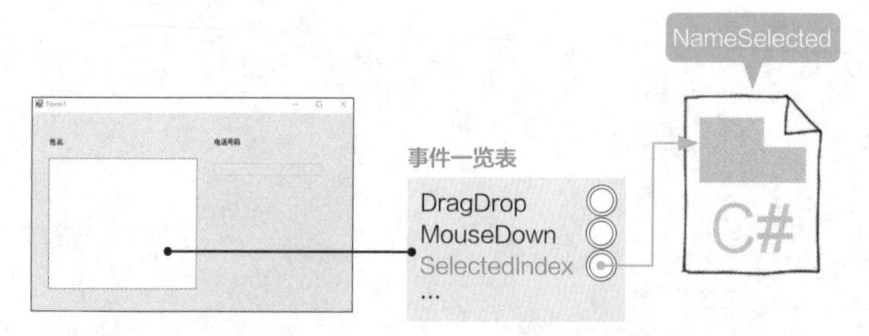

在窗体中选择 **ListBox**,选择属性窗口中的 **"事件"** 选项卡,就会显示 ListBox 收到的事件一览表,在 **SelectedIndexChanged** 中输入 **NameSelected** 后按 Enter 键。

Fig 添加事件处理程序

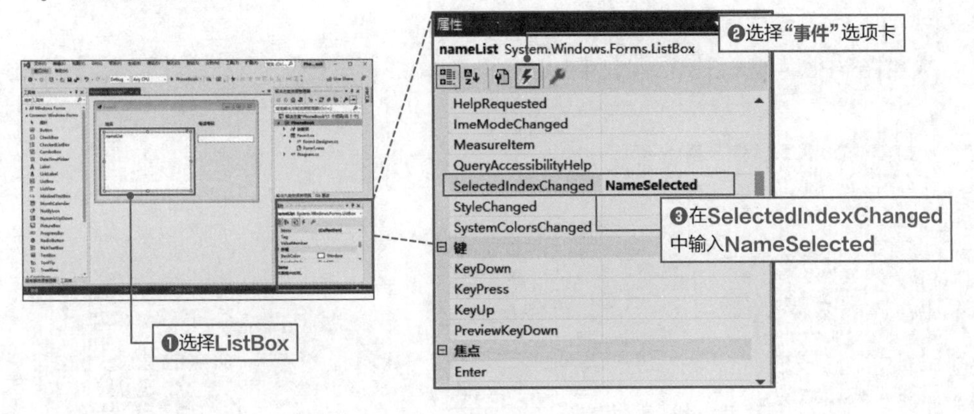

按 Enter 键后，可以从 Windows 窗体设计器的画面切换到 **Form1.cs** 的文件窗口，确认添加了 **NameSelected** 事件处理程序。

Fig 确认事件处理程序

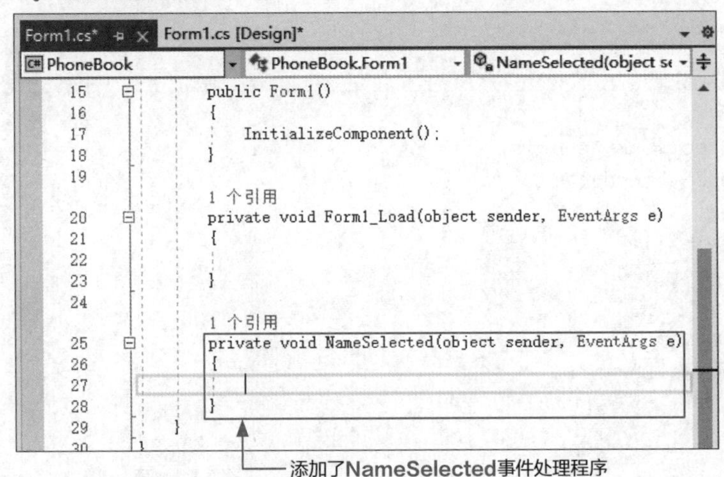

样例文件 ▸ C#程序源码\第7章\List 7-2.txt

样例 04 编写事件处理程序：电话簿的制作

这一步编写事件处理程序内容，实现从 ListBox 中选择姓名后，对应的电话号码将显示在 TextBox 中。在这里按照以下步骤进行。

❶ 创建登记好姓名和电话号码的电话簿。

❷ 在ListBox中显示电话簿中登记的姓名。

❸ 在TextBox中显示ListBox中选中的姓名的电话号码。

Fig 事件处理程序的编写步骤

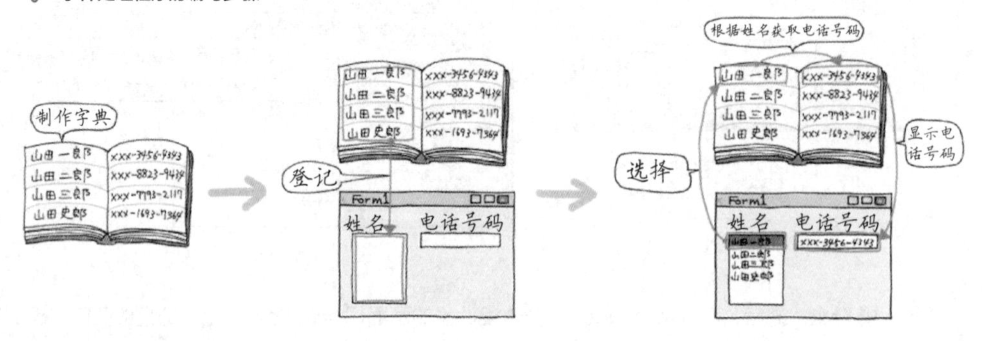

首先，编写电话号码的字典（电话簿）的程序。打开 **Form1.cs**，输入以下程序。

List 7-2 创建字典 List 7-2.txt

```
 1 using System;
 2 using System.Collections.Generic;
 3 using System.ComponentModel;
 4 using System.Data;
 5 using System.Drawing;
 6 using System.Linq;
 7 using System.Text;
 8 using System.Threading.Tasks;
 9 using System.Windows.Forms;
10
11 namespace PhoneBook
12 {
13     public partial class Form1 : Form
14     {
15         Dictionary<string, string> phoneBook;
16
17         public Form1()
18         {
19             InitializeComponent();
20
21             // 在电话簿中登记姓名和电话号码
22             this.phoneBook = new Dictionary<string, string>();
23             this.phoneBook.Add("山田一郎", "xxx-3456-4343");
24             this.phoneBook.Add("山田二郎", "xxx-8823-9434");
```

```
25              this.phoneBook.Add("山田三郎", "xxx-7793-2117");
26              this.phoneBook.Add("山田史郎", "xxx-1693-7364");
27          }
28
29          private void NameSelected(object sender, EventArgs e)
30          {
31
32          }
33      }
34  }
```

使用集合的Dictionary类型创建包含姓名和电话号码的电话簿。Dictionary类型可以保证key和value成对出现，并且在添加或删除元素时也很简单，因此使用"姓名↔电话号码"成对的数据会很方便。

第15行中将Dictionary类型的phoneBook变量声明为成员变量。姓名和电话号码都是字符串，所以以Dictionary<string, string>的形式声明。

在构造函数中生成Dictionary类的实例（第22行），输入姓名和电话号码对（第23～26行）。这里将key作为姓名、value作为电话号码进行输入。

为什么phoneBook是成员变量

可能有人会这么想：这里可以将phoneBook变量声明为成员变量，那么在构造函数中也可以声明吗？

如果在构造函数中声明，则phoneBook变量将无法使用。想在应用程序启动后一直使用phoneBook变量的字典，则应将其声明为成员变量。

样例文件▶C#程序源码\第7章\List 7-3.txt

样例05 编写事件处理程序：在ListBox中显示

在ListBox中显示字典里姓名的列表。请在Form1的构造函数中添加以下程序。

List 7-3 登记姓名 List 7-3.txt

```
17 public Form1()
18 {
19     InitializeComponent();
20
21     // 在电话簿中登记姓名和电话号码
```

```
22      this.phoneBook = new Dictionary<string, string>();
23      this.phoneBook.Add("山田一郎", "xxx-3456-4343");
24      this.phoneBook.Add("山田二郎", "xxx-8823-9434");
25      this.phoneBook.Add("山田三郎", "xxx-7793-2117");
26      this.phoneBook.Add("山田史郎", "xxx-1693-7364");
27
28      // 在下拉列表中显示姓名
29      foreach (KeyValuePair<string, string> data in phoneBook)
30      {
31          this.nameList.Items.Add(data.Key);
32      }
33  }
```

如果程序输入完成，就试着执行一下。在 ListBox 中显示了已经登记的 phoneBook 变量的姓名。

Fig　在ListBox中显示姓名

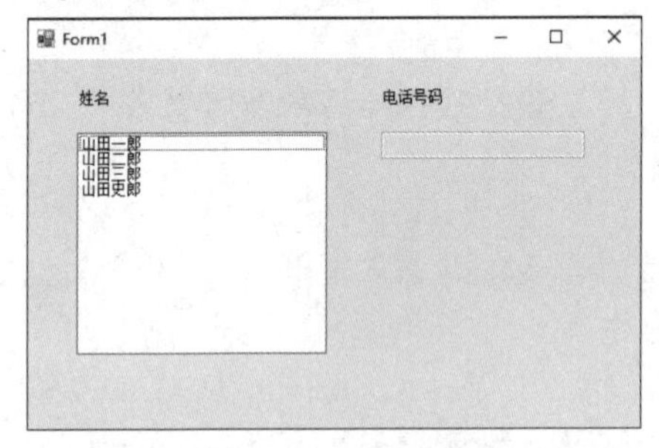

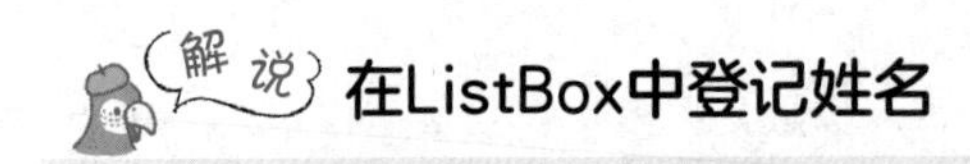

解说　在ListBox中登记姓名

这个程序中需要将之前在 phoneBook 变量中登记的姓名添加到 ListBox 中。

在 List 7-3 中第 29 行的 foreach 语句中，使用 key 和 value 成对的 **KeyValuePair 类型**的 phoneBook 变量取出数据。如果想从 KeyValuePair 类型的变量中取出 key，可以使用“变量名 .Key”；如果想取出 value，可以使用“变量名 .Value”。

在第 31 行中，调用 ListBox（变量名为 nameList）的 Items 属性的 Add 方法追加 data.Key 中的姓名。Items 属性中追加的 value 则显示在 ListBox 上。

Fig　从Dictionary中取出value

Dictionary　　KeyValuePair

山田一郎 xxx-3456-9393
山田二郎 xxx-8823-9434
山田三郎 xxx-7793-2117
山田史郎 xxx-1693-7364

山田二郎 | xxx-8823-9434

data.key　data.value

phoneBook变量

Point!

从KeyValuePair类型中取出key或value

如果要取出key，则使用"变量名.Key"；如果要取出value，则使用"变量名.Value"。

样例文件▸C#程序源码\第7章\List 7-4.txt

样例 06　编写事件处理程序：将电话号码显示在TextBox中

在窗口左侧的 ListBox 中选择姓名，就可以在其右侧的 TextBox 中显示电话号码，接下来编写 NameSelected 事件处理程序的内容，请输入以下程序。

List 7-4　显示电话号码　　List 7-4.txt

```
35 private void NameSelected(object sender, EventArgs e)
36 {
37     // 显示所选姓名对应的电话号码
38     string name = this.nameList.Text;
39     this.phoneNumber.Text = this.phoneBook[name];
40 }
```

试着执行一下，选择 ListBox 中显示的姓名后，在 TextBox 中会显示所选姓名对应的电话号码。

Fig　显示所选姓名对应的电话号码

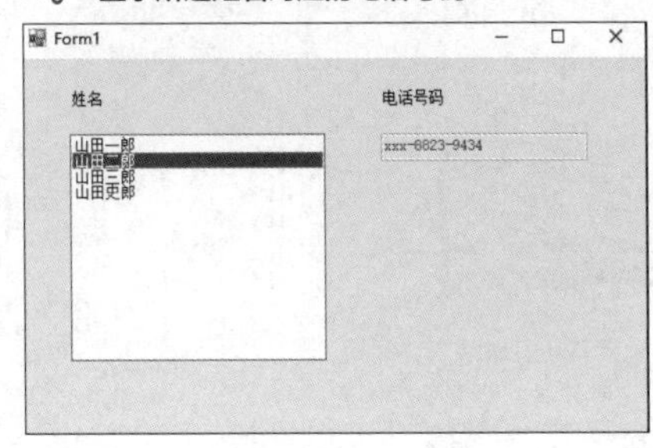

解说 显示选择的姓名

当从 ListBox 中选择姓名时，会调用 **NameSelected 事件处理程序**。在此事件处理程序中，将 ListBox 中所选姓名对应的电话号码显示在 TextBox 中。

具体流程如下：

❶ 获取ListBox中选择的姓名。

❷ 从电话簿中获取对应的电话号码。

❸ 在TextBox中显示获取的电话号码。

在第38行中，通过ListBox的Text属性获取从ListBox中选择的姓名，并赋给name变量(❶)。

在第 39 行的右边以选定的姓名为 key，从 phoneBook 变量中获取对应的电话号码。要从 Dictionary 中取值，要写"变量名 [key]"。这里写着 phoneBook[name]，取出与姓名对应的电话号码的值（❷）。

将取出的电话号码赋给 TextBox（变量名为 phoneNumber）的 Text 属性并显示在窗体界面上（❸）。

以上就是创建电话簿应用程序的过程。

样例文件 ▸ C#程序源码\第7章\List 7-5.txt

样例 07 从文件中读取电话簿

至此，电话簿数据（姓名和电话号码）已直接写入程序。这样一来，当电话簿中的数据增加时，都必须将其添加到程序里。如果不懂编程，就很难使用电话簿。因此，为了让任何人都能更新电话簿，将电话簿中登记的数据保存为文本文件，并从程序中进行读取。如果是文本文件，则在记事本中重写并保存即可简单地更新电话簿。

Fig 读取电话簿的模式

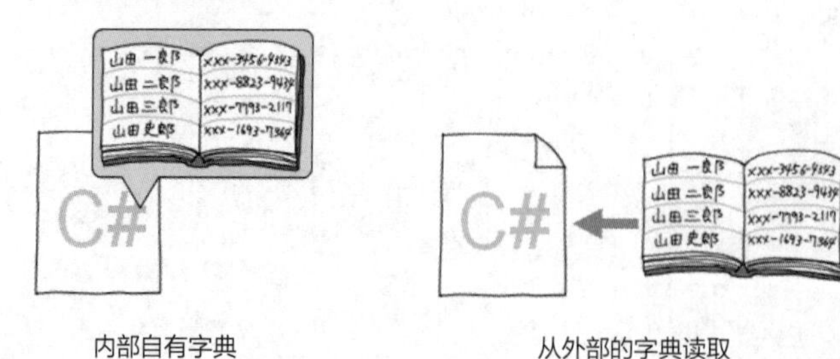

♦ 创建电话簿的数据文件

首先在项目内创建一个具有姓名和电话号码的文本文件。选中 PhoneBook，右击，在弹出的快捷菜单中选择 **“添加”→“新建项”** 命令。在新项目的添加窗口中，从左侧项目中选择 **“Visual C# 项”→“常规”** 命令，从中部列表显示的项目中选择 **“文本文件”**。在“名称”中输入 **data.txt**，然后单击 **“添加”** 按钮，将在程序相同的文件夹中添加 data.txt。

Fig　添加文本文件①

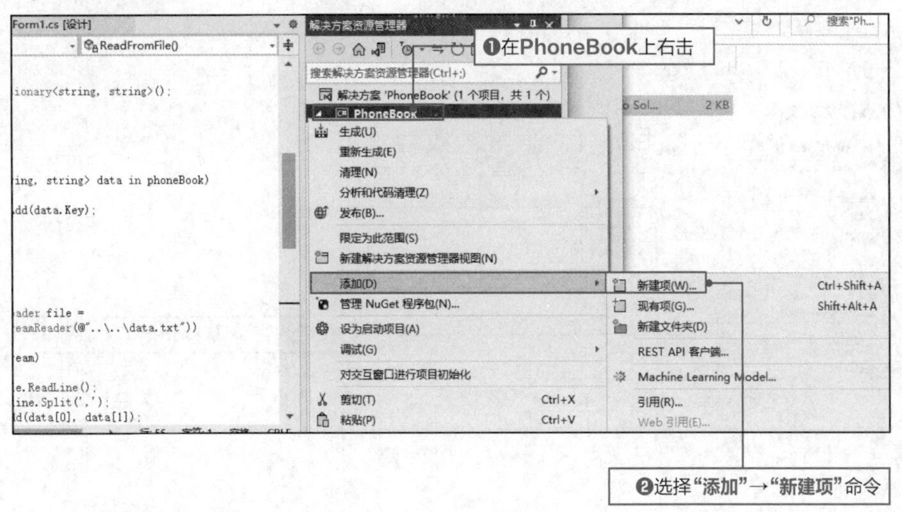

Fig　添加文本文件②

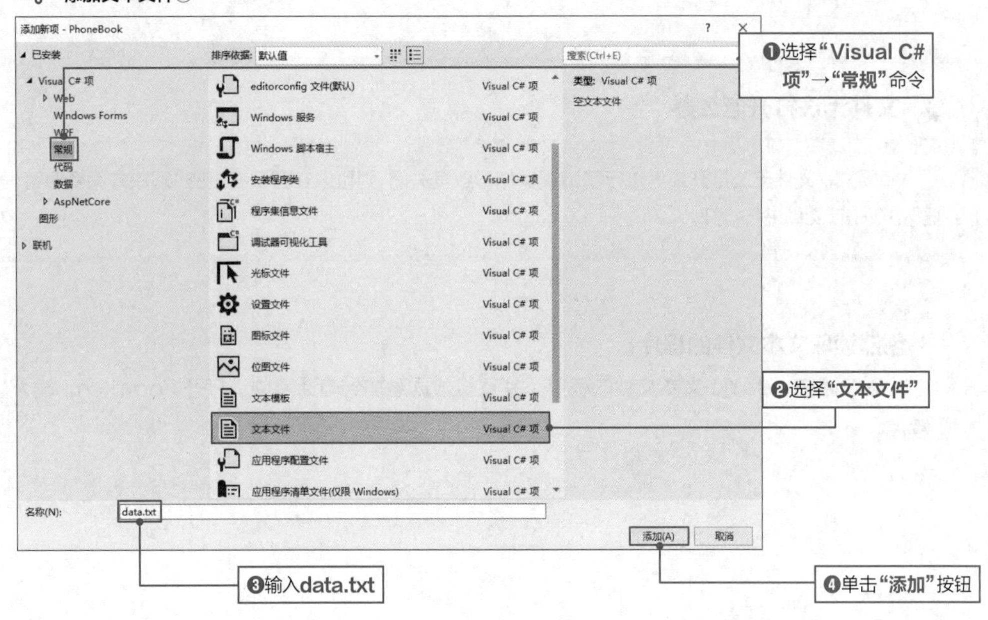

打开创建的 data.txt 文件，输入以下数据。

浦岛太郎 , xxx-9393-5421
浦岛次郎 , xxx-8823-1356
浦岛三郎 , xxx-7793-3588
浦岛史郎，xxx-6693-2535

输入完 data.txt 后，从菜单栏中选择**“文件”**→**“保存 data.txt”命令**（或同时按下 Ctrl+S 组合键）保存文件。

Fig **保存文本文件**

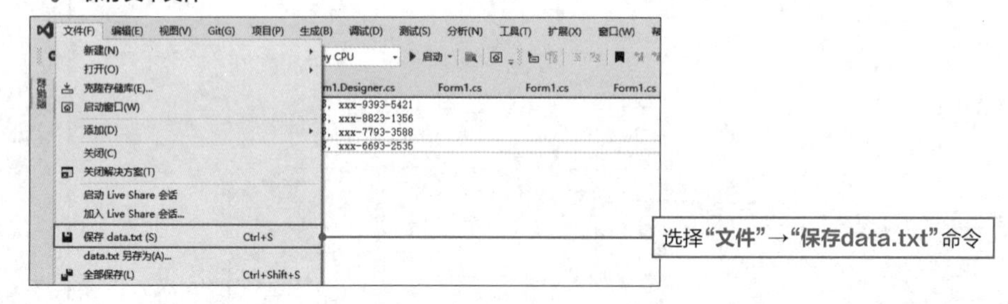

这里是以“姓名，电话号码”的顺序按照每个人输入一行数据。使用“，”将数据分开写的格式，在程序中比较容易读取，对用户来说也比较容易看清。使用“，”分隔的格式称为 **CSV 格式**。

> Note
>
> **文件无法打开怎么办**
>
> 如果文本文件无法打开或者进行了错误操作导致其关闭，则可以在窗口右侧的“解决方案资源管理器”中双击该文件进行打开。

♦ 创建读取文本文件的程序

创建读取 data.txt 文本文件的程序，并且将数据添加到电话簿中。打开 Form1.cs，输入以下程序。

List 7-5　读取文本文件中的数据（Form1.cs）　　List 7-5.txt

```
1 using System;
2 using System.Collections.Generic;
3 using System.ComponentModel;
4 using System.Data;
5 using System.Drawing;
6 using System.Linq;
7 using System.Text;
8 using System.Threading.Tasks;
9 using System.Windows.Forms;
10
11 namespace PhoneBook
12 {
13     public partial class Form1 : Form
14     {
15         Dictionary<string, string> phoneBook;
16
17         public Form1()
18         {
19             InitializeComponent();
20
21             // 在电话簿中登记姓名
22             this.phoneBook = new Dictionary<string, string>();
23
24             // 从文件中读取数据
25             ReadFromFile();
26
27             // 在列表框中显示姓名
28             foreach (KeyValuePair<string, string> data in phoneBook)
29             {
30                 this.nameList.Items.Add(data.Key);
31             }
32         }
33
34         private void ReadFromFile()
35         {
36             using (System.IO.StreamReader file =
37                 new System.IO.StreamReader(@"..\..\data.txt"))
38             {
39                 while (!file.EndOfStream)
40                 {
41                     string line = file.ReadLine();
42                     string[] data = line.Split(',');
43                     this.phoneBook.Add(data[0], data[1]);
44                 }
```

```
45            }
46        }
47
48        private void NameSelected(object sender, EventArgs e)
49        {
50            // 显示所选姓名对应的电话号码
51            string name = this.nameList.Text;
52            this.phoneNumber.Text = this.phoneBook[name];
53        }
54    }
55 }
```

试着运行一下。文件中记录的姓名会显示在 ListBox 中。选择姓名后，电话号码也会显示。

Fig　确认文本文件中的数据是否正确显示

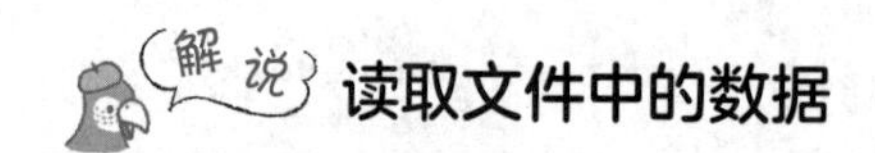

读取文件中的数据

该程序读取了文本文件 data.txt 中的电话簿数据，并添加到 phoneBook 变量中。为了读取文本文件中的电话簿数据，编写了名为 **ReadFromFile** 的方法，该方法的处理流程如下。

❶ 从文件中逐行读取数据。

❷ 将读取的数据分割成“姓名”和“电话号码”。

❸ 将分割后的数据作为key和value登记到电话簿中。

♦ 从文件中逐行读取数据

使用 **StreamReader 类**读取文本文件。StreamReader 类具有在程序中打开文本文件并读取数据的功能。为了使用 StreamReader 类，在第 36 行和第 37 行中，创建了 StreamReader 类的实例（第 36 行中使用的 using 的详细说明参阅第 270 页的“using 语句”）。

在创建 StreamReader 类实例时，需要指定打开的文件的位置（路径）。如果写成“..\”，可以指定比可执行文件所在的文件夹高一级的文件夹。样例中读取当前文件所在文件夹上面两级的文件夹中的 data.txt，所以写成“..\..\data.txt”。关于为什么要在指定路径的字符串开头添加“@”，将在第 270 页的“‘@’是什么”中进行说明。

Fig　data.txt的数据路径

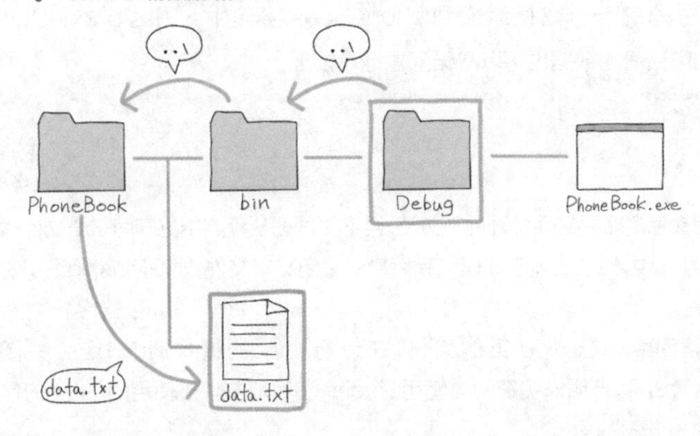

在第 39 ~ 44 行中，从指定的文件中一行一行地读取数据。因为编写程序时并不知道要读入几行，所以使用 while 循环逐行读入。另外，把 while 语句的条件式写成“!file.EndOfStream”，在文件的最后一行数据被读取后，结束循环。

Point!

ReadLine方法（StreamReader类）

从文件中读取一行并以字符串形式返回。

♦ 将读取的数据分割成“姓名”和“电话号码”

读取的每行数据是“姓名，电话号码”这样的一组固定格式的字符串，使用 **Split 方法**将姓名和电话号码分开（第 42 行）。Split 方法用参数分割指定字符串的字符。分割后的字符串会按顺序保存到 string 类型的行列中。

Fig　用Split方法分割成行列

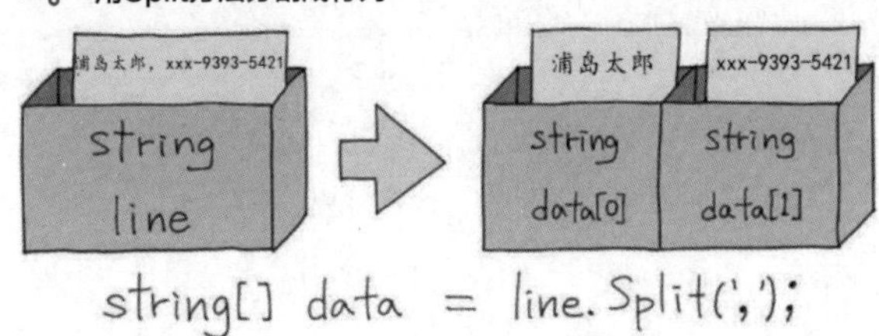

Point!

Split方法(String类)

使用给定参数的字符分割字符串，形成string类型的行列。

♦ 将分割后的数据作为key和value登记到电话簿中

第 43 行将姓名和电话号码的一对数据添加到 phoneBook 字典中。因为 phoneBook 是 Dictionary 类型，后续增加的电话簿的数据也可以毫无问题地添加上。

 **using语句**

处理完文本文件后，必须关闭文件。如果文件打开后不关闭，当下次试图从程序中打开同一个文件时会出现“已打开”的错误。在List 7-5中，为了在读取处理结束后确保关闭文本文件，要使用using语句对文件进行读取处理的部分进行包裹。

在using之后的“( )”中创建StreamReader类的实例，在运行using的模块时，一定会关闭StreamReader类打开的文件。请注意，声明命名空间时使用的using和读取文件时使用的using的作用不同。

另外，在List 7-5中，在StreamReader类之前加上了“System.IO；”，如果写了“using System.IO；”来声明命名空间，则不写“System.IO；”也没关系。

 **“@”是什么**

在List 7-5中，在创建StreamReader类实例时指定的文件路径的字符串之前加上了“@”，带有“@”的字符串将被视为未使用特殊符号的字符串。如果字符串中包含“\”，则将“\”和紧接着的字母、数字一起看作**转义序列**；如果是加了“@”的字符串，则“\”通常被视为圆形标记，因此常用于指定路径。

Table　转义序列的示例

转义序列	含　义
\b	退格
\n	换行符
\t	水平制表符

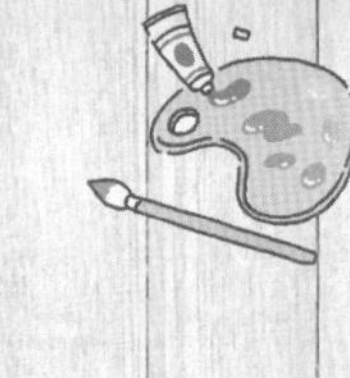

7-3 天气预报程序：从网站上获取信息

本节开发一个都道府县天气预报应用程序。从网站上获取选定区域的天气信息，并显示天气图标图像。同时，还会讲解菜单栏的创建方法。天气预报应用程序的窗体如下图所示。通过这个样例学习如何从网站上获取数据并在程序内使用的方法。

Fig 天气预报应用程序的窗体

天气预报应用程序的设计步骤

与前面章节一样，按照以下 3 个步骤进行应用程序的设计。

Windows应用程序的开发步骤

- 步骤① 在窗体中添加控件。
- 步骤② 在控件中添加事件处理程序。
- 步骤③ 根据输入编写相应的事件处理程序。

♦ 步骤①：在窗体中添加控件

观察天气预报应用程序的窗体，考虑需要配置的控件。这里，需要选择区域的**组合框**（**ComboBox**）、显示天气图标的**图片框**（**PictureBox**）、显示“选择都道府县”的**标签**（**Label**）。菜单栏会在样例 08 中添加，在这里先不需要考虑。

Fig　配置的控件

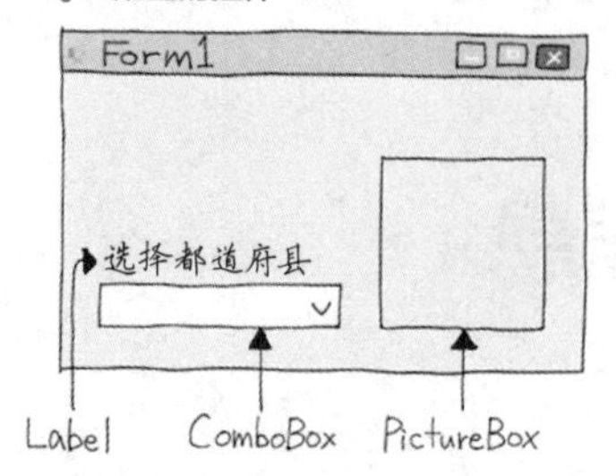

♦ 步骤②：在控件中添加事件处理程序

从组合框中选择都道府县，在图片框中显示该地区的天气图标。为了能够检测到选择的都道府县，将事件处理程序添加到组合框中。

Fig　需要添加的事件处理程序

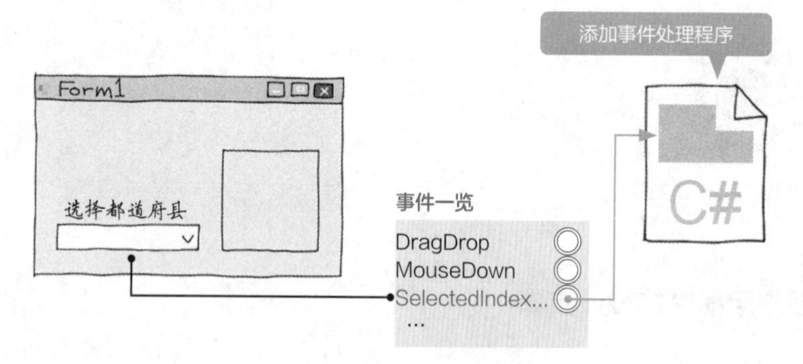

♦ 步骤③：根据输入编写相应的事件处理程序

在网站上查询所选都道府县的天气，在图片框中用图标显示获取的天气信息，这是本步需要编写的事件处理程序。

Fig　编写事件处理程序

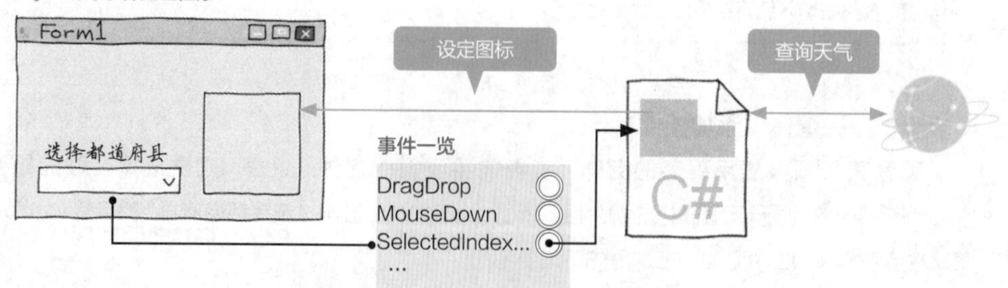

样例 01 创建项目

下面创建天气预报应用程序项目。从 Visual Studio 的启动界面中选择**“创建新项目”**进行创建（如果已经打开 Visual Studio，可以从菜单栏中选择“文件”→“新建”→“项目”命令）。

Fig 创建项目①

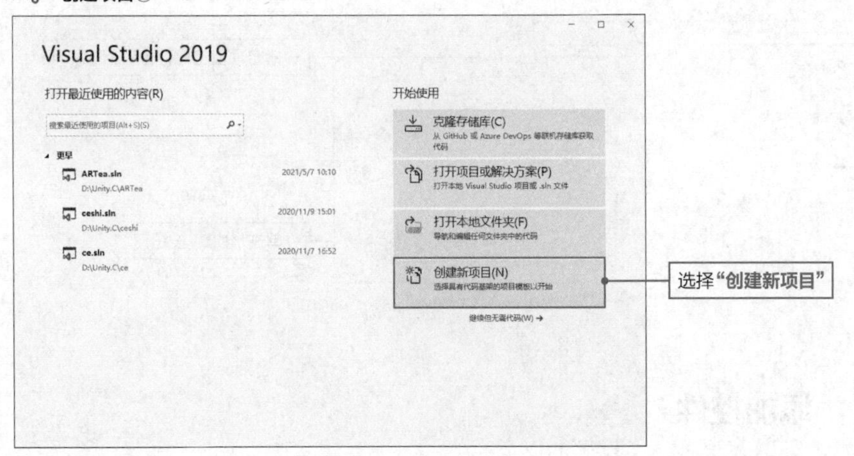

从窗口右侧选择“**Windows 窗体应用（.NET Framework）**”，然后单击“**下一步**”按钮。

Fig 创建项目②

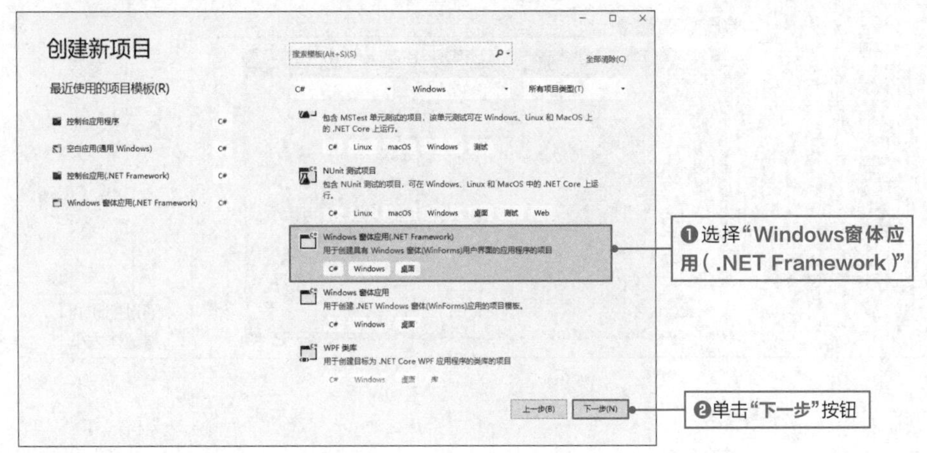

这里把项目命名为 WeatherChecker。指定项目的保存位置（任意），然后单击“创建”按钮。

Fig 设置项目名称和保存位置

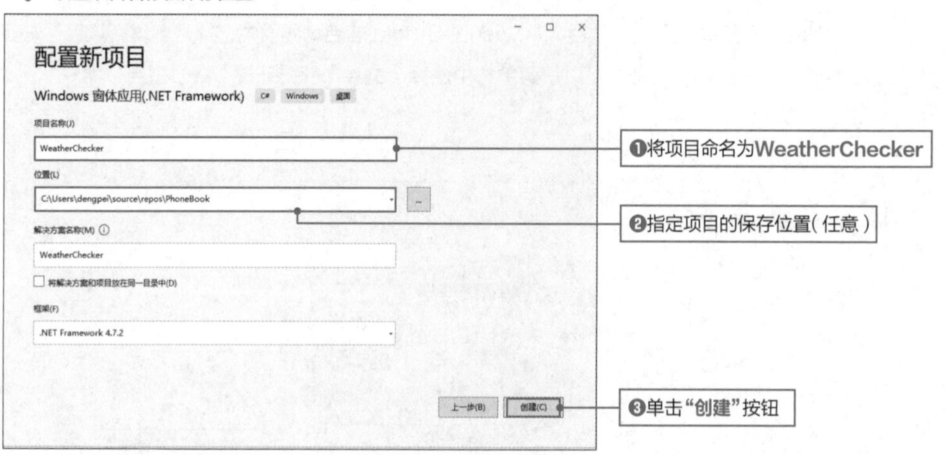

样例 02 添加控件

因为要在较宽的窗体中添加控件，所以需要拖动窗体的右下角调整窗体大小。

Fig 调整窗体大小

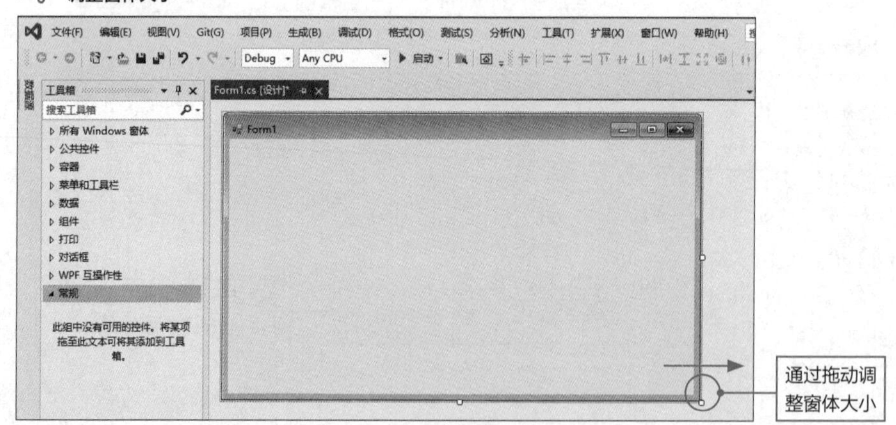

将要使用的控件添加到窗体中。本次需要添加的控件包括 **ComboBox**、**PictureBox** 和 **Label**。

♦ 添加ComboBox

在窗口中添加选择都道府县的 **ComboBox**。将 **ComboBox** 从工具箱的公共控件区中拖放到窗体中，如下图所示，并调整其大小。同时在属性窗口的 **(Name)** 属性栏中输入 **areaBox**。

Fig 添加ComboBox

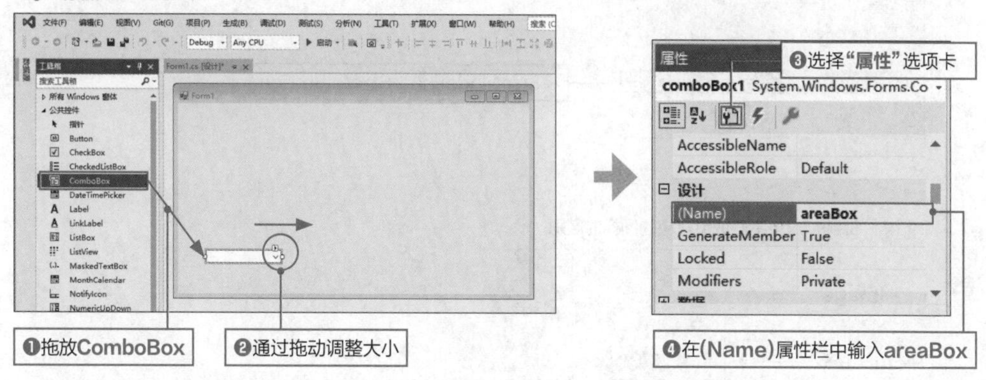

♦ 添加PictureBox

在 ComboBox 的右侧添加显示天气图标的 PictureBox。在窗体中显示图像时，基本上都会使用 PictureBox。从工具箱的公共控件区中拖放 **PictureBox**。接着，在属性窗口的 **(Name)** 属性栏中输入 **weatherIcon**。

Fig 添加 PictureBox

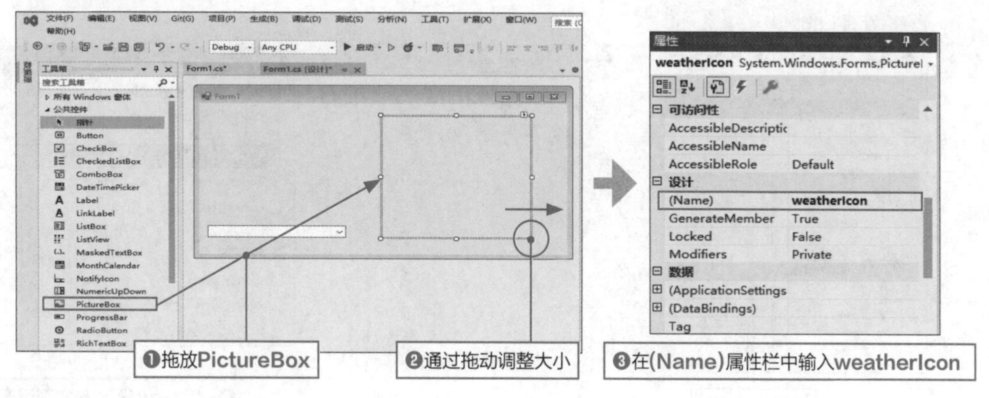

将属性窗口中的 **SizeMode** 设置为 **StretchImage**。当 SizeMode 属性为 Normal 时，不管 PictureBox 的尺寸如何，都会以图像的原始尺寸显示；当 SizeMode 属性为 StretchImage 时，则图像的大小会根据 PictureBox 的尺寸发生变化。

Fig 设置PictureBox的SizeMode属性

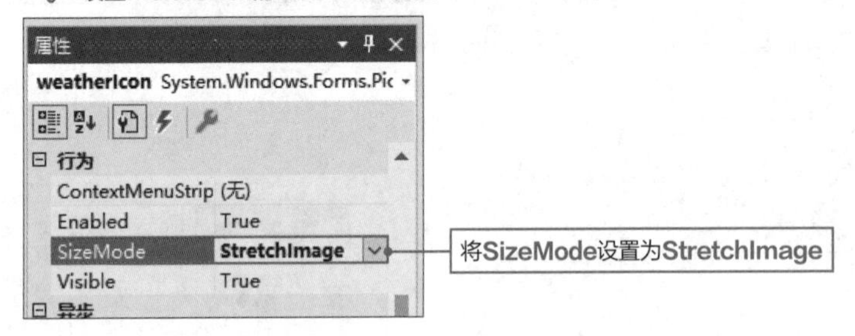

Fig SizeMode不同取值对应的图标的区别

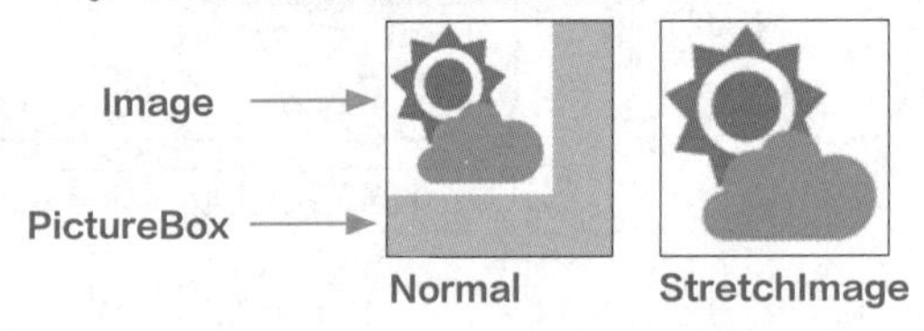

♦ 添加Label

放置一个标签来提醒用户选择都道府县。从工具箱的公共控件区中拖放 **Label**，放置在 ComboBox 的上方。在属性窗口的 **Text** 中输入 **"选择都道府县"**。因为不打算在程序中修改 Label，所以这里可以不指定 Name 属性。

Fig 配置 Label

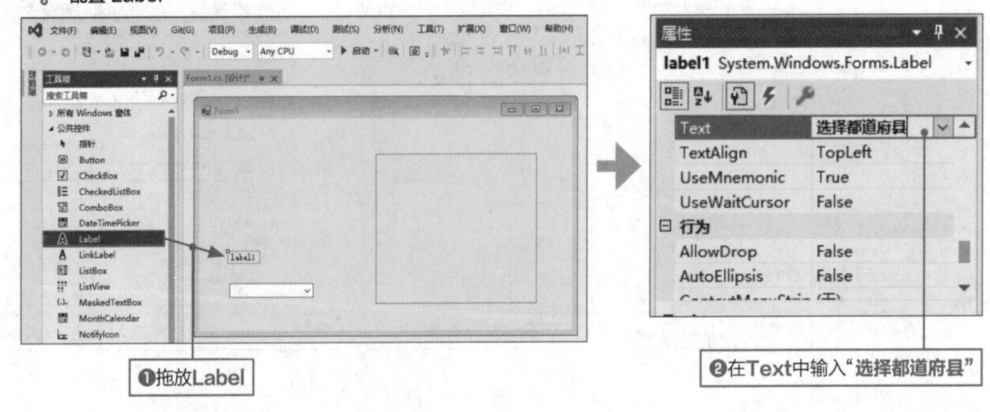

至此，所有控件都配置好了，试着运行一下。

Fig 运行应用程序

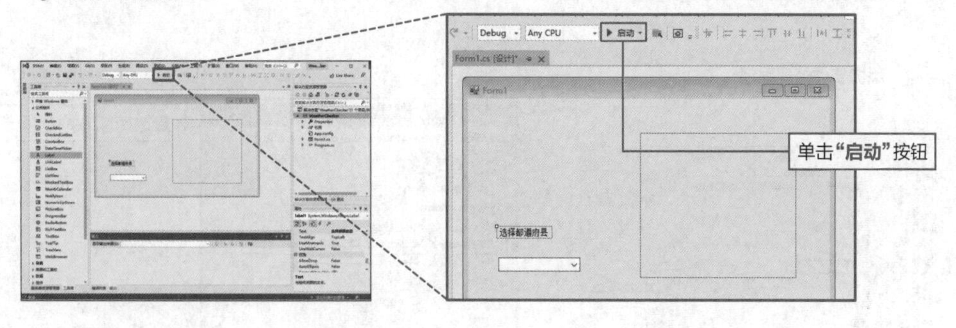

Fig 应用程序执行界面

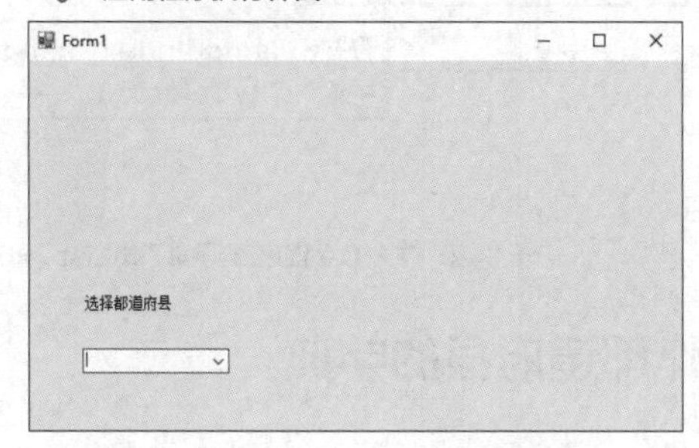

样例 03 添加事件处理程序

因为需要实现当在 ComboBox 中选择都道府县时取得天气信息这一功能，所以在 **ComboBox** 中添加了事件处理程序。在选择 ComboBox 的项目时会发生 **SelectedIndexChanged** 事件。在这个事件中添加名为 **CitySelected** 的事件处理程序。

Fig 添加事件处理程序

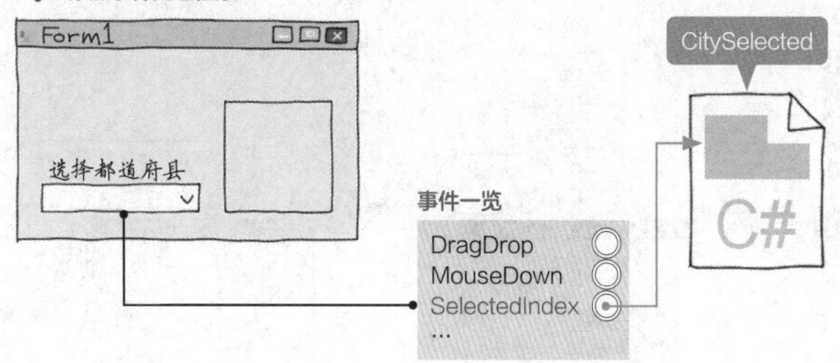

选择窗体中的 **ComboBox**，然后选择属性窗口中的 **"事件"** 选项卡。在显示的事件中查找 **SelectedIndexChanged**，输入 **CitySelected** 后按 Enter 键。这样就在 Form1.cs 文件中添加了 CitySelected 事件处理程序。

Fig **添加事件处理程序**

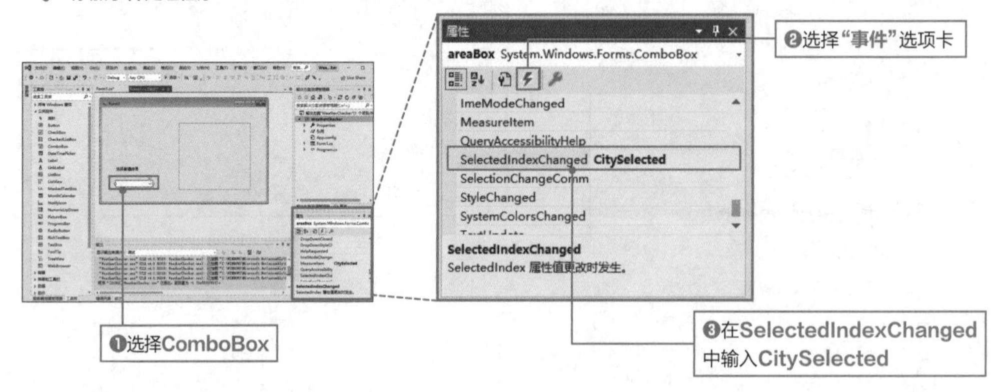

样例文件 ▸ C#程序源码\第7章\List 7-6.txt

样例 04 编写事件处理程序：制作都道府县的字典

编写程序，实现从网站上获取在 CoboBox 中选择的都道府县的天气信息，并在 PictureBox 上显示天气图标。这次使用的天气信息服务，是发送城市编码就会返回该城市的天气信息的服务（这是作者创建的虚拟服务，不是真实的天气）。按照下面的流程来编写程序。

❶ 制作都道府县名称和都道府县编码的字典。

❷ 从网站上获取在ComboBox中选择的都道府县的天气信息。

❸ 分析天气信息并显示天气图标。

Fig **编写事件处理程序的步骤**

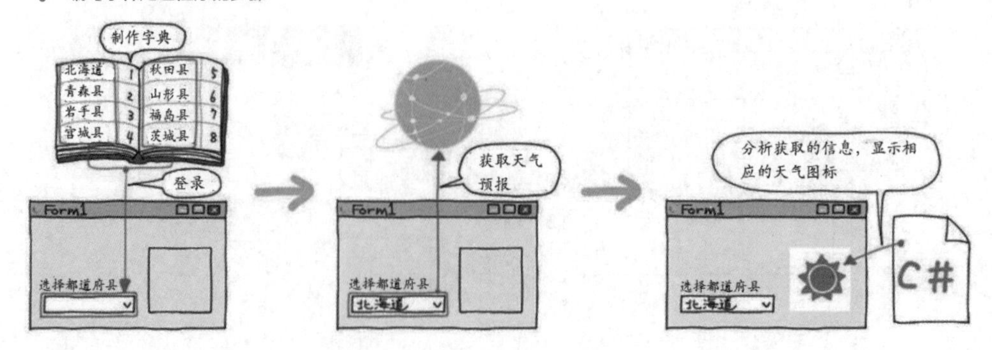

创建都道府县名称和都道府县编码的字典，在ComboBox上显示都道府县名称的一览表。都道府县名称和都道府县编码的组合如下表所列。

Table　都道府县名称和都道府县编码

都道府县名称	都道府县编码	都道府县名称	都道府县编码
大阪府	1	石川县	7
爱知县	2	广岛县	8
东京都	3	高知县	9
宫城县	4	福冈县	10
北海道	5	鹿儿岛县	11
新潟县	6	冲绳县	12

下面的程序创建了都道府县名称和都道府县编码的字典，在 ComboBox 上显示了都道府县名称。在这里作为例子追加了 4 个地域，读者也可以追加喜欢的都道府县名称和都道府县编码。打开 **Form1.cs**，实际输入并运行一下。

List 7-6　创建字典并且显示　　List 7-6.txt

```
1   using System;
2   using System.Collections.Generic;
3   using System.ComponentModel;
4   using System.Data;
5   using System.Drawing;
6   using System.Linq;
7   using System.Text;
8   using System.Threading.Tasks;
9   using System.Windows.Forms;
10
11  namespace WeatherChecker
12  {
13      public partial class Form1 : Form
14      {
15          Dictionary<string, string> cityNames;
16
17          public Form1()
18          {
19              InitializeComponent();
20
21              this.cityNames = new Dictionary<string, string>();
22
```

```
23                this.cityNames.Add("东京都", "3");
24                this.cityNames.Add("大阪府", "1");
25                this.cityNames.Add("爱知县", "2");
26                this.cityNames.Add("福冈县", "10");
27
28                foreach (KeyValuePair<string, string> data in this.cityNames)
29                {
30                    areaBox.Items.Add(data.Key);
31                }
32            }
33
34            private void CitySelected(object sender, EventArgs e)
35            {
36
37            }
38        }
39    }
```

程序写好后，试着运行一下。单击 ComboBox 后会显示都道府县名称的下拉列表。

Fig　在ComboBox上显示都道府县名称

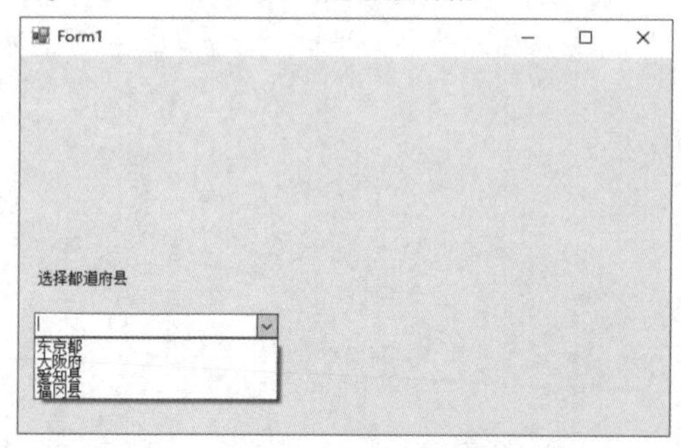

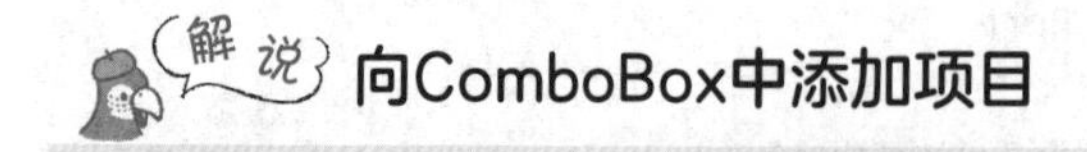

解说 向ComboBox中添加项目

在 List 7-6 中创建了都道府县名称和都道府县编码的字典，并且显示了都道府县名称的列表。这个过程和 7-2 节中在创建电话簿应用程序时创建的“姓名和电话号码的字典，显示姓名的列表”的过程几乎相同。

在第 21 ~ 26 行中，创建了保存都道府县名称和都道府县编码对的 Dictionary 类型的 cityNames 变量，并在其中添加了数据。

在第 28 ~ 31 行的 foreach 语句中，为了在 ComboBox 上显示都道府县名称，从 cityNames 变量中循环取出一个都道府县名称，并添加到 ComboBox（变量名为 areaBox）的 Items 属性中。都道府县名称相当于从 Dictionary 中取出的 key，使用 data.Key 取出数据。

样例文件 ▸ C#程序源码\第7章\List 7-7.txt

样例 05 编写事件处理程序：从网站上获取数据

接下来，向网站发送“告诉我……的天气”的请求（处理的要求）。使用 HttpClient 类向网站发送请求。这次将访问的 URL 为 https://and-idea......（具体 URL 请参见下载的电子文档），其中问号（？）后的 city 名为都道府县编码。

下面的程序追加了从字典中获取的与在 ComboBox 中选择的都道府县名称对应的都道府县编码，并向网站发送请求，获取天气信息。

List 7-7 变换为编码并发送请求　　List 7-7.txt

```
1 using System;
2 using System.Collections.Generic;
3 using System.ComponentModel;
4 using System.Data;
5 using System.Drawing;
6 using System.Linq;
7 using System.Text;
8 using System.Threading.Tasks;
9 using System.Windows.Forms;
10 using System.Net.Http;
11
12 namespace WeatherChecker
13 {
14     public partial class Form1 : Form
15     {
16         Dictionary<string, string> cityNames;
17
18         public Form1()
19         {
20             InitializeComponent();
21
22             this.cityNames = new Dictionary<string, string>();
23
24             this.cityNames.Add("东京都", "3");
```

```
25            this.cityNames.Add("大阪府", "1");
26            this.cityNames.Add("爱知县", "2");
27            this.cityNames.Add("福冈县", "10");
28
29            foreach (KeyValuePair<string, string> data in this.cityNames)
30            {
31                areaBox.Items.Add(data.Key);
32            }
33        }
34
35        private void CitySelected(object sender, EventArgs e)
36        {
37            // 访问天气预报服务
38            string cityCode = cityNames[areaBox.Text];
39            string url =
40                "https://and-idea[illegible]=" +
41                cityCode;
42            HttpClient client = new HttpClient();
43            string result = client.GetStringAsync(url).Result;
44        }
45    }
46 }
```

在第 38 行中，通过 areaBox.Text 取得在 ComboBox 中选择的都道府县名称，以该都道府县名称为 key，从 cityNames 的字典中取出都道府县编码。

在第 39 ~ 41 行中，将得到的都道府县编码连接在天气预报服务的 URL 后面。

在第 42 行和第 43 行中，使用 **HttpClient 类**的 **GetStringAsync 方法**访问网站，通过 **Result 属性**取得返回的信息，并赋值给 result 变量。Result 属性存储了访问 URL 获得的值。

HttpClient 类包含在 System.Net.Http 命名空间中，为了不写 System.Net.Http.HttpClient 就可以使用类，在第 10 行中添加了“using System.Net.Http;”。

样例文件 ▸ C#程序源码\第7章\List 7-8.txt

样例 06 编写事件处理程序：分析天气信息

分析从网站返回的值，从中检索天气图标信息，并将结果显示在窗体中。让我们先看看返回了什么样的信息。试着在浏览器中访问显示东京都天气的 URL（东京都天气的请求）（具体地址见下载的电子文档）。

请求结果如下图所示（请求结果的显示因浏览器而异）。这个请求结果是以 JSON（JavaScript Object Notation）的形式写的。加底纹的部分表示想要显示的天气图标的 URL[1]。但是，要编写分析这个结果并取出图标 URL 的程序稍微需要一些时间。

Fig 访问URL的结果

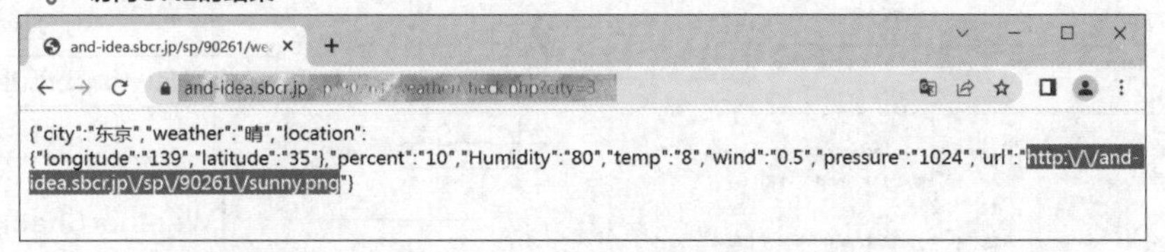

像这样的请求，可以使用专门用于分析的软件包，如分析 JSON 的软件包。

在 Visual Studio 中，如果想使用别人编写的软件包，可以使用像 **NuGet** 这样方便的管理系统。NuGet 是软件包管理系统，使用 NuGet 可以下载已发布的软件包。

如果使用 NuGet，可以从菜单栏中选择"工具"→"NuGet 包管理器"→"管理解决方案的 NuGet 程序包"命令。

Fig 使用 NuGet①

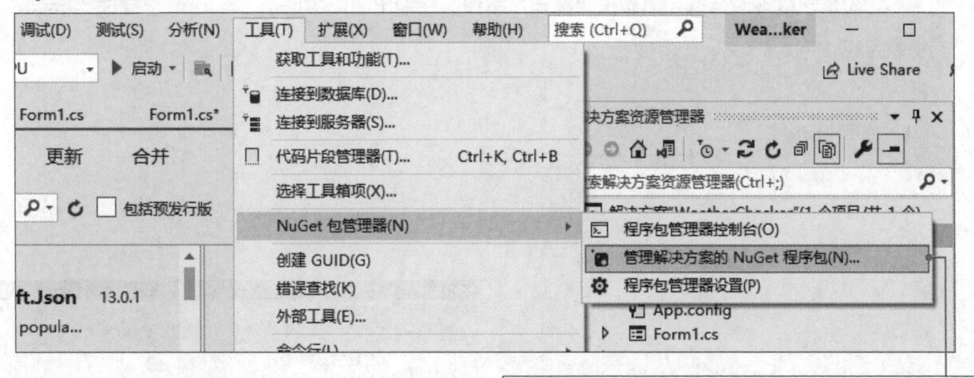

下面的图是 NuGet 软件包的管理界面。选择窗口左上角的 **"浏览"** 选项卡，在搜索栏中输入 **json**，搜索 json 相关的软件包，从检索结果中查找并单击 **Newtonsoft.Json**。Newtonsoft.Json 是分析 JSON 格式的数据的软件包。

另外，为了选择安装软件包的项目，勾选界面右侧的 **WeatherChecker 复选框**，然后单击 **"安装"** 按钮。

Fig 使用 NuGet②

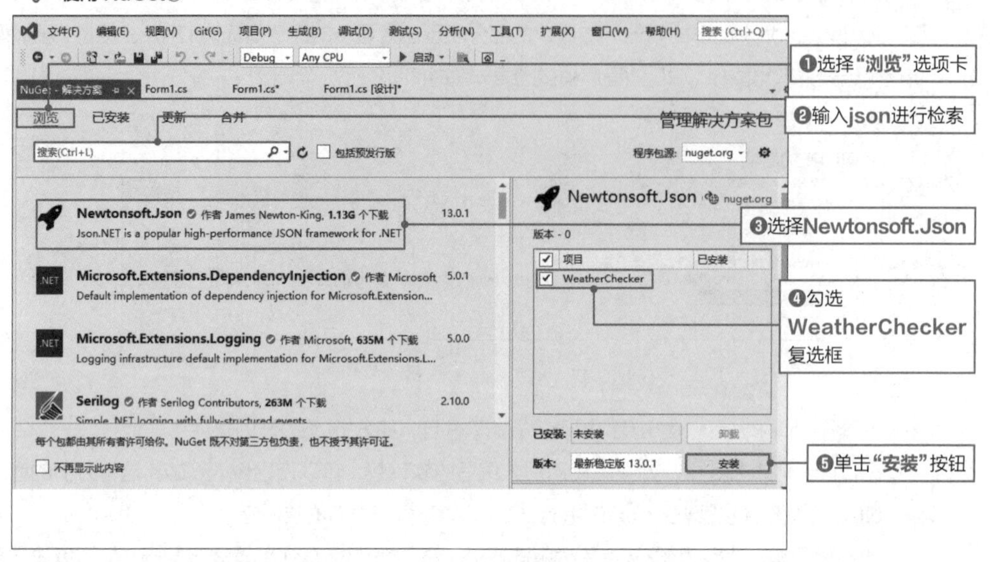

如果显示以下对话框，请单击**"确定"**按钮。在输出窗口中显示"====== 已完成 ======"，则安装完成。

Fig 使用NuGet③

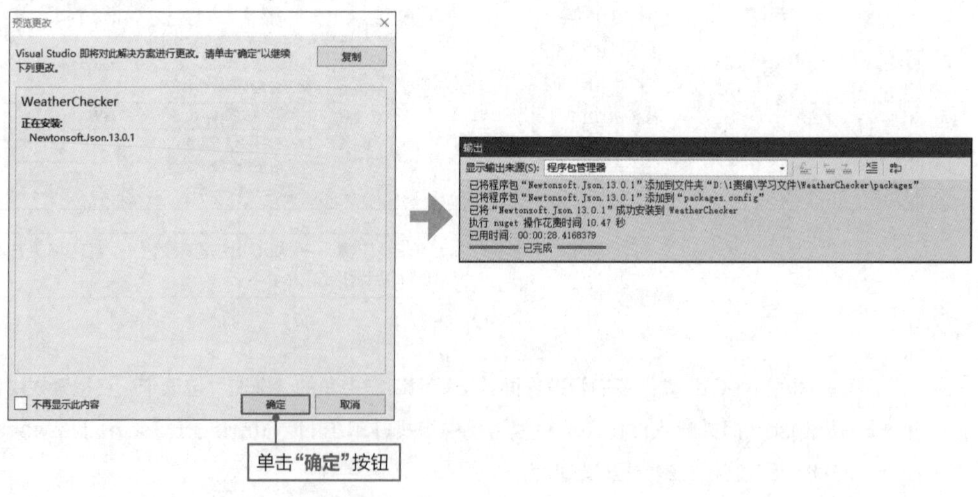

这样，JSON 的解析库就已安装并可以使用了。下面的程序是分析从网站上取得的 JSON 字符串，并显示天气图标。请在 List 7-7 中追加输入以下代码。

List 7-8　分析字符串并取得天气图标　　　　List 7-8.txt

```
1  using System;
2  using System.Collections.Generic;
3  using System.ComponentModel;
4  using System.Data;
5  using System.Drawing;
6  using System.Linq;
7  using System.Text;
8  using System.Threading.Tasks;
9  using System.Windows.Forms;
10 using System.Net.Http;
11 using Newtonsoft.Json.Linq;
12 
13 namespace WeatherChecker
14 {
15     public partial class Form1 : Form
16     {
17         Dictionary<string, string> cityNames;
18 
19         public Form1()
20         {
21             InitializeComponent();
22 
23             this.cityNames = new Dictionary<string, string>();
24 
25             this.cityNames.Add("东京都", "3");
26             this.cityNames.Add("大阪府", "1");
27             this.cityNames.Add("爱知县", "2");
28             this.cityNames.Add("福冈县", "10");
29 
30             foreach (KeyValuePair<string, string> data in this.cityNames)
31             {
32                 areaBox.Items.Add(data.Key);
33             }
34         }
35 
36         private void CitySelected(object sender, EventArgs e)
37         {
38             // 访问天气预报服务
39             string cityCode = cityNames[areaBox.Text];
40             string url =
41                 "https://and-idea[illegible]=" +
42                 cityCode;
43             HttpClient client = new HttpClient();
44             string result = client.GetStringAsync(url).Result;
```

```
45
46                  // 根据天气预报取出图标的URL
47                  JObject jobj = JObject.Parse(result);
48                  string todayWeatherIcon = (string)((jobj["url"] as JValue).Value);
49                  weatherIcon.ImageLocation = todayWeatherIcon;
50              }
51          }
52  }
```

试着运行一下程序，确认是否可以得到正确的结果。

Fig 显示所选都道府县的天气图标

分析从网站上获得的天气信息

为了分析 JSON 数据，使用了刚才安装的 **Newtonsoft.Json 软件包**。在第 11 行中，已添加“using Newtonsoft.Json.Linq; ”。在使用新安装的软件包时，需要添加 using 语句。

在第 47 ~ 49 行中，使用已经安装的软件包读取天气图标的 URL（软件包的详细使用方法参考软件包的源网站）。在第 47 行中，将 result 变量传递给 **Parse 方法**的参数，以解析 JSON 格式的数据，并将其赋给 jobj 变量。

在第 48 行中，从 jobj 变量中读取天气图标信息。在 jobj[参数] 中指定要从 JSON 中读取的项目的 key（这里是 url），可以取出对应于 key 的值（这里是天气图标的信息）。在第 49 行中，在 PictureBox 的 **ImageLocation 属性**中指定天气图标的 URL，并显示在窗体中。

另外，使用天气预报服务显示的各地的天气状况如下所示。

Fig　各地的天气信息

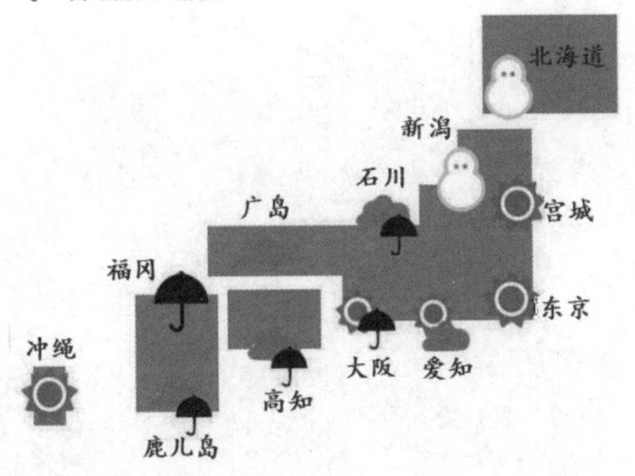

软件包

软件包是程序库、配置文件、文档等的集合。如果自己从头开始编写，会遇到很多困难，合理使用软件包有时会变得很轻松。

样例

07 改变窗体的背景颜色

天气图标的背景是白色，而窗体的背景是灰色，所以图标有浮起的感觉。需要改变窗体的背景颜色，使其与图标的白色一致。

在 Windows 窗体设计器中选择 **Form1**，在属性窗口中将 **BackColor** 设定为 **Window**。在 BackColor 属性中可以更改窗体的背景颜色。

Fig　选择窗口的背景颜色

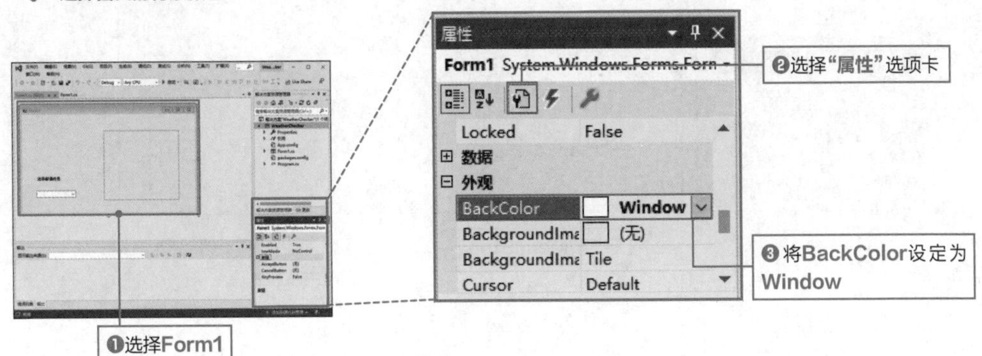

再运行一次，确认窗体的背景颜色是否变为了白色。

Fig 运行以查看背景颜色

样例文件▸ C#程序源码\第7章\List 7-9.txt

样例 08 添加菜单栏

最后，在窗体顶部添加**菜单栏**。在此添加用于结束天气预报应用程序的“结束”菜单。

与其他控件一样，也从工具箱中将菜单栏拖放到窗体中。从工具箱的**“菜单和工具栏”**区中将**MenuStrip**拖放到窗体中。

Fig 配置菜单栏

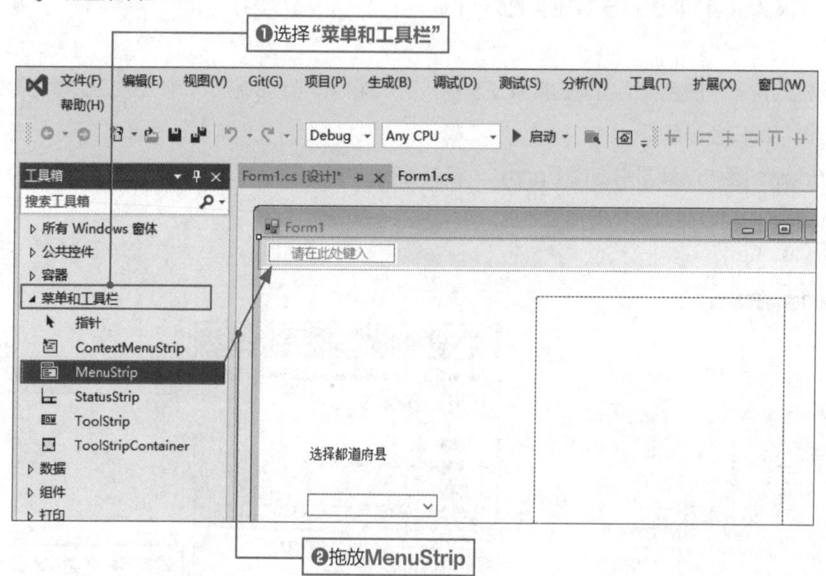

在窗体顶部的“请在此处输入”文本框中输入**“文件”**，在其下方的组合框中输入**“结束”**。

Fig　**设置菜单项**

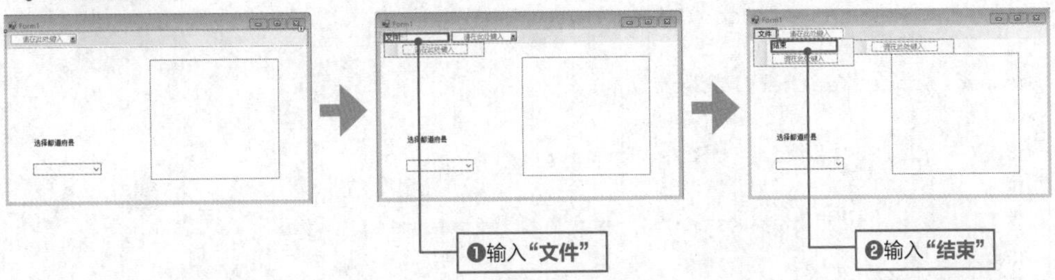

单击菜单栏中的项目时，将触发 Click 事件。因此，在“结束”按钮的 Click 事件中添加事件处理程序，用于结束应用程序。在窗体中选择“结束”，在属性窗口的 **Click** 中输入 **ExitMenuClicked**，然后按 Enter 键。

Fig　**添加事件处理程序**

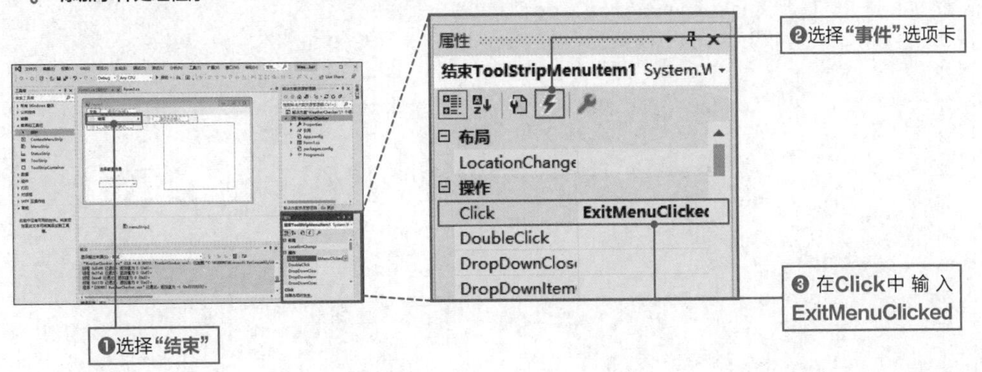

选择“结束”菜单后，将退出应用程序，因此在添加的事件处理程序中编写关闭应用程序的处理代码。打开 **Form1.cs**，添加以下程序。

List 7-9　**“结束”菜单的事件处理程序**　　List 7-9.txt

```
1 using System;
2 using System.Collections.Generic;
3 using System.ComponentModel;
4 using System.Data;
5 using System.Drawing;
6 using System.Linq;
7 using System.Text;
```

```
8  using System.Threading.Tasks;
9  using System.Windows.Forms;
10 using System.Net.Http;
11 using Newtonsoft.Json.Linq;
12
13 namespace WeatherChecker
14 {
15     public partial class Form1 : Form
16     {
17         Dictionary<string, string> cityNames;
18
19         public Form1()
20         {
21             InitializeComponent();
22
23             this.cityNames = new Dictionary<string, string>();
24
25             this.cityNames.Add("东京都", "3");
26             this.cityNames.Add("大阪府", "1");
27             this.cityNames.Add("爱知县", "2");
28             this.cityNames.Add("福冈县", "10");
29
30             foreach (KeyValuePair<string, string> data in this.cityNames)
31             {
32                 areaBox.Items.Add(data.Key);
33             }
34         }
35
36         private void CitySelected(object sender, EventArgs e)
37         {
38             // 访问天气预报服务
39             string cityCode = cityNames[areaBox.Text];
40             string url =
41                 "https://and-idea[illegible]=" +
42                 cityCode;
43             HttpClient client = new HttpClient();
44             string result = client.GetStringAsync(url).Result;
45
46             // 根据天气预报取出图标的URL
47             JObject jobj = JObject.Parse(result);
48             string todayWeatherIcon = (string)((jobj["url"] as JValue).Value);
49             weatherIcon.ImageLocation = todayWeatherIcon;
50         }
51
52         private void ExitMenuClicked(object sender, EventArgs e)
```

```
53          {
54              // 关闭窗体
55              this.Close();
56          }
57      }
58  }
```

为了可以从程序中退出应用程序，使用 Form 类的 Close 方法。使用 this.Close() 关闭当前打开的窗体。运行程序，确认是否可以从菜单栏退出应用程序。

Fig 确认是否可以从菜单栏退出应用程序

这个样例介绍了组合框 ComboBox 的使用方法，使用 NuGet 下载已发布的应用软件包的方法，以及使用 MenuStrip 设计菜单栏的方法。在实际开发中也经常使用别人创建的类，如果能很好地使用开源软件包，编程会变得很方便。

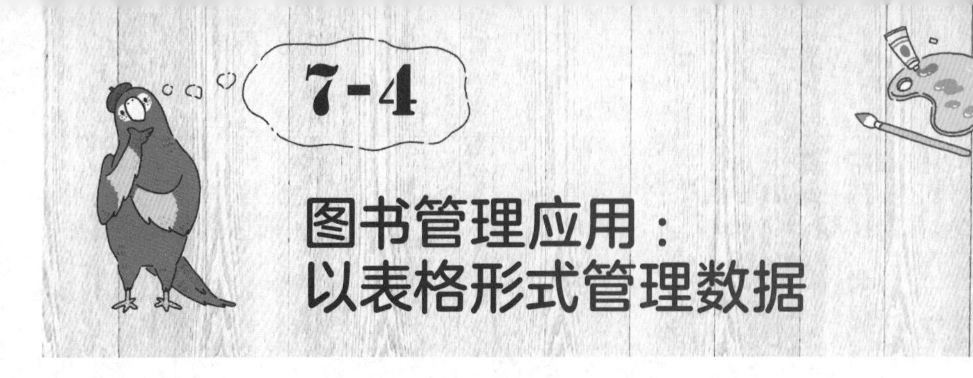

图书管理应用：以表格形式管理数据

本节将开发一个记录预订购买书籍的应用程序。输入书名、作者、价格后单击“注册”按钮，在应用程序界面的表格中会追加书籍信息。此外，在窗体中单击“删除”按钮，可以删除选定的图书信息。图书管理应用程序的界面如下图所示。通过这个样例，学习使用数据网格视图的数据管理方法。

Fig 图书管理应用程序的窗体

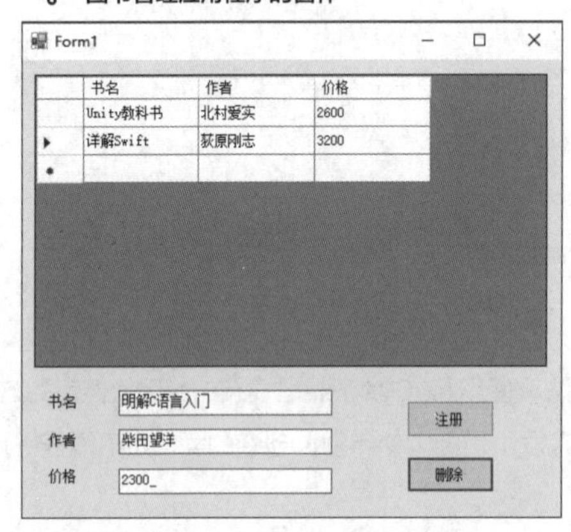

 图书管理应用程序的设计步骤

像之前的样例一样，按照以下 3 个步骤进行应用程序的设计。

Windows应用程序的设计步骤

步骤① 在窗体中添加控件。

步骤② 在控件中添加事件处理程序。

步骤③ 根据输入编写相应的事件处理程序。

♦ 步骤①：在窗体中添加控件

基于图书管理应用程序的窗体布局，考虑需要配置的控件。这里包括用于以表格形式显示图书数据的**数据网格视图（DataGridView）**，输入书名和作者名字的两个文本框（TextBox），一个输入价格的**掩码文本框（MaskedTextBox）**，显示“书名”“作者”“价格”的三个**标签（Label）**和用于“注册”和“删除”的两个**按钮（Button）**。

为了使输入价格的文本框不能输入数值以外的值，使用掩码文本框而不是普通文本框。

Fig　要对齐的控件

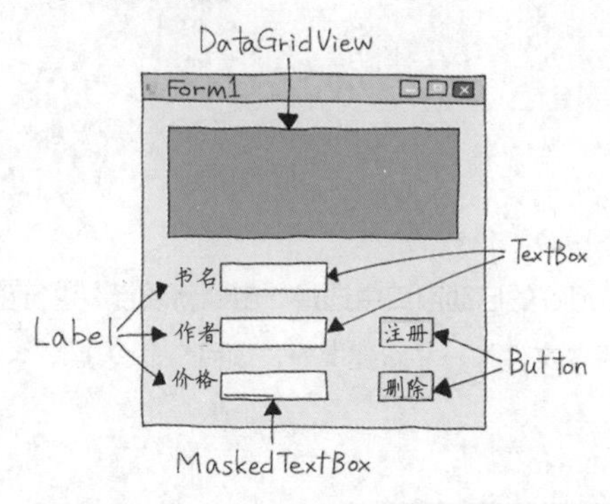

♦ 步骤②：在控件中添加事件处理程序

单击“注册”按钮，将图书信息添加到数据网格视图中，这里需要对按钮添加一个单击事件处理程序。因为单击“删除”按钮时会从数据网格视图中删除书籍信息，所以在“删除”按钮的 Click 事件中也会追加处理方法。

Fig　添加的事件处理程序

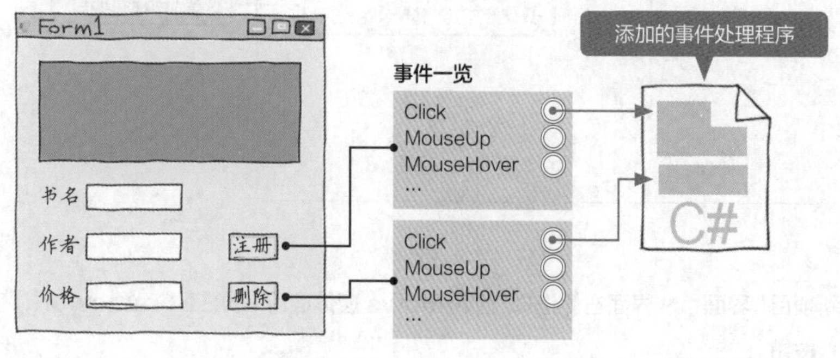

♦ 步骤③：根据输入编写相应的事件处理程序

在“注册”按钮的事件处理程序中，编写将文本框和掩码文本框中输入的图书数据添加到数据网格视图中的代码。在“删除”按钮的事件处理程序中，编写删除数据网格视图中选择行的数据的处理代码。

Fig 在事件处理程序中编写处理程序

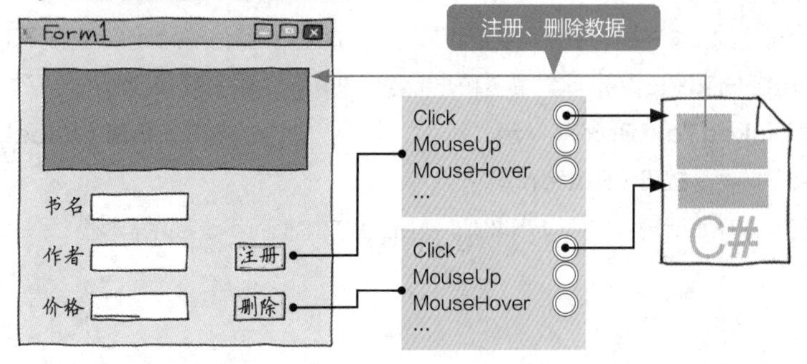

样例 01 创建项目

创建新的图书管理应用程序项目。从 Visual Studio 的启动窗口中选择**"创建新项目"**进行创建（如果已经打开 Visual Studio，可以从菜单栏中选择"文件"→"新建"→"项目"命令）。

Fig 创建项目①

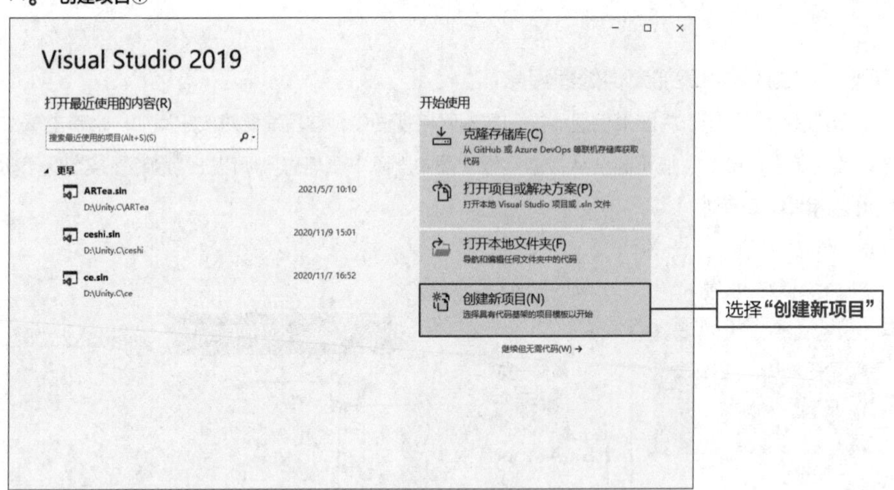

打开"创建新项目"界面，从界面右侧选择**"Windows 窗体应用(.NET Framework)"**，然后单击**"下一步"**按钮。

Fig 创建项目②

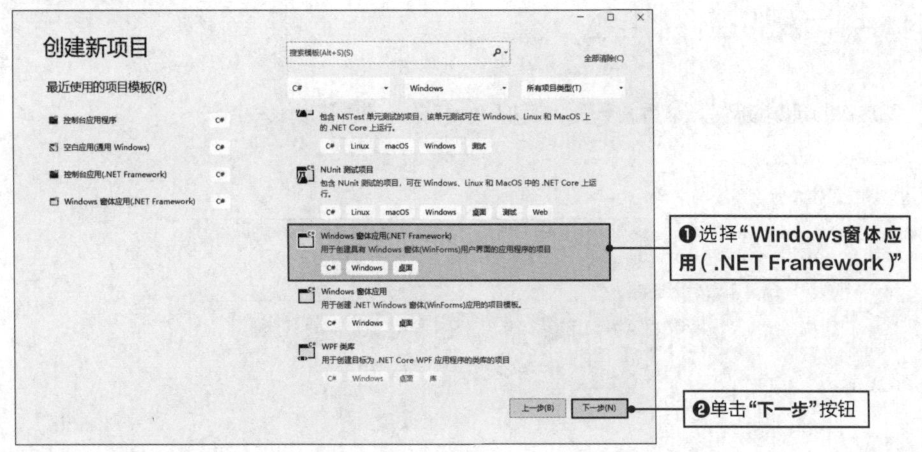

这里把项目命名为 BookManager。指定项目的保存位置（任意），然后单击"创建"按钮。

Fig 设置项目名称和保存位置

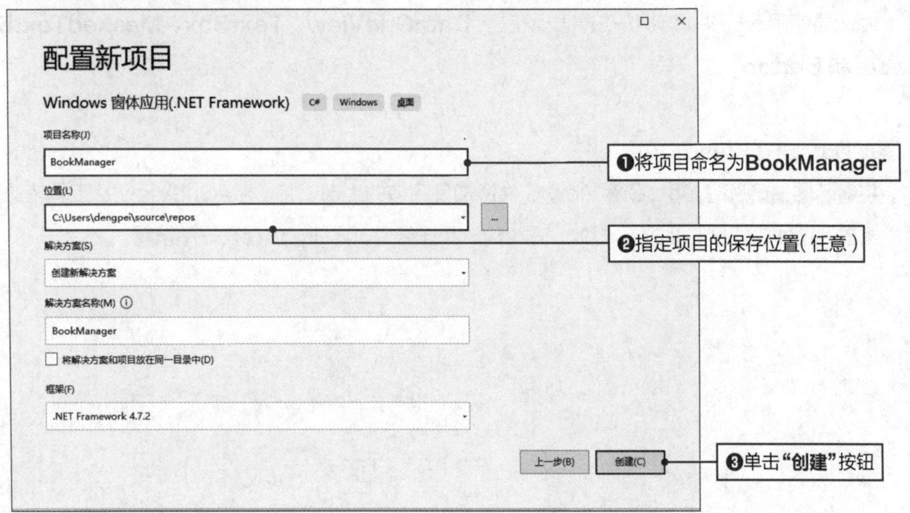

样例 02 添加控件

这次把窗体的尺寸整体调大一点。拖动 Form1 的一端调整窗体大小。

Fig 调整窗体大小

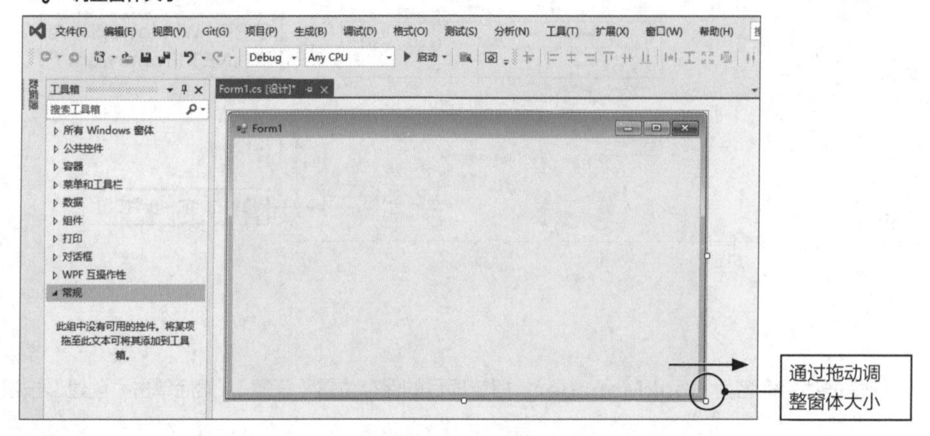

添加要使用的控件。这次的控件类型包括 **DataGridView、TextBox、MaskedTextBox、Label 和 Button**。

♦ 添加DataGridView

将显示图书信息的 DataGridView 控件添加到窗体的上部。将 DataGridView 从工具箱的数据区中拖放到窗体中。此时会打开“DataGridView 任务栏”界面，但现在先不设置。

Fig 配置DataGridView

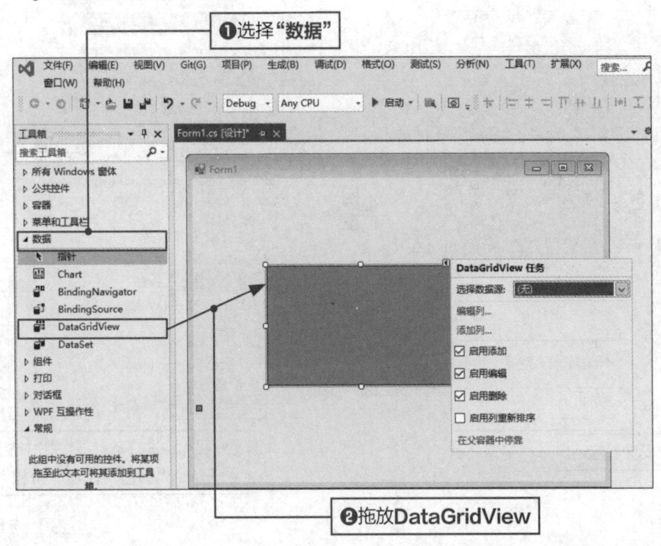

调整 DataGridView 的位置和大小，如下图所示，然后选择属性窗口中的**"属性"**选项卡，在 **(Name)** 属性栏中输入 **bookDataGrid**。

Fig 设定DataGridView的大小和名称

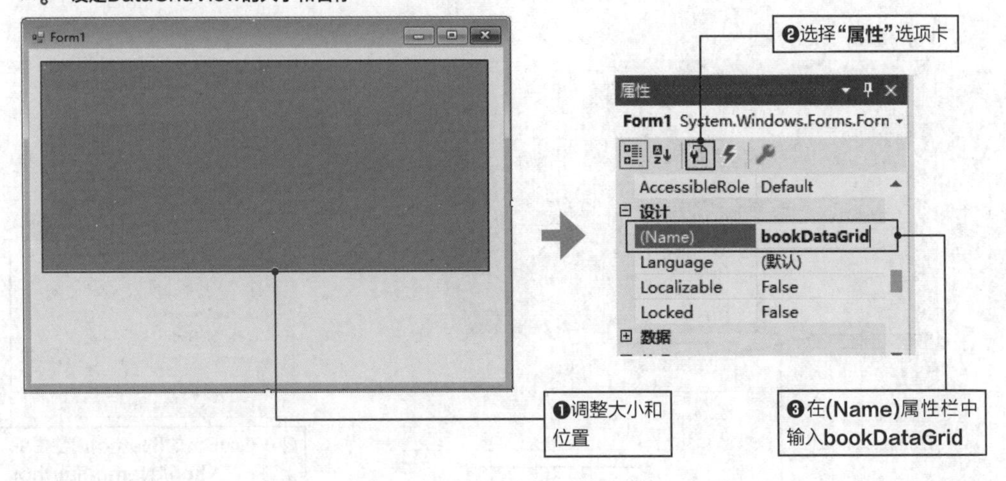

♦ 添加Label

这里需要添加 3 个 Label。将 **Label** 从工具箱的公共控件区中拖放到窗体中 3 次，然后按下图所示进行放置。接着，从最上面的 Label 开始，在属性窗口的 **Text** 属性栏中分别输入**"书名""作者""价格"**。Label 不会通过程序进行更改，因此不用设置 Name 属性。

Fig 配置Label

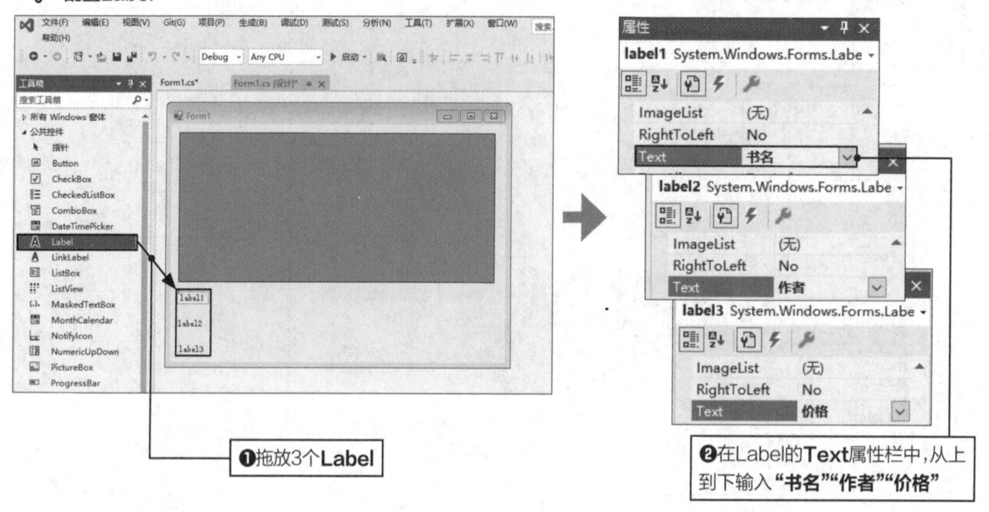

♦ 添加TextBox

接下来，添加用于输入书名和作者信息的 TextBox。将 TextBox 从工具箱的公共控件区中拖放到窗体中 2 次，分别放置在书名 Label 和作者 Label 的右侧。此外，从上面的 TextBox 开始，在属性窗口的 **(Name)** 属性栏中分别输入 **bookName** 和 **author**。

Fig 配置 TextBox

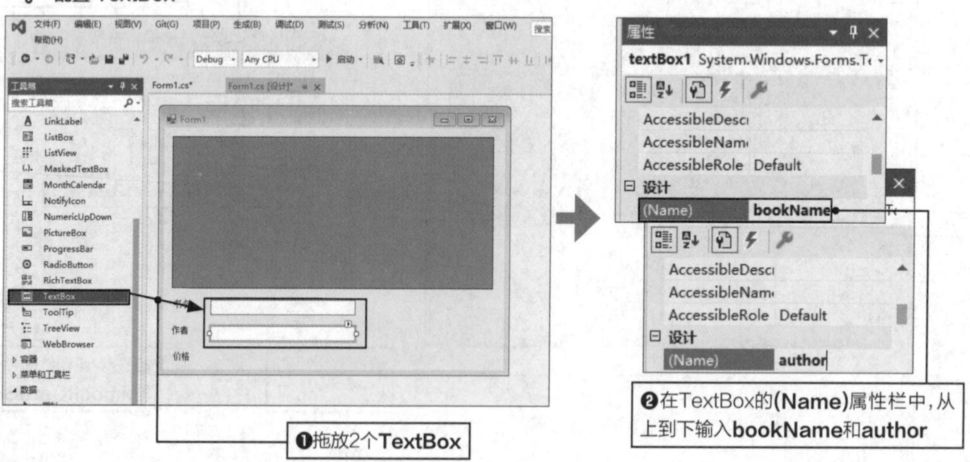

♦ 添加MaskedTextBox

在"价格"的输入框中不希望输入数值以外的值，所以不使用 TextBox，而是使用 MaskedTextBox。MaskedTextBox 可以限制输入字符串的格式。

从工具箱的公共控件区中拖放 **MaskedTextBox** 到窗体中，调整大小使其与其他控件对齐。此外，在属性窗口的 **(Name)** 属性栏中输入 **price**。

Fig　配置MaskedTextBox

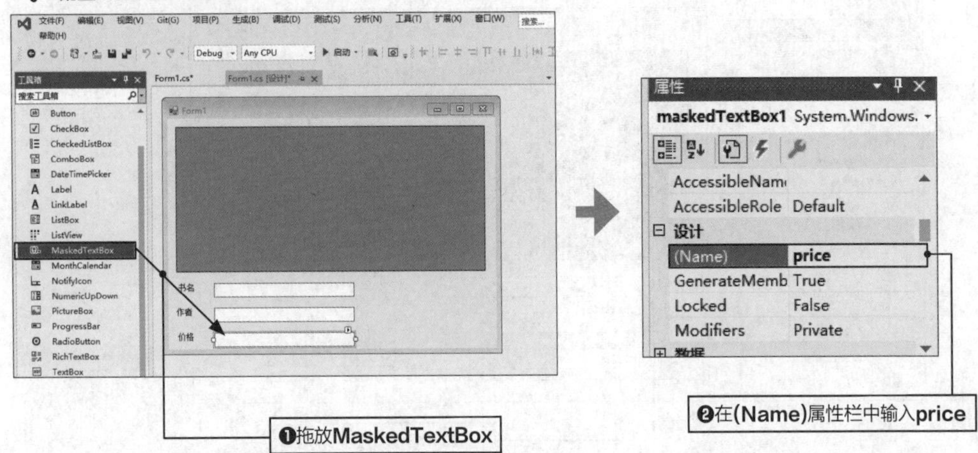

为了使 MaskedTextBox 只能输入“5 位以内的数值”，在属性窗口的 **Mask** 属性栏中输入 **00000**。

Fig　设定 MaskedTextBox输入值的限定条件

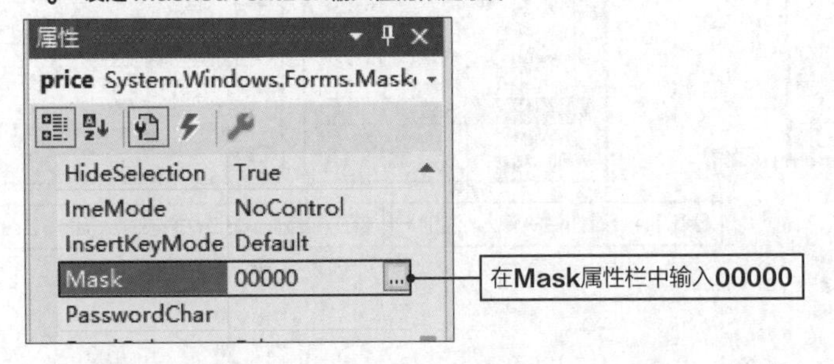

♦ 添加Button

添加“注册”和“删除”按钮。将工具箱的公共控件区中的 Button 添加 2 次到窗体右下角，调整成便于查看的大小。上面是“注册”按钮，下面是“删除”按钮，在属性窗口的 **Text** 属性栏中输入 **“注册”** 和 **“删除”**。此外，请在 **(Name)** 属性栏中分别输入 **addButton** 和 **removeButton**。

Fig 配置 Button

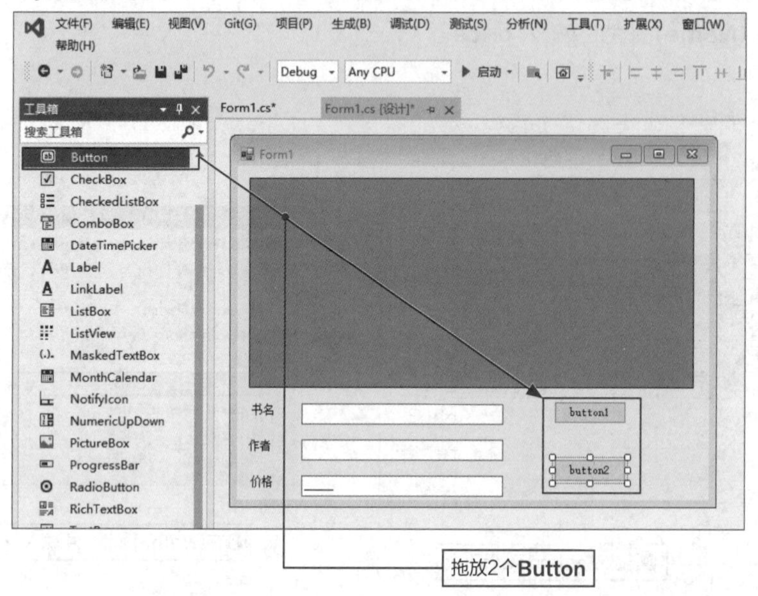

Fig 设置"注册"按钮的属性

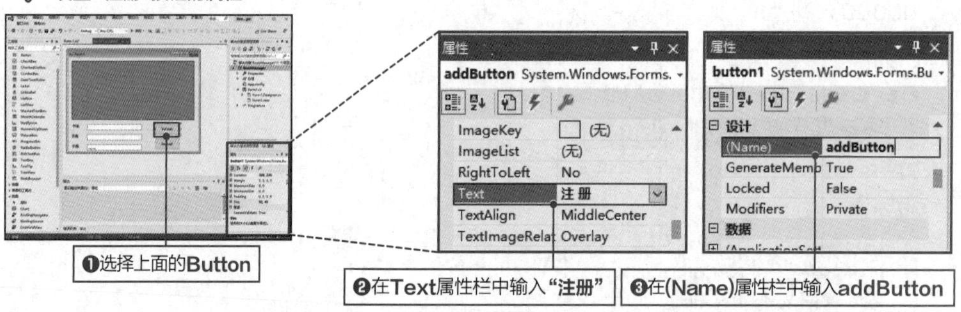

Fig 设置"删除"按钮属性

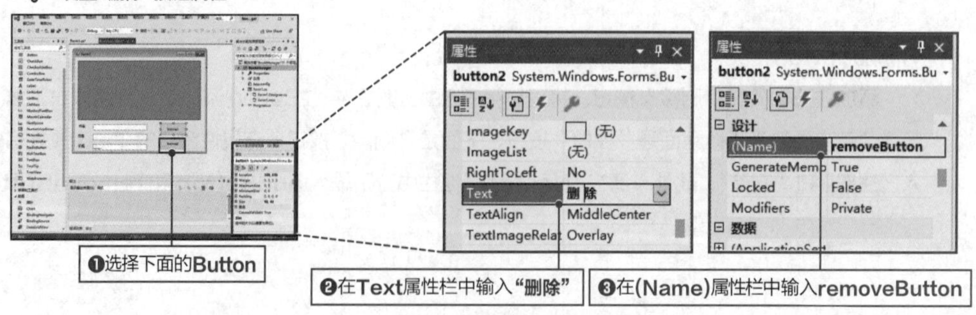

至此，已经将全部的控件都配置好了，试着运行一下。

Fig　运行应用程序

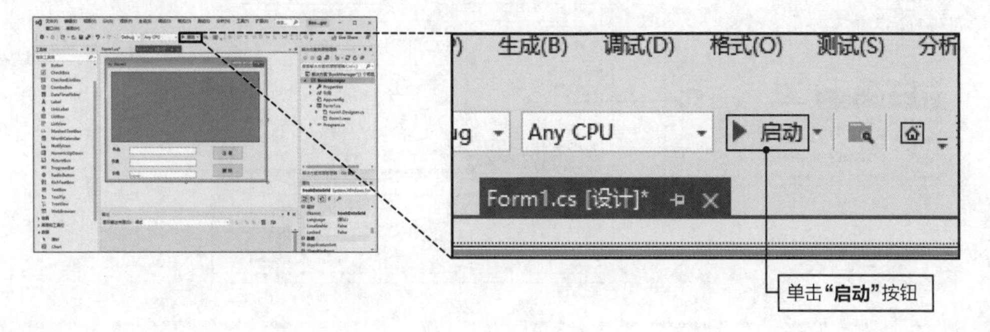

Fig　应用程序运行界面

MaskedTextBox

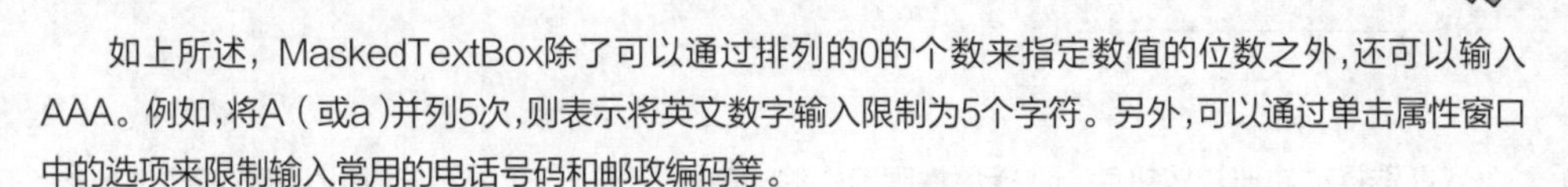

如上所述，MaskedTextBox除了可以通过排列的0的个数来指定数值的位数之外，还可以输入AAA。例如，将A（或a）并列5次，则表示将英文数字输入限制为5个字符。另外，可以通过单击属性窗口中的选项来限制输入常用的电话号码和邮政编码等。

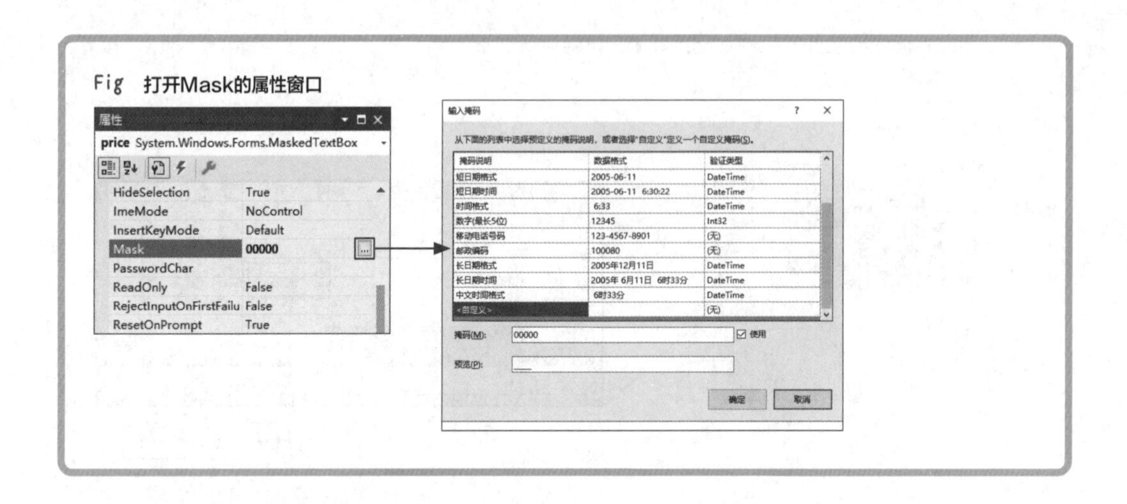

Fig　打开Mask的属性窗口

样例 03　添加事件处理程序

当单击“注册”按钮时，为了获取输入的书名、作者、价格信息并显示在 DataGridView 中，在“注册”按钮的 Click 事件中添加名为 **AddButtonClicked** 的事件处理程序。此外，当单击“删除”按钮时，因为想删除在 DataGridView 中选择的图书数据，所以在“删除”按钮的 Click 事件中添加名为 **RemoveButtonClicked** 的事件处理程序。

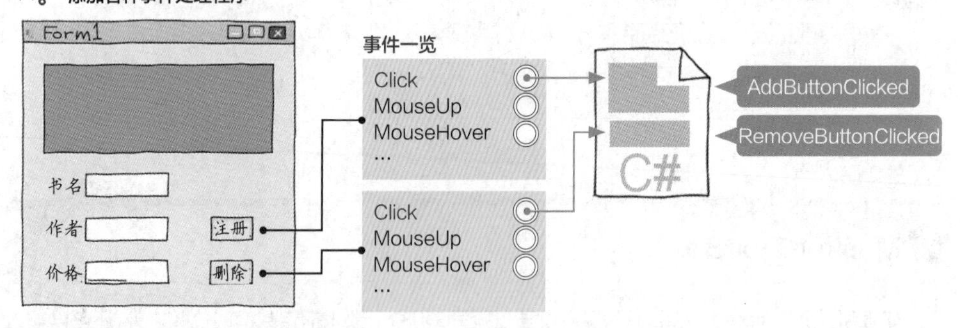

Fig　添加各种事件处理程序

在选择“注册”按钮后，选择属性窗口中的 **“事件”** 选项卡。显示 Button 接收的事件列表，在 **Click** 属性栏中输入 **AddButtonClicked**，然后按 Enter 键。

Fig　添加“注册”按钮的事件处理程序

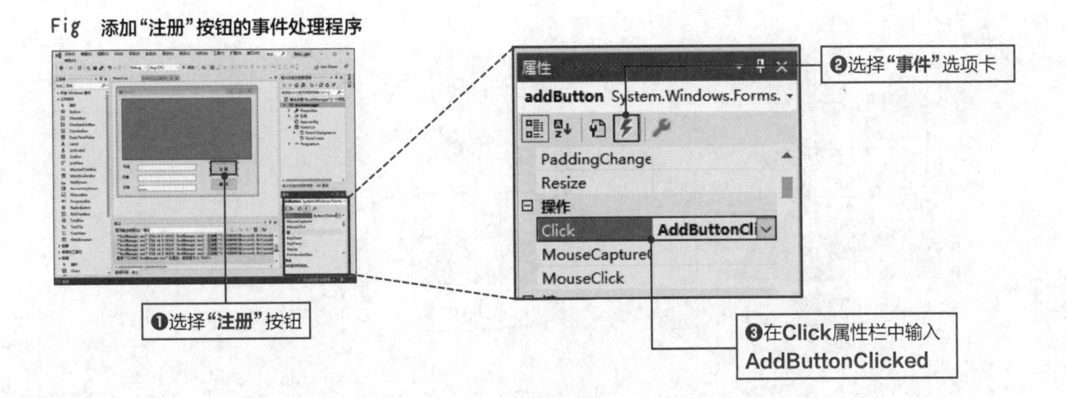

在“删除”按钮中也添加事件处理程序。返回 **Form1.cs[设计]** 选项卡，选择 **“删除”** 按钮，在属性窗口的 **Click** 属性栏中输入 **RemoveButtonClicked**，然后按 Enter 键。

Fig　添加“删除”按钮的事件处理程序

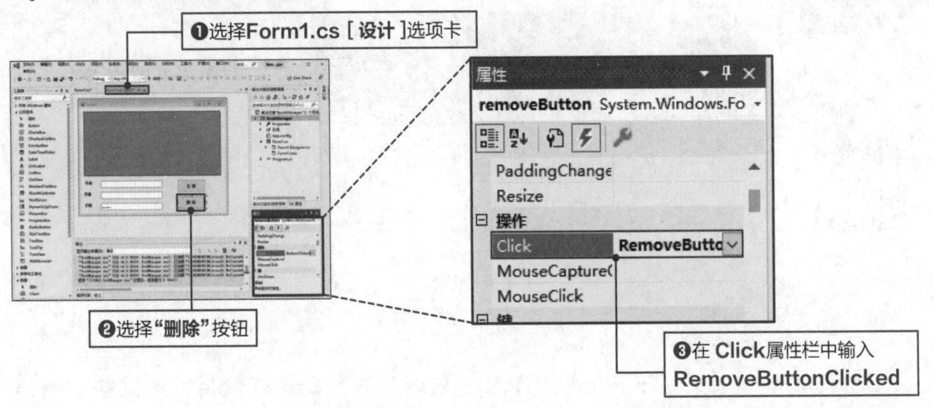

样例 04　将DataGridView和DataSet进行关联

在 AddButtonClicked 处理事件中，要实现从窗体的 TextBox 中获取书名和作者，从 MaskedTextBox 中获取价格，并在 DataGridView 中显示。之前已经介绍过从 TextBox 中获取数据的方法，下面对在 DataGridView 中添加数据的方法进行说明。

在 7-2 节和 7-3 节中使用 ListBox 和 ComboBox 添加元素时，直接将数据添加到这些类的 Items 属性中。

Fig Items属性

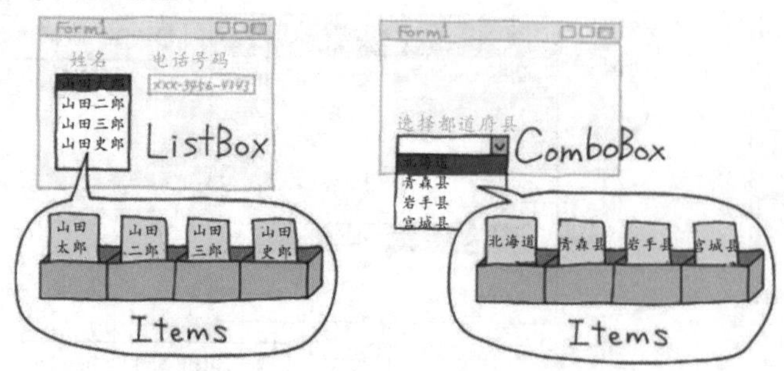

但是，DataGridView 没有类似的保存数据的 Items 属性。它是利用 **DataSet** 类来管理数据的。在 DataGridView 中显示了添加到 DataSet 中的数据。

Fig DataSet和DataGridView

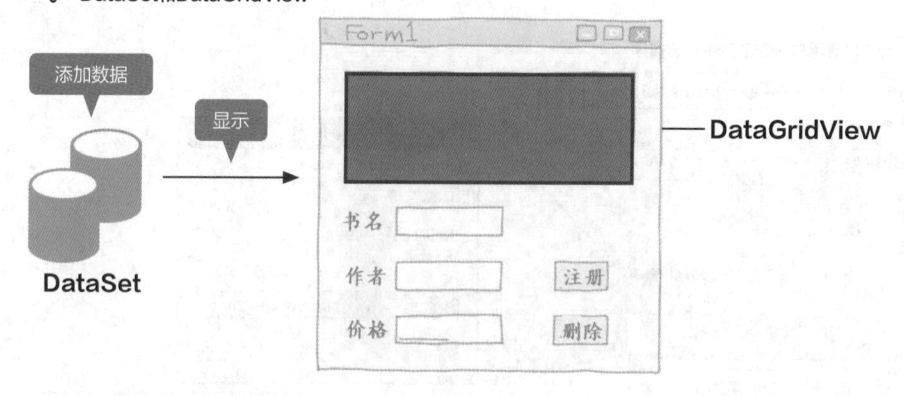

DataSet 有一个类似于 Excel 工作表的东西，称为 **DataTable**，可以将数据添加到 DataTable 中。DataTable 和 Excel 工作表一样，可以在 DataSet 内新建多个工作表。

Fig DataSet和DataTable

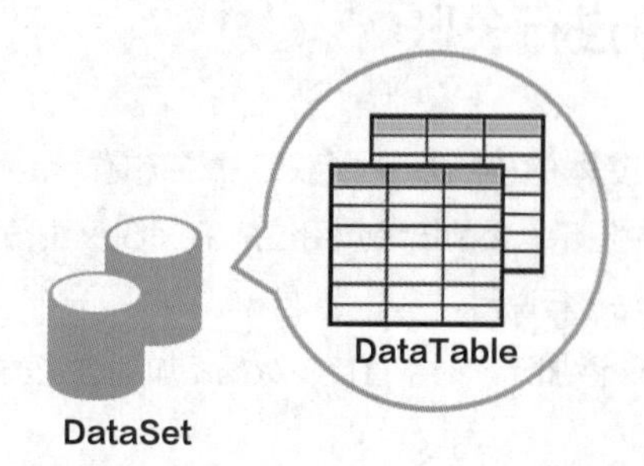

总结一下这里出现过的术语。为了以后不混乱，请好好理解以下三种关系。

- DataGridView：**用于保存显示数据的视图窗口。**
- DataSet：**用于保存DataTable的容器。**
- DataTable：**用于保存数据的像Excel一样的工作表。**

下面实际使用一下，便于理解其功能。这里按 DataSet → DataTable 的顺序创建，最后将 DataGridView 和 DataTable 关联起来。

♦ 创建DataSet

下面创建保存录入图书信息的 DataSet。右击解决方案资源管理器中的 **BookManager**，在弹出的快捷菜单中选择 **“添加”** → **“新建项”** 命令。

在“添加新项”界面左侧的项目中选择 **“Visual C# 项”** → **“数据”** 命令，从中部文件列表中选择 **“数据集”**。在 **“名称”** 中输入 **BookDataSet.xsd**，然后单击 **“添加”** 按钮。

Fig 添加 DataSet①

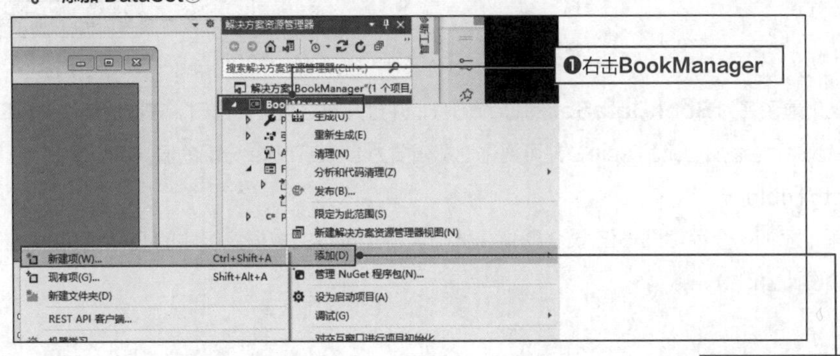

Fig 添加 DataSet②

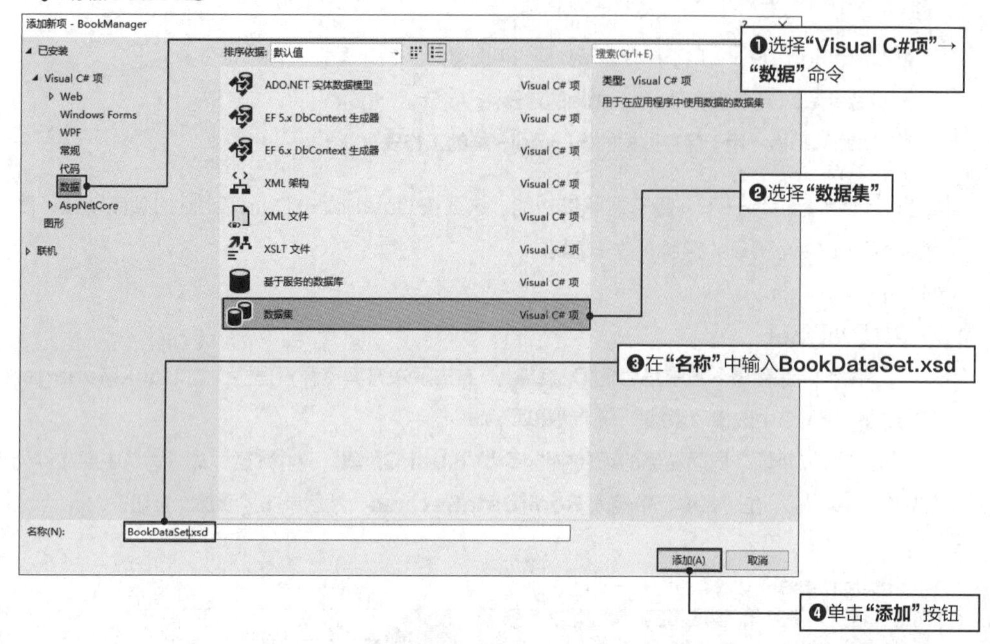

这样就创建了名为 **BookDataSet** 的 DataSet，并打开数据集设计窗口。在数据集设计窗口中，可以在 DataSet 中添加 DataTable，并可视化地编辑要为 DataTable 分配的值。

♦ 创建DataTable

接下来，添加一个存储图书信息的 DataTable。将工具箱的数据集区中的 DataTable 控件拖放到数据集设计窗口中。

Fig 配置 DataTable

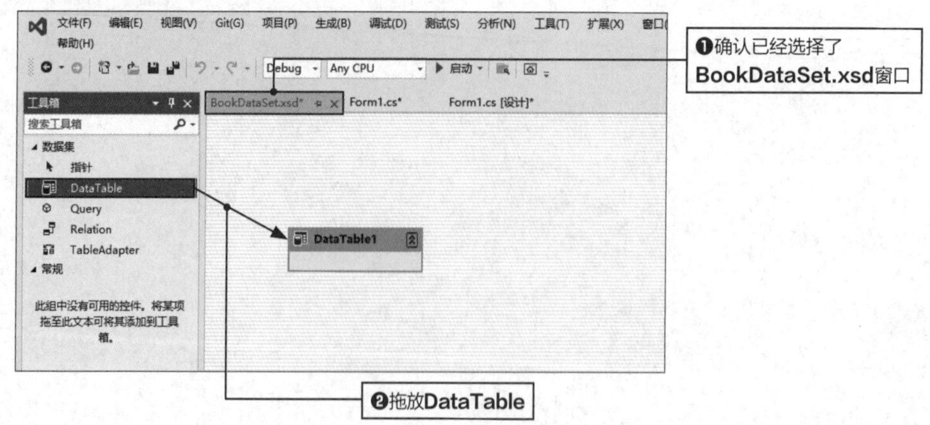

在添加图书信息时，需要通过程序访问 DataTable，所以需要设置 DataTable 的变量名称。选择添加到数据集设计窗口中的 **DataTable**，在属性窗口的 **Name** 属性栏中输入 **bookDataTable**。

Fig 设置DataTable的Name属性

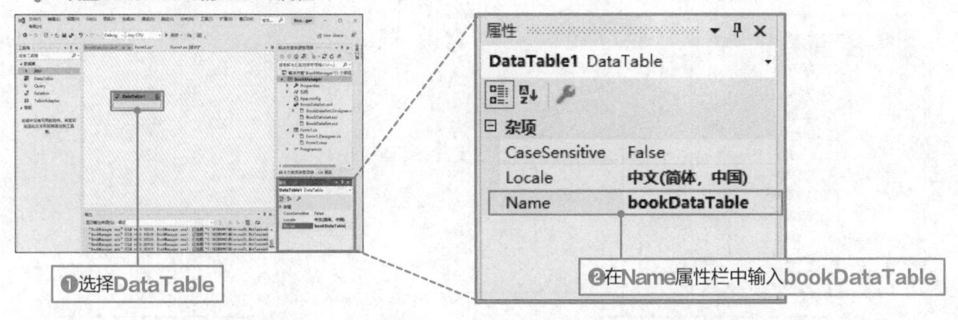

在这里再一次复习一下 DataSet 和 DataTable 的关系。DataTable 像 Excel 工作表一样保存数据。DataSet 是存储 DataTable 的容器。这次是在名为 BookDataSet 的 DataSet 中存储名为 bookDataTable 的 DataTable。

Fig BookDataSet与bookDataTable的关系

在 DataTable 中，需要预先指定要保存什么样的数据，包括指定书名、作者、价格标题和数据类型。

Fig 定义标题和数据类型

书名(string)	作者(string)	价格(int)

右击数据集设计窗口中的 **bookDataTable**，在弹出的快捷菜单中选择 **“添加”** → **“列”** 命令，添加 **DataColumn**（请注意，如果头部的 bookDataTable 文字处于编辑状态，则不会出现“添加”菜单）。

Fig **添加“书名”列①**

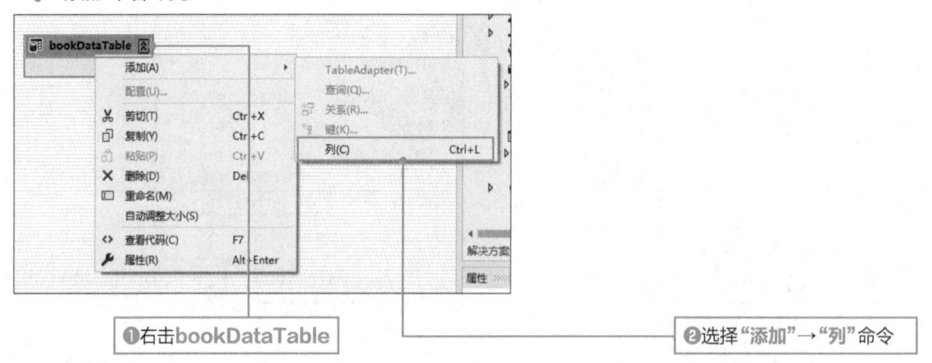

将列（DataColumn1）的名称修改为 **“书名”**（如下图所示，直接输入，或者在 (Name) 属性栏中输入“书名”）。因为想用字符串管理书名，所以在属性窗口的 **DataType** 中指定 **System.String** 类型（默认状态下自动选择 System.String）。

Fig **添加“书名”列②**

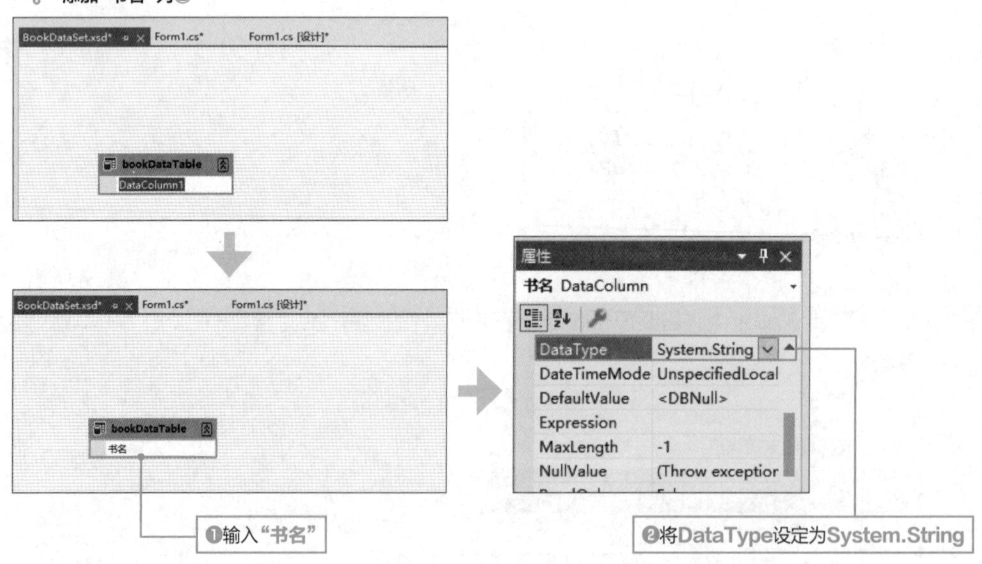

以同样的步骤添加“作者”列。右击 **bookDataTable**，在弹出的快捷菜单中选择 **“添加”** → **“列”** 命令，将列的名称修改为 **“作者”**。属性窗口中的 **DataType** 要设定为 **System.String**。

Fig 添加“作者”列

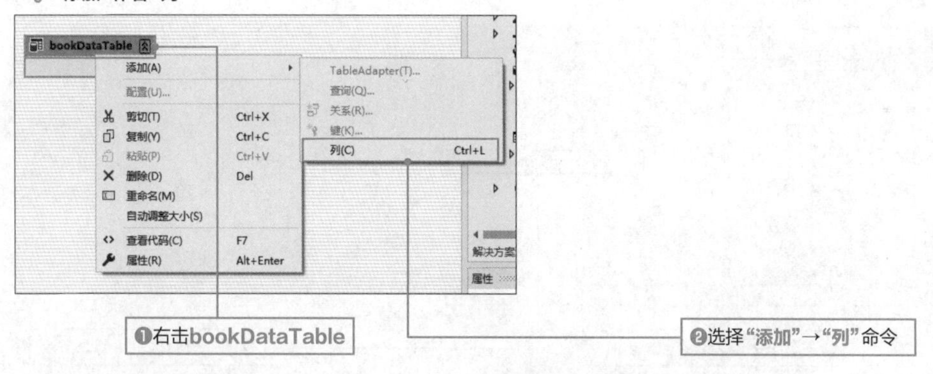

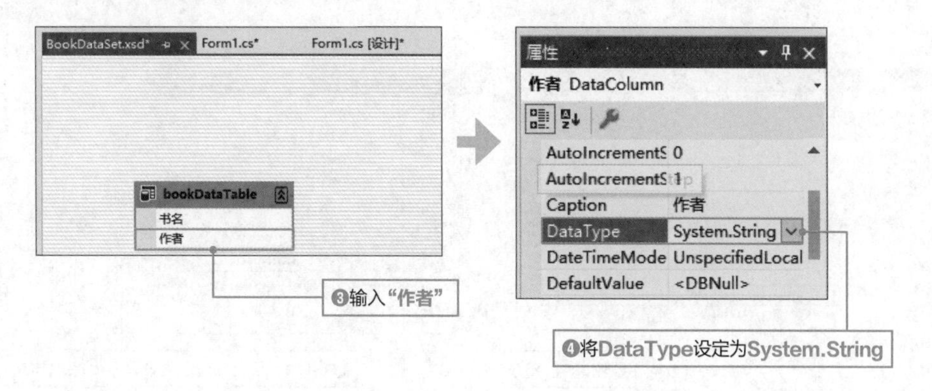

接下来添加“价格”列。右击 bookDataTable，在弹出的快捷菜单中选择**“添加”→“列”**命令，将列名称设为**“价格”**。因为价格是 int 型，所以把属性窗口中的 **DataType** 设定为 **System .Int32**。

Fig　添加“价格”列

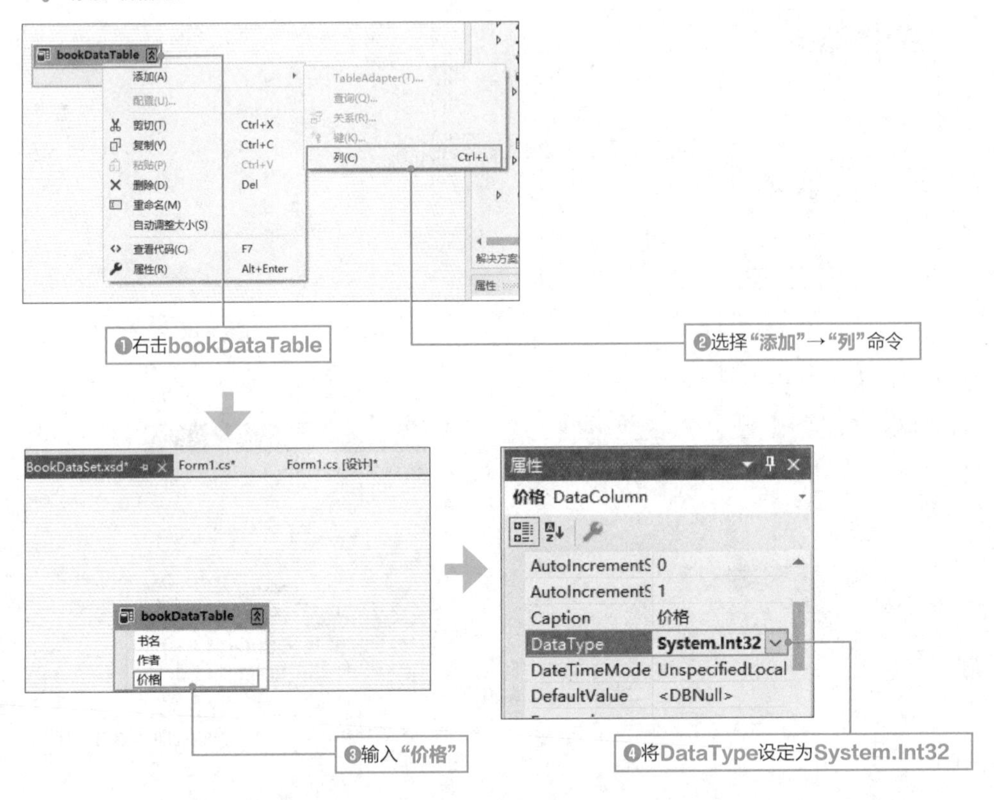

经过操作，bookDataTable 中存储的是“书名”“作者”“价格”三类数据，并将其数据类型分别定义为 string 型、string 型、int 型。

♦ 将DataGridView与DataTable进行关联

接下来，为了将所创建的 DataTable 的数据显示在窗口中的 DataGridView 上，将 DataTable（bookDataTable）与 DataGridView（bookDataGrid）进行关联。

Fig　将DataTable与DataGridView进行关联

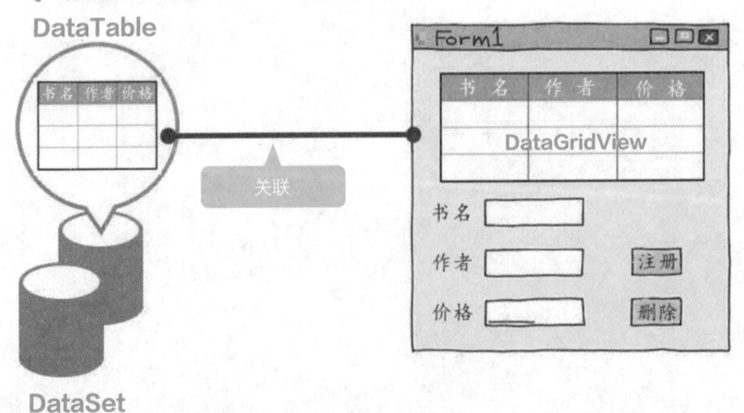

单击Form1.cs[设计]选项卡，打开设计窗体。选择窗体中的DataGridView后，会在DataGridView的右上方显示▶按钮。

Fig 将DataGridView与DataTable进行关联①

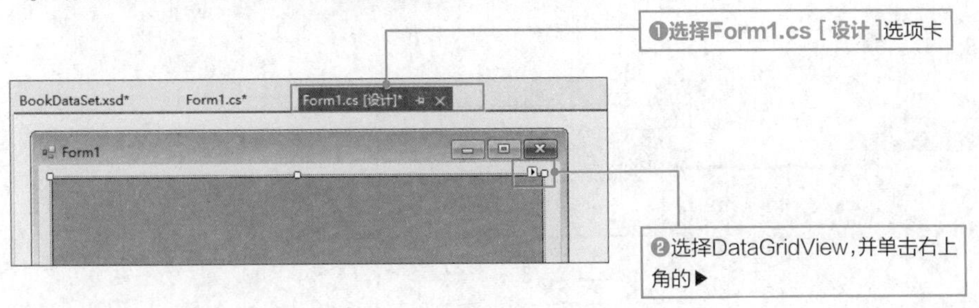

单击▶按钮后会出现“DataGridView任务”窗口，选择**“选择数据源”**→**“其他数据源”**→**“项目数据源”**→**BookDataSet**→**bookDataTable**（不要双击BookDataSet文字部分，通过单击字符开头的“>”部分进行选择）。

Fig 将 DataGridView与DataTable进行关联②

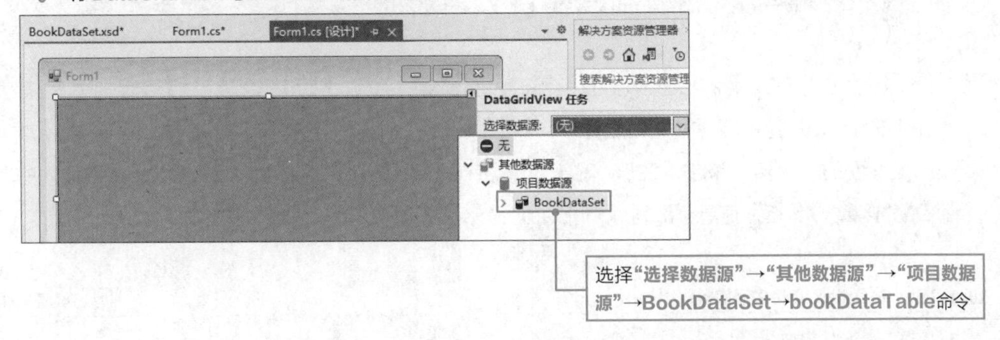

选择数据源后，在设计窗体中的DataGridView上会显示包括“书名”“作者”“价格”的表格。

Fig 将DataGridView与DataTable进行关联③

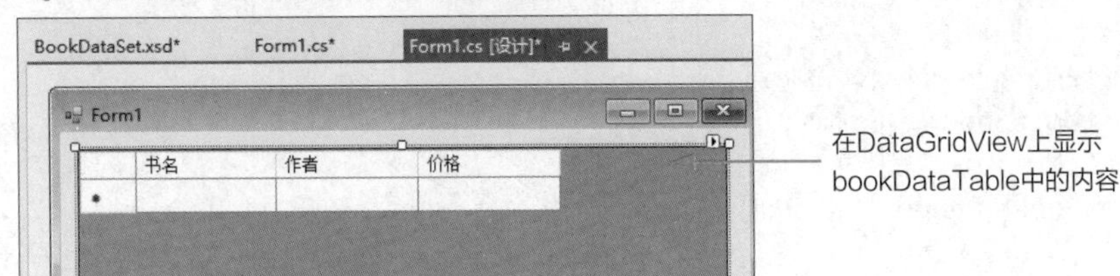

通过将 bookDataGrid 与 bookDataTable 进行关联，可以实现在 bookDataTable 中添加/删除数据的同时，在 bookDataGrid 上自动更新内容。

Fig 向DataTable中添加数据

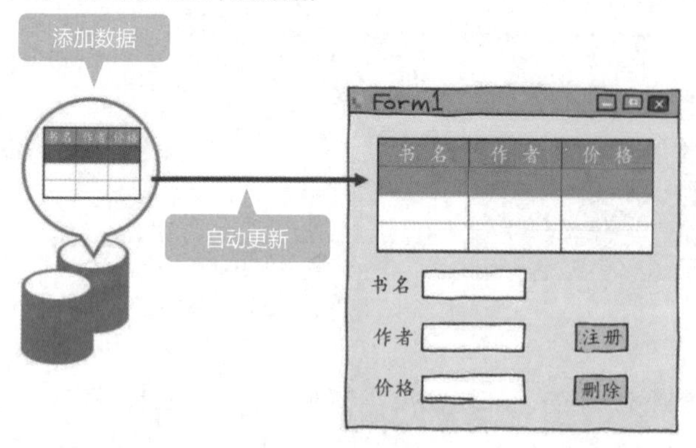

样例文件▸ C#程序源码\第7章\List 7-10.txt

样例 05 编写添加数据的事件处理程序

因为关联了 bookDataGrid 和 bookDataTable，所以下面开始着手编写添加书籍信息的 **AddButtonClicked 事件处理程序**。

下面的程序实现单击“注册”按钮时，将在 **TextBox** 和 **MaskedTextBox** 中输入的 **“书名”“作者”“价格”** 信息添加到 bookDataTable 中。打开 Form1.cs，实际输入试试。

List 7-10 在DataTable中添加数据(Form1.cs) List 7-10.txt

```
1  using System;
2  using System.Collections.Generic;
3  using System.ComponentModel;
4  using System.Data;
5  using System.Drawing;
6  using System.Linq;
7  using System.Text;
8  using System.Threading.Tasks;
9  using System.Windows.Forms;
10 
11 namespace BookManager
12 {
13     public partial class Form1 : Form
14     {
```

```
15        public Form1()
16        {
17            InitializeComponent();
18        }
19
20        private void AddButtonClicked(object sender, EventArgs e)
21        {
22            // 在DataTable中添加数据
23            bookDataSet.bookDataTable.AddbookDataTableRow(
24                this.bookName.Text,
25                this.author.Text,
26                int.Parse(this.price.Text));
27        }
28
29        private void RemoveButtonClicked(object sender, EventArgs e)
30        {
31
32        }
33    }
34 }
```

程序输入完成后，试着运行并预览效果。在MaskedTextBox控件中，必须以左对齐方式输入字符，因此在输入前要将光标移到左端。输入图书信息，单击“注册”按钮，信息就会添加到表格中。

因为bookDataTable和bookDataGrid有关联，所以如果在bookDataTable中添加数据，则窗体中的DataGridView中的显示内容也会自动更新。

Fig 输入的信息显示在表格中

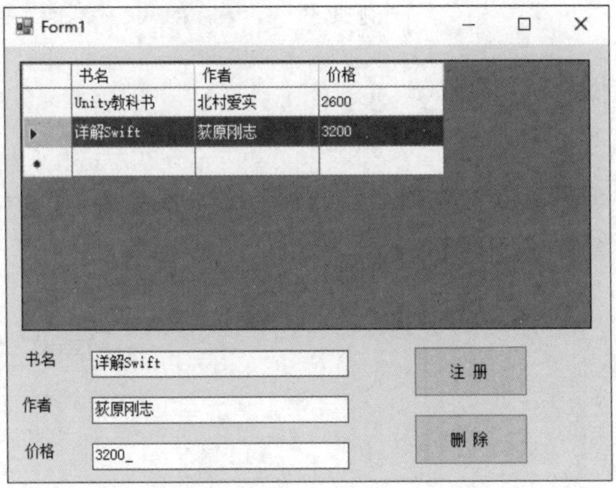

在DataTable中添加数据

在 AddButtonClicked 事件处理程序中，将输入到文本框中的图书数据添加到 bookDataTable 中。要在 DataTable 中添加数据，使用以下方法。

格式 **在DataTable中添加数据的方法**

```
[DataSetname].[DataTablename].Add[DataTablename]Row(数据)
```

这里将数据集命名成了 bookDataSet。在创建数据集时，以开头字母为大写的形式命名 BookDataSet，这是为类命名时的习惯要求。而 BookDataSet 类中的 bookDataSet 变量（自动生成的变量）的开头是小写字母。同时将数据表命名为 bookDataTable。因此，完整的调用方法名为“bookDataSet.bookDataTable.AddbookDataTableRow()”。

上述 AddbookDataTableRow() 方法的括号中为录入到 DataTable 中的一行参数信息。有多个数据项目时，以“,”分隔（这里需要指定书名、作者、价格）。

参数是按照添加到 DataTable 中的行，基于“书名”“作者”“价格”的顺序传递。同时每个参数都有 Text 属性值。其中图书的价格是 int 型，还要使用 Parse 方法将其从 string 型转换成 int 型。（MaskedTextBox 只是限制可输入的字符。虽然这次可以输入数值，但在程序内也不能作为数值来处理）。

Parse 是一种将字符串转换为数字的方法。和 TryParse 方法相似，但 Parse 方法不检查是否可以转换。这次因为 MaskedTextBox 可以输入的内容设定只能为数值，所以可以不使用 TryParse 方法，而使用 Parse 方法。

样例文件 ▸ C#程序源码\第7章\List 7-11.txt

06 执行删除数据的事件处理程序

单击“删除”按钮，可以删除 DataGridView 中的一行数据，这里通过编写 **RemoveButtonClicked 事件处理程序**来实现。请输入以下程序。

List 7-11 删除DataGridView中的数据(Form1.cs) List 7-11.txt

```
1 using System;
2 using System.Collections.Generic;
3 using System.ComponentModel;
4 using System.Data;
5 using System.Drawing;
6 using System.Linq;
```

```
7 using System.Text;
8 using System.Threading.Tasks;
9 using System.Windows.Forms;
10
11 namespace BookManager
12 {
13     public partial class Form1 : Form
14     {
15         public Form1()
16         {
17             InitializeComponent();
18         }
19
20         private void AddButtonClicked(object sender, EventArgs e)
21         {
22             // 在DataTable中添加数据
23             bookDataSet.bookDataTable.AddbookDataTableRow(
24                 this.bookName.Text,
25                 this.author.Text,
26                 int.Parse(this.price.Text));
27         }
28
29         private void RemoveButtonClicked(object sender, EventArgs e)
30         {
31             // 删除所选行的数据
32             int row = this.bookDataGrid.CurrentRow.Index;
33             this.bookDataGrid.Rows.RemoveAt(row);
34         }
35     }
36 }
```

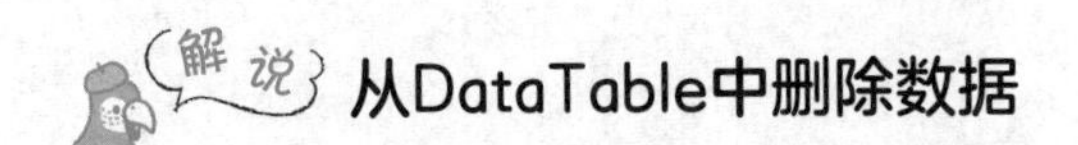

解说 从DataTable中删除数据

在 RemoveButtonClicked 事件处理程序中，删除了在 DataGridView 中选择的行的数据。在第 32 行中，通过 **CurrentRow.Index** 属性获取在 bookDataGrid 中选择的行的索引。接下来在第 33 行中，通过将获取的索引值传送到 **RemoveAt 方法**的参数中，删除所选数据。执行后，确认所选行的图书信息是否被删除。

Fig 删除选择的行的数据

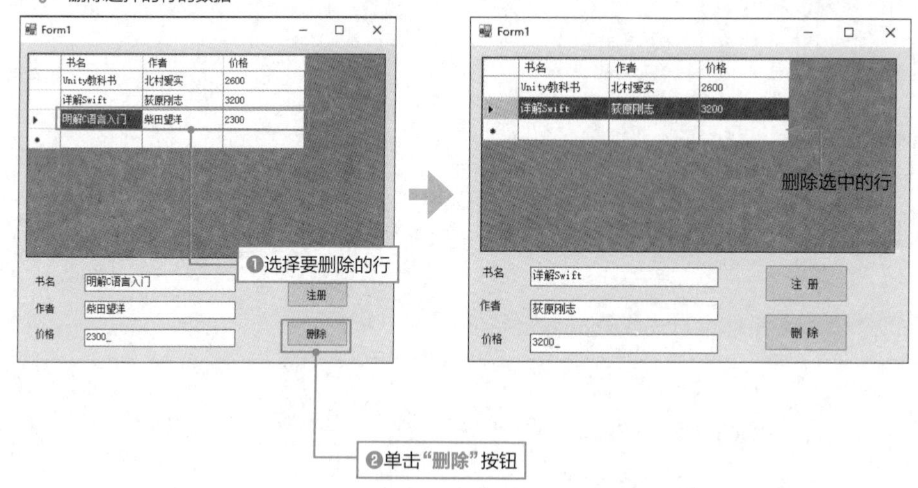

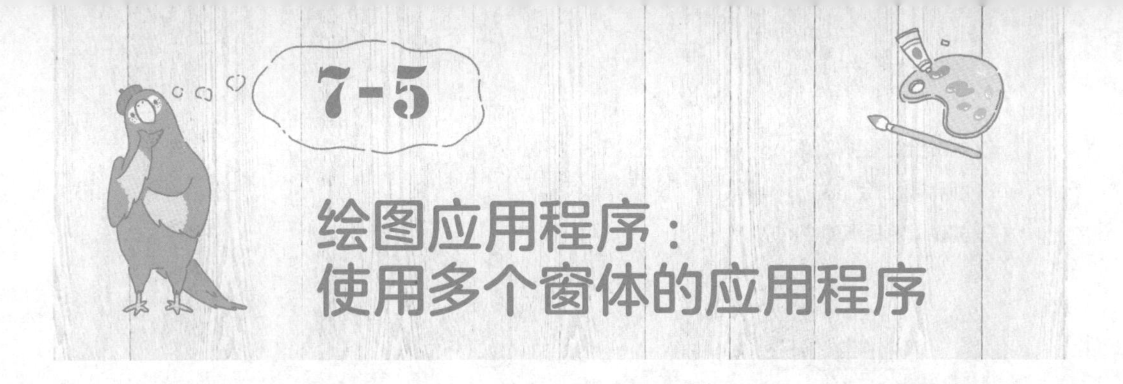

7-5 绘图应用程序：使用多个窗体的应用程序

这次创建的绘图应用窗体样例显示如下。包括两个窗体：一个是用于绘图的绘制窗体；另一个是用于选择绘图类型、颜色和线条粗细的调色板窗体。

Fig　**绘图应用程序的完成样例**

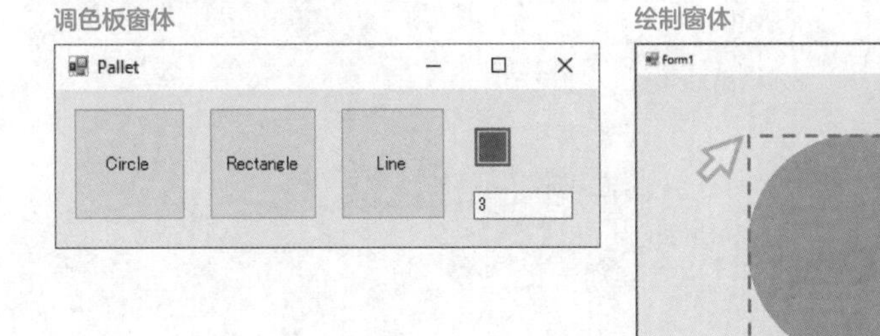

在绘制窗体中拖动鼠标，可以以任意大小绘制在调色板窗体中选定的图形。

Fig　**绘图应用程序的操作**

首先从画圆的处理开始，其他的功能后面慢慢添加。这次开发应用程序的流程如下。

❶ **创建项目。**

❷ **在窗体中绘制圆形。**

❸ **通过拖动鼠标改变圆的大小。**

❹ 尝试绘制各种形状。

❺ 创建调色板窗体。

❻ 实现调色板窗体中的功能。

样例 01 创建项目

与前面章节一样，从 Visual Studio 的启动界面中选择 **“创建新项目”** 进行创建（如果已经打开 Visual Studio，可以从菜单栏中选择 **“文件”** → **“新建”** → **“项目”** 命令）。

Fig 创建项目①

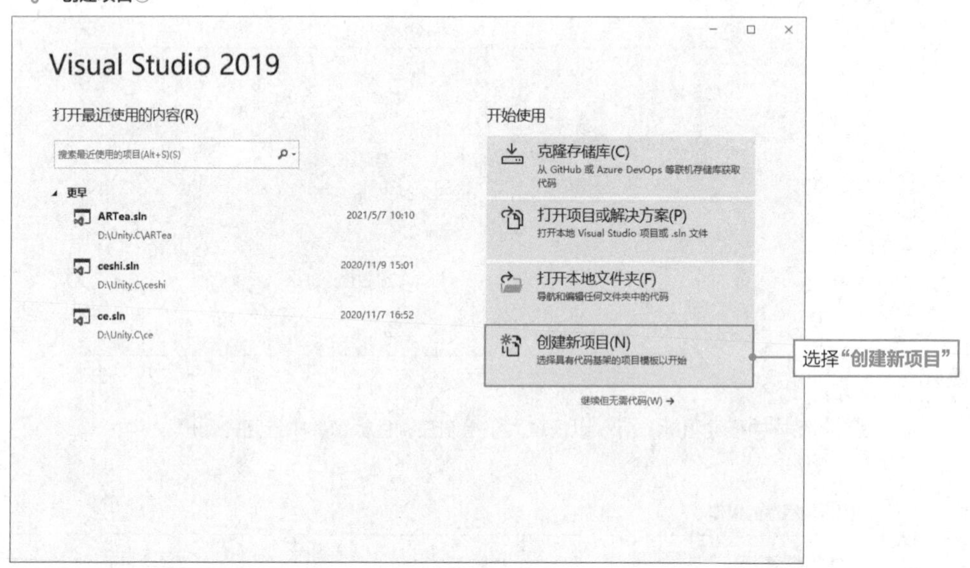

在“创建新项目”界面的右侧选择 **“Windows 窗体应用（.NET Framework）”**，然后单击 **“下一步”** 按钮。

Fig 创建项目②

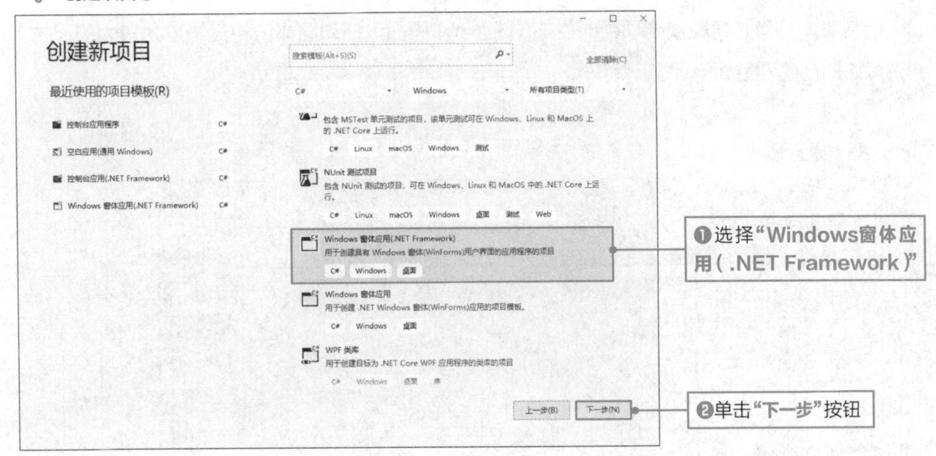

这里把项目命名为 DrawApp。指定项目的保存位置（任意），然后单击“创建”按钮。

Fig 设置项目名称和保存位置

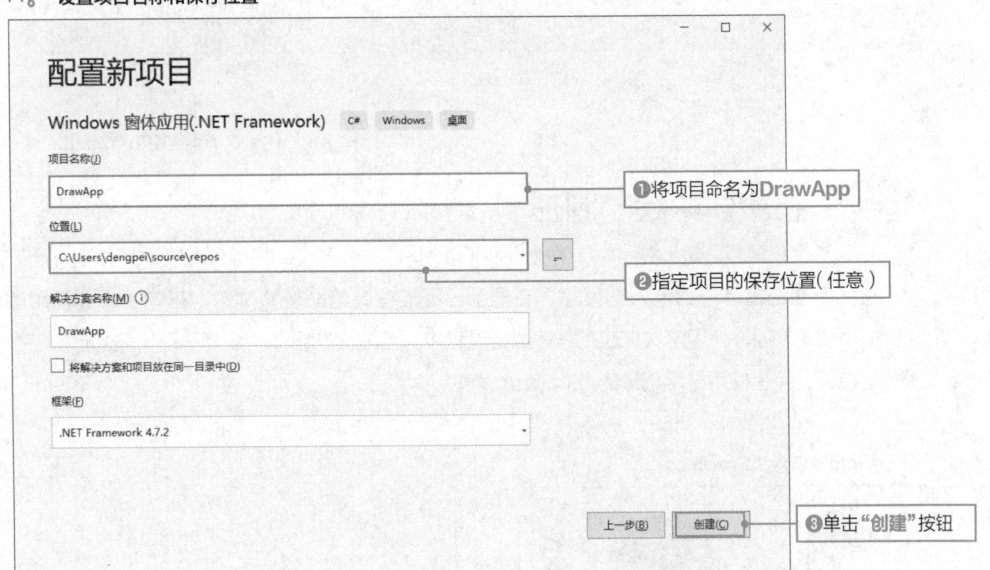

这次创建**绘制窗体**和**调色板窗体**两个窗体。首先要确认是否可以绘图，所以从绘制窗体开始。

绘制窗体将首先编辑创建项目时生成的 Form1 画面。拖动窗体，将其修改为较大的尺寸。后面会讲解如何创建调色板窗体。

Fig 改变窗体的大小

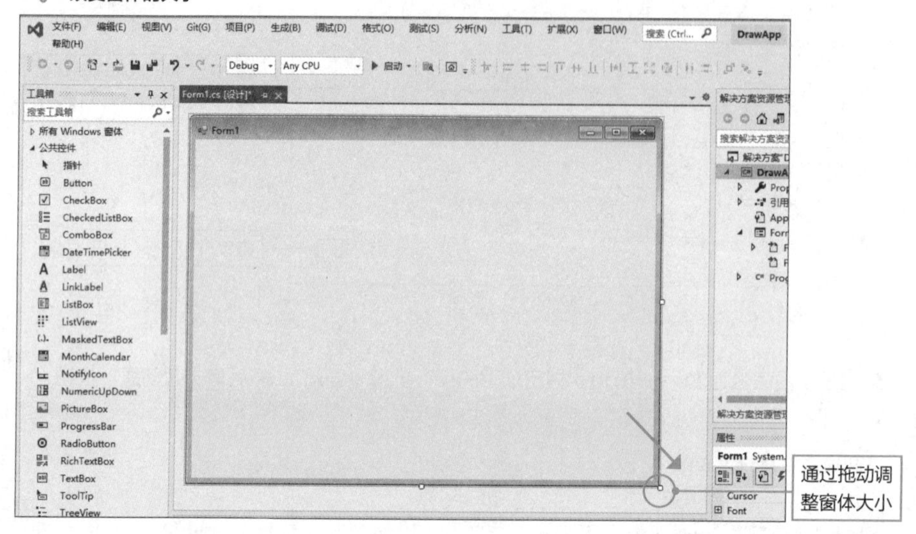

样例文件▸C#程序源码\第7章\List 7-12.txt

样例 02 在窗体中绘制圆形

首先创建在窗体中绘制圆的程序。在显示已经准备好的图像文件时，基本上都会使用图片框（PictureBox）控件，但这次在应用程序执行过程中，用户会在窗体中绘制图形。因此这次不是使用图片框控件，而是使用显示图形的 **Graphics 类**。

Fig PictureBox和Graphics

PictureBox
显示图像

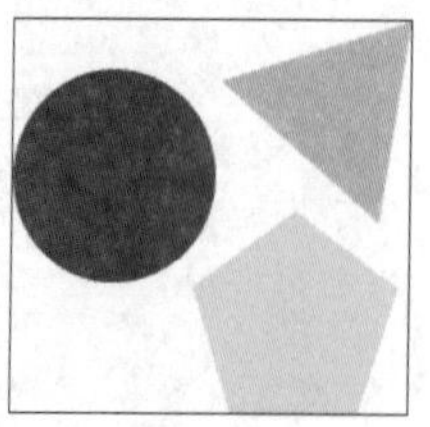

Graphics
在窗体中绘制图形

使用 Graphics 类绘图，与以前添加控件的方法不同，是将事件处理程序添加到 Form 的 **Paint** 事件中，并在其中写入绘图处理程序。

Fig 在Paint事件处理程序中写入绘图处理程序

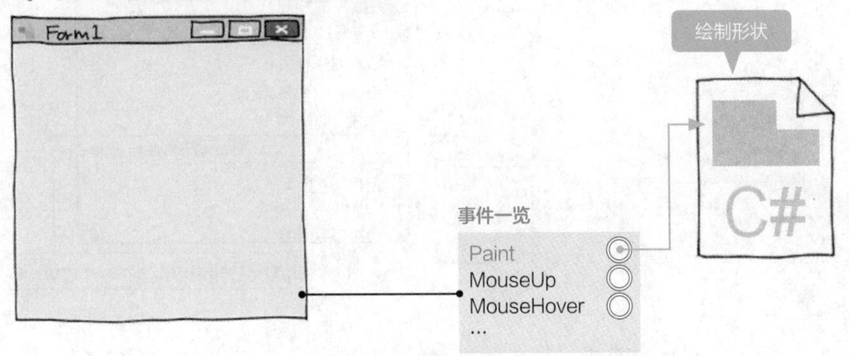

Paint 事件在“需要重新绘制时”调用。“需要重新绘制时”是指“最初启动应用程序时”“窗体移到最前面时”“从程序中调用 Invalidate 方法（见 List 7-13）时”等。

Fig 重新绘制的时间点

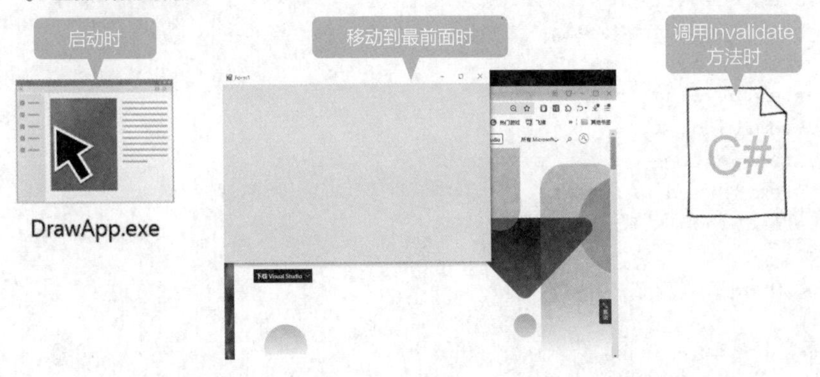

在 Form1 的 Paint 事件中添加事件处理程序。选择 **Form1** 后，选择属性窗口中的 **“事件”** 选项卡，在 **Paint** 中输入 **DrawFigures**，然后按 Enter 键。

Fig 添加Paint事件处理程序

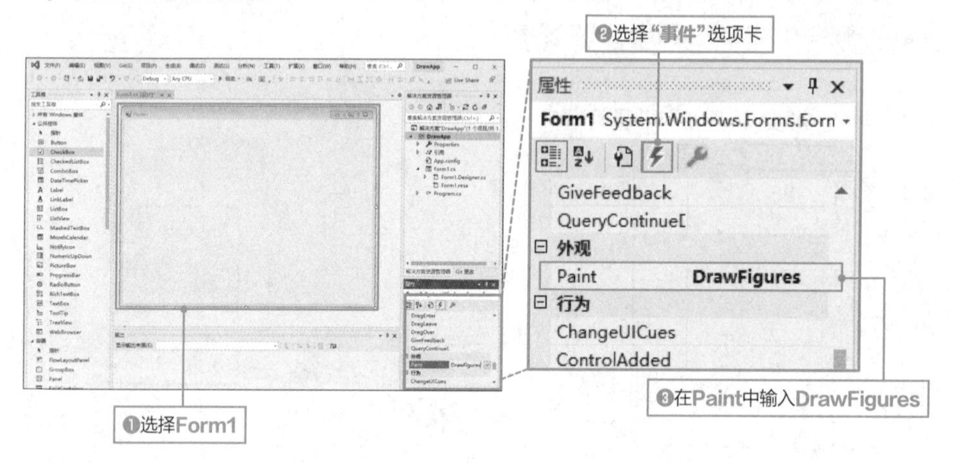

在 DrawFigures 事件处理程序中写入绘制圆的程序。打开 **Form1.cs**，输入以下程序。

List 7-12 绘制图形(Form1.cs) List 7-12.txt

```
 1 using System;
 2 using System.Collections.Generic;
 3 using System.ComponentModel;
 4 using System.Data;
 5 using System.Drawing;
 6 using System.Linq;
 7 using System.Text;
 8 using System.Threading.Tasks;
 9 using System.Windows.Forms;
10
11 namespace DrawApp
12 {
13     public partial class Form1 : Form
14     {
15         public Form1()
16         {
17             InitializeComponent();
18         }
19
20         private void DrawFigures(object sender, PaintEventArgs e)
21         {
22             // 绘制圆形
23             SolidBrush brush = new SolidBrush(Color.Purple);
24             e.Graphics.FillEllipse(brush, 0, 0, 200, 200);
```

```
25            }
26        }
27 }
```

运行应用程序时，将在窗体左上角绘制一个圆。

Fig 运行应用程序

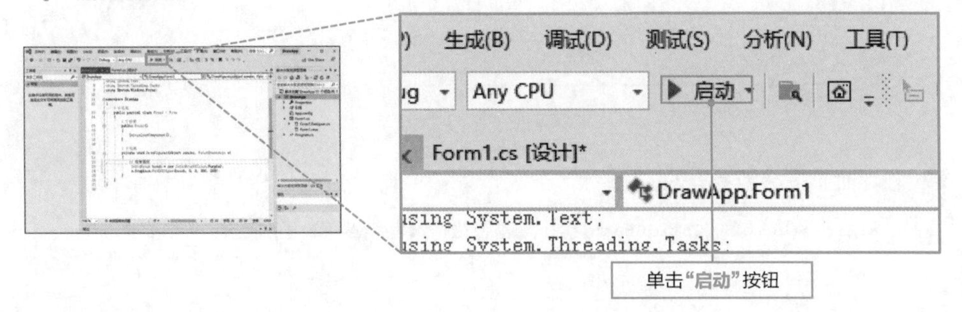

Fig 绘制圆形

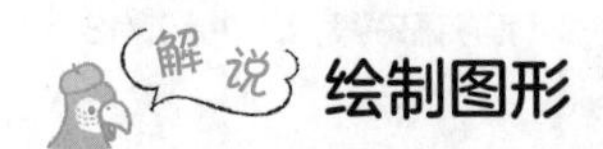

解说 绘制图形

在 DrawFigures 事件处理程序中，编写程序将填充为紫色的圆形绘制在窗体中。

要绘制有填充色的图形，必须创建一个用于填充的笔刷。这种笔刷可以用 **SolidBrush** 创建，在生成实例时，为构造函数的参数指定笔刷的颜色。这里设定 Color.Purple 参数来创建紫色的笔刷（第 23 行）。

如果要绘制圆，可以使用事件处理程序的 PaintEventArgs 类的 **Graphics 属性**。可以通过访问 Graphics 属性的方法在窗体中绘制图形。这里，使用 **FillEllipse 方法**绘制圆，FillEllipse 方法中的第 1 个参数为填充图形的笔刷实例对象，第 2 个参数和第 3 个参数分别为起始 x 坐标 (0,0) 和 y 坐标 (0,0)，第 4 个参数和第 5 个参数指定宽度和高度均为 200 像素。

Fig 使用FillEllipse方法

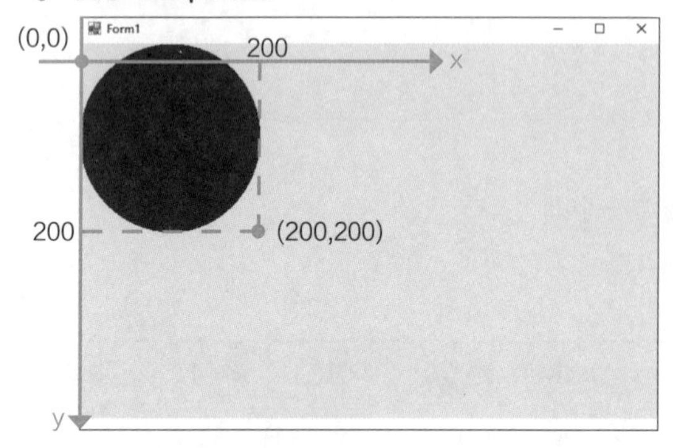

格式 FillEllipse方法(Graphics类)

```
FillEllipse(填充笔刷(SolidBrush类型), 起点x坐标, 起点y坐标, 图形宽度, 图形高度)
```

如何画出漂亮的圆形

运行程序,画出一个圆形,会发现圆的周围呈现锯齿状。为了让这个圆看起来更漂亮,使用了**抗锯齿**(AntiAlias)功能。在Graphics类的**SmoothingMode**属性中指定**SmoothingMode.AntiAlias**。这在属性窗口中无法设置,请从程序中设置。在using语句组的最下面追加了"using System.Drawing.Drawing2D;",并在DrawFigures方法的最开始处添加了"e.Graphics.SmoothingMode = SmoothingMode.AntiAlias;"。需要去掉锯齿时可以尝试一下。

样例文件▸C#程序源码\第7章\List 7-13.txt

样例03 通过拖动鼠标改变圆的大小

已经确认可以绘制圆以后，接下来拖动鼠标在合适的位置绘制任意大小的圆。从第一个单击的点开始，到拖动结束的点之间绘制一个圆。操作图像如下图所示，拖动时圆的大小会发生变化。

Fig 绘制任意大小的圆

在程序中创建此功能时，需要检测“鼠标单击”和“正在拖动”事件。鼠标相关的主要事件信息如下表所列。

Table 鼠标相关的主要事件

事　件	动　作
MouseDown	检测到鼠标按钮已被按下
MouseMove	检测到鼠标移动
MouseUp	检测到鼠标按钮松开

因为 Form 接收鼠标事件，所以在 Form 的事件中添加一个事件处理程序。

选择 **Form1**，在属性窗口的 **MouseDown** 中输入 **MousePressed**，在 **MouseMove** 中输入 **MouseDragged**。

Fig 添加鼠标事件处理程序

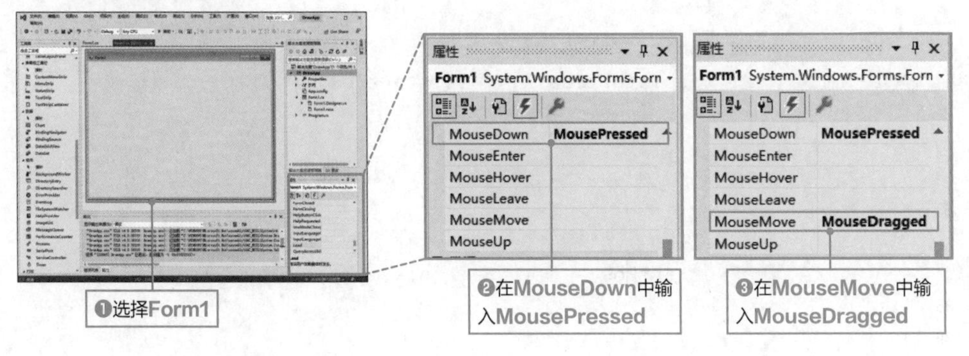

在 Form1.cs 中追加以下事件处理程序。

List 7-13 基于拖动范围绘制圆形(Form1.cs) List 7-13.txt

```
1 using System;
2 using System.Collections.Generic;
3 using System.ComponentModel;
4 using System.Data;
5 using System.Drawing;
6 using System.Linq;
7 using System.Text;
8 using System.Threading.Tasks;
9 using System.Windows.Forms;
10
11 namespace DrawApp
12 {
13     public partial class Form1 : Form
14     {
15         Point startPos, endPos;
16
17         public Form1()
18         {
19             InitializeComponent();
20         }
21
22         private void DrawFigures(object sender, PaintEventArgs e)
23         {
24             // 绘制圆形
25             SolidBrush brush = new SolidBrush(Color.Purple);
26
27             int width = this.endPos.X - this.startPos.X;
28             int height = this.endPos.Y - this.startPos.Y;
29
30             e.Graphics.FillEllipse(brush,
31                 this.startPos.X, this.startPos.Y, width, height);
32         }
33
34         private void MousePressed(object sender, MouseEventArgs e)
35         {
36             // 将圆形的起始坐标保存在startPos中
37             this.startPos = new Point(e.X,e.Y);
38         }
39
40         private void MouseDragged(object sender, MouseEventArgs e)
41         {
42             if (e.Button == MouseButtons.Left)  // 拖动时
43             {
44                 // 更新终点坐标
```

```
45                  this.endPos = new Point(e.X, e.Y);
46                  Invalidate();
47              }
48          }
49      }
50  }
```

解说 通过拖动鼠标绘制圆形

在成员变量中声明 **Point 类型的 startPos 变量**和 **endPos 变量**（第 15 行），以保存绘制圆形时所需的起点坐标和终点坐标。Point 是用于保存二维坐标的类型，具有 int 型的 X 和 Y 变量。

绘制圆形的流程如下图所示。单击鼠标时将**起点坐标**代入 **startPos 变量**（左图）。拖动时持续将终点坐标赋给 endPos 变量，在 startPos 变量到 endPos 变量的范围内绘制圆形（中图和右图）。

Fig　**通过拖动绘制圆形**

在 MousePressed 事件处理程序中，将鼠标按下时的坐标赋给 startPos 变量。此外，在 MouseDragged 事件处理程序中，每次拖动鼠标时，都会将拖动时的坐标赋给 endPos 变量。

在将值存入 endPos 变量后立即执行 **Invalidate 方法**，会产生 Paint 事件，并执行 DrawFigures 事件处理程序。

在 DrawFigures 事件处理程序中，与 List 7-12 一样，使用 **FillEllipse 方法**绘制圆形（第 30 行和第 31 行）。绘制圆形的区域指定了 startPos 到 endPos 的范围，如下图所示。

Fig FillEllipse方法中的变量

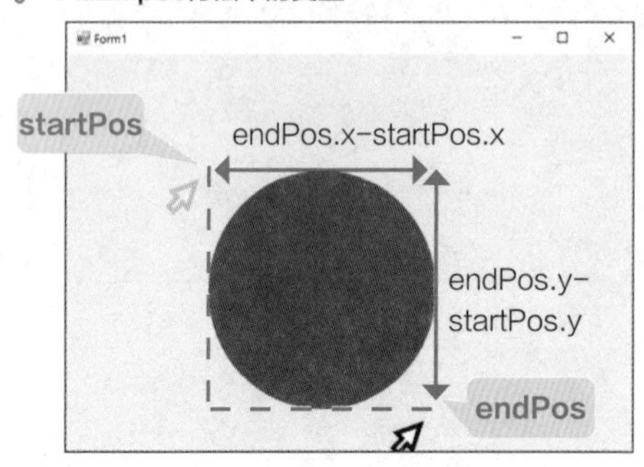

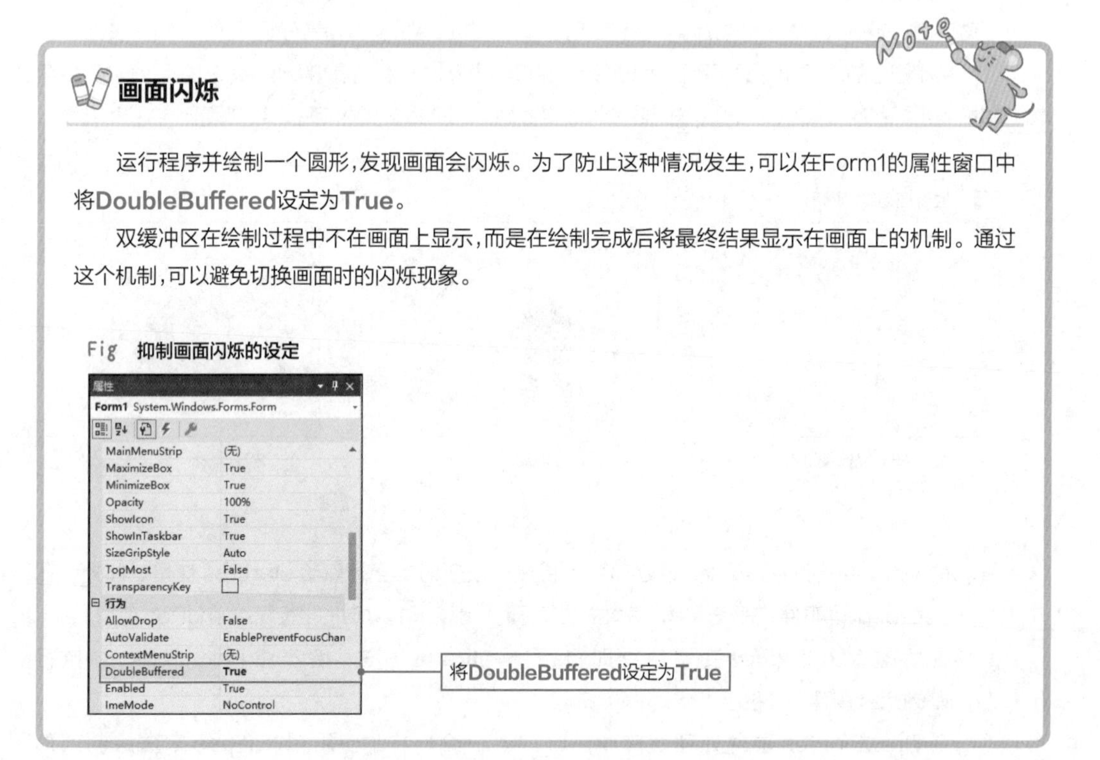

画面闪烁

运行程序并绘制一个圆形，发现画面会闪烁。为了防止这种情况发生，可以在Form1的属性窗口中将**DoubleBuffered**设定为**True**。

双缓冲区在绘制过程中不在画面上显示，而是在绘制完成后将最终结果显示在画面上的机制。通过这个机制，可以避免切换画面时的闪烁现象。

Fig 抑制画面闪烁的设定

样例文件 ▸ C#程序源码\第7章\List 7-14.txt

样例 04 尝试绘制各种形状

通过前面的设定可以拖动鼠标画出圆形，下面通过设定画出矩形或直线等其他图形。输入以下程序。

List 7-14 绘制各种图形(Form1.cs) List 7-14.txt

```
1 using System;
2 using System.Collections.Generic;
3 using System.ComponentModel;
4 using System.Data;
5 using System.Drawing;
6 using System.Linq;
7 using System.Text;
8 using System.Threading.Tasks;
9 using System.Windows.Forms;
10
11 namespace DrawApp
12 {
13     public partial class Form1 : Form
14     {
15         Point startPos, endPos;
16
17         public Form1()
18         {
19             InitializeComponent();
20         }
21
22         private void DrawFigures(object sender, PaintEventArgs e)
23         {
24             int type = 2;                  // 图形形状
25             Color color = Color.Purple; // 图形颜色
26             int penSize = 3;               // 线宽
27
28             if (type == 1)  // 绘制圆形
29             {
30                 SolidBrush brush = new SolidBrush(color);
31
32                 int width = this.endPos.X - this.startPos.X;
33                 int height = this.endPos.Y - this.startPos.Y;
34                 e.Graphics.FillEllipse(brush, this.startPos.X,
35                                        this.startPos.Y, width, height);
36             }
37             else if (type == 2)  // 绘制矩形
38             {
39                 SolidBrush brush = new SolidBrush(color);
40
41                 int width = this.endPos.X - this.startPos.X;
42                 int height = this.endPos.Y - this.startPos.Y;
43                 e.Graphics.FillRectangle(brush, this.startPos.X,
44                                          this.startPos.Y, width, height);
```

```
45              }
46              else if (type == 3)  // 绘制直线
47              {
48                  Pen p = new Pen(color, penSize);
49                  e.Graphics.DrawLine(p, this.startPos.X, this.startPos.Y,
50                                          this.endPos.X, this.endPos.Y);
51              }
52          }
53
54          private void MousePressed(object sender, MouseEventArgs e)
55          {
56              // 将圆形的起始坐标保存在startPos中
57              this.startPos = new Point(e.X, e.Y);
58          }
59
60          private void MouseDragged(object sender, MouseEventArgs e)
61          {
62              if (e.Button == MouseButtons.Left)  // 拖动时
63              {
64                  // 更新终点坐标
65                  this.endPos = new Point(e.X, e.Y);
66                  Invalidate();
67              }
68          }
69      }
70  }
```

运行此程序，将会绘制一个从左上角向右下角拖动的区域范围内的矩形。

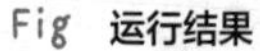
Fig 运行结果

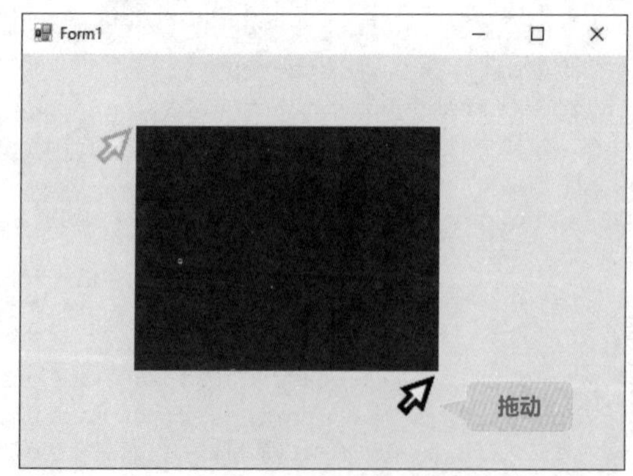

解说 绘制圆形、矩形和直线

通过修改程序，不仅可以绘制圆，还可以绘制矩形和直线。第 24 行创建了用于指定绘制图形的种类。根据 type 变量对绘制的图形进行分类（第 28 ~ 51 行）。

type 变量的值与要绘制的图形之间的关系如下。该程序将 2 代入 type 变量，可以绘制矩形。

Table　type变量的值和图形的关系

type的值	图形
1	圆形
2	矩形
3	直线

使用 **FillRectangle 方法**（第 43 行和第 44 行）绘制矩形。FillRectangle 方法的参数如下。

格式　**FillRectangle方法(Graphics类)**

```
FillRectangle(上色的笔刷(SolidBrush型), 左上角x坐标, 左上角y坐标, 绘制宽度, 绘制高度)
```

第 48 ~ 50 行是绘制直线的程序。如果要绘制可以进行填充的图形，则需要笔刷；如果要绘制直线，则需要**画笔**。画笔可以用 Pen 类型制作，在构造函数的第 1 个参数中指定颜色，在第 2 个参数中指定画笔的粗细（第 48 行）。

Fig　**画笔和笔刷**

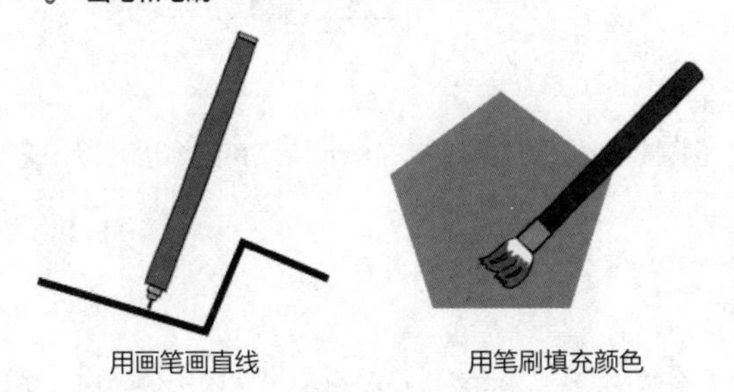

使用 **DrawLine 方法**绘制直线。将 Pen 类型的值赋给 DrawLine 方法的第 1 个参数，将起点坐标和终点坐标传递给第 2 个至第 4 个参数（第 49 行和第 50 行）。

格式 DrawLine方法(Graphics类)

```
DrawLine (画笔的种(Pen类型), 起点x坐标, 起点y坐标, 终点x坐标, 终点y坐标)
```

请重置第 24 行的 type 变量值，确认是否可以绘制圆和直线。

样例文件 ▶ C#程序源码\第7章\List 7-15.txt

样例 05 创建调色板窗体

创建**调色板窗体**可以让用户修改图形、颜色和线条粗细。调色板与绘制窗体在不同的窗体中显示，并配置用于选择圆形、矩形和直线的按钮，用于修改颜色的按钮，以及用于指定线宽的文本框。单击指定颜色的按钮时，将显示如下图右侧所示的“颜色”对话框，并在按钮上显示选定的颜色。

Fig 调色板窗体

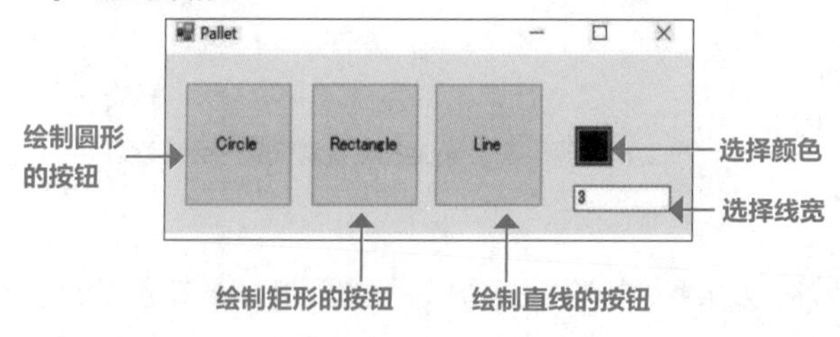

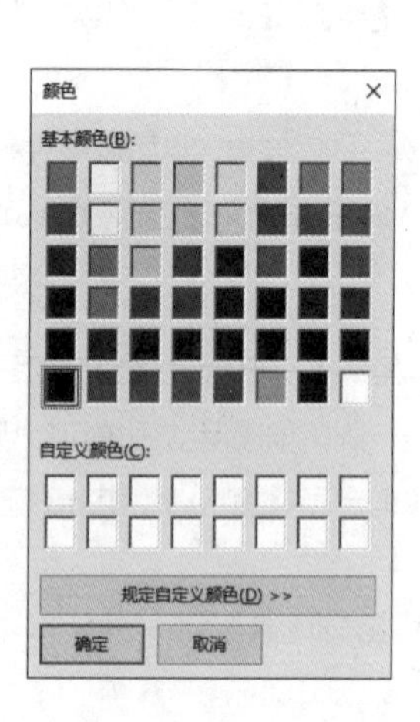

在项目中添加新的 **Windows 窗体**以创建调色板窗体。追加的 Windows 窗体也可以和之前使用的 Form1 进行同样的编辑。

♦ 添加窗体

添加 Windows 窗体。右击“解决方案资源管理器”中的 **DrawApp**，在弹出的快捷菜单中选择“**添加**”→“**新建项**”命令。

Fig 添加窗体①

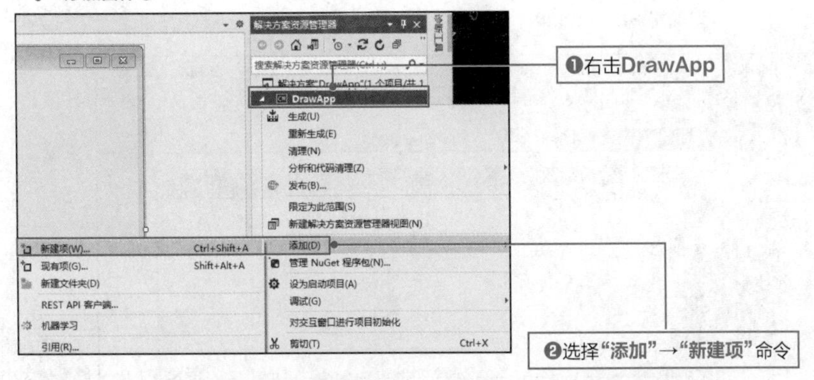

显示“添加新项”界面后，在左侧项目中选择 **“Visual C# 项” → Windows Forms**。选择**窗体（Windows 窗体）**后，在 **“名称”** 栏中输入 **Pallet.cs**，然后单击 **“添加”** 按钮。

Fig 添加窗体②

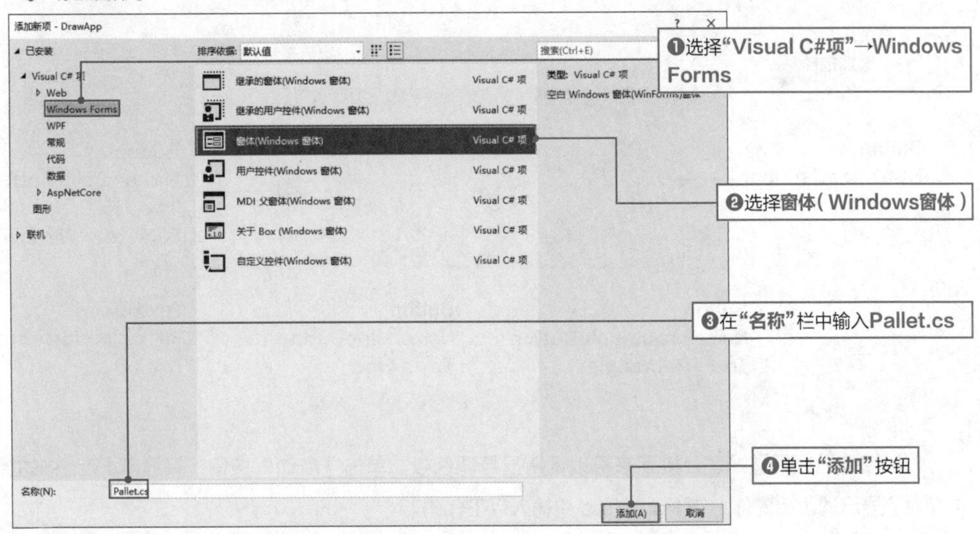

返回到 Windows 窗体设计器，将会自动添加新的 **Pallet.cs[设计]** 选项卡，并显示 **Pallet 窗体**。拖动窗体边缘，使其变为横向。

Fig　调整窗体的大小

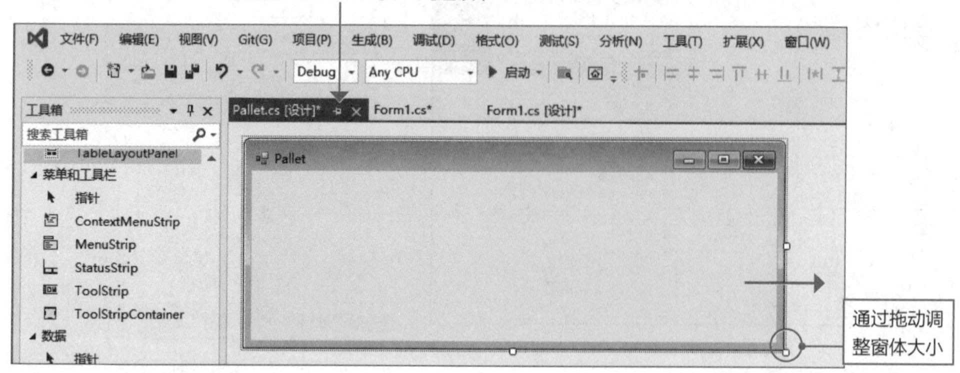

♦ 在窗体中添加控件

接下来，将控件放置在窗体中。从工具箱的公共控件区中向 Pallet 窗体中拖放 4 个 **Button** 和 1 个 **TextBox**，然后按下图所示进行配置（如果控件之间无法分开，请调整窗体的大小）。此外，关于控件属性，参考下图进行设置。

Fig　添加控件

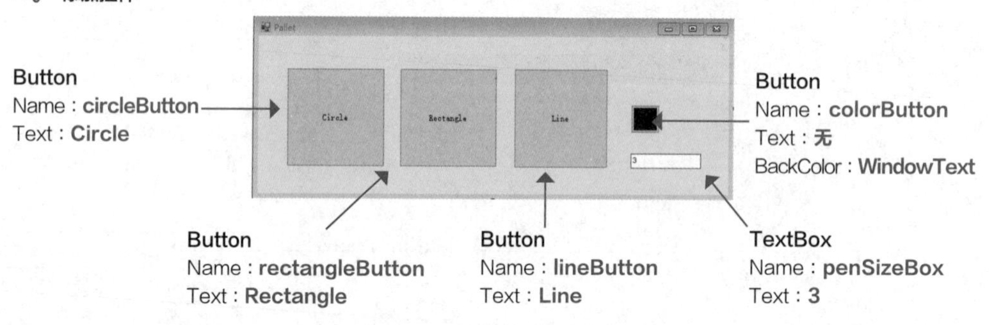

控件已经配置好了，接下来可以试着显示调色板。单击“启动”按钮，只显示 Form1 的窗体。为了显示调色板窗体，在 Form1.cs 中输入以下代码。

List 7-15　显示新窗体（Form1.cs）　　List 7-15.txt

```
13 public partial class Form1 : Form
14 {
15     Point startPos, endPos;
16     Pallet pallet;
17
18     public Form1()
```

```
19        {
20            InitializeComponent();
21            this.pallet = new Pallet();
22            pallet.Show();
23        }
:   ...省略...
73  }
```

运行后，将显示绘制窗体 Form1 和调色板窗体 Pallet。

Fig 显示绘制窗体和调色板窗体

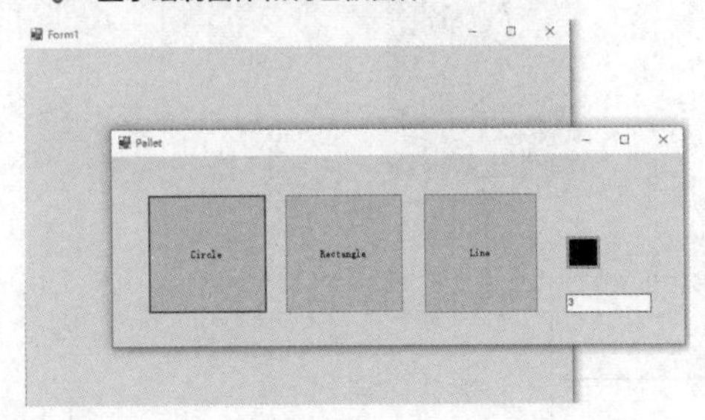

解说 显示调色板窗体

如果创建了调色板窗体而无法显示，原因是没有创建 Pallet 窗体的实例。因为 Form1 类的实例是在 Program.cs 中创建的，所以程序员不需要生成，但 Pallet 类的实例需要程序员生成。为了显示调色板窗体，需要在 Form1 类的构造函数中创建 Pallet 类的实例。

第 16 行声明了 Pallet 类的 pallet 变量，用 Form1 类的构造函数创建 Pallet 类的实例后显示调色板窗体（第 21 行和第 22 行）。

Fig 生成Pallet类的实例

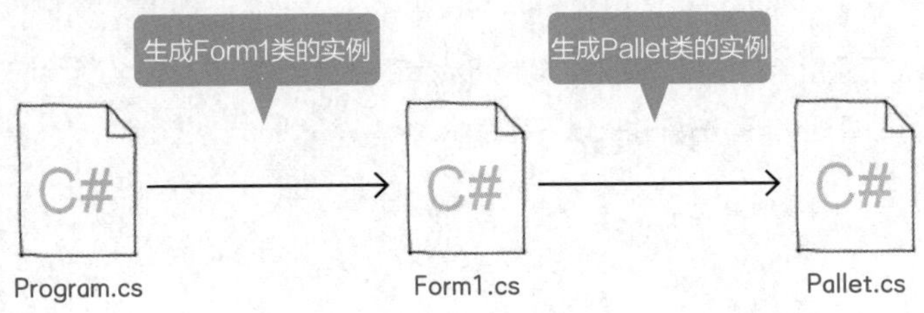

样例文件▶ C#程序源码\第7章\List 7-16.txt和List 7-17.txt

样例 06 实现调色板窗体中的功能

根据在调色板窗体中选择的颜色信息修改要绘制的图形。保留在 Pallet 类中选择的图形、颜色、线宽等信息，以便在绘制窗体中绘制图形时，可以引用这些信息。

Fig 绘制的流程

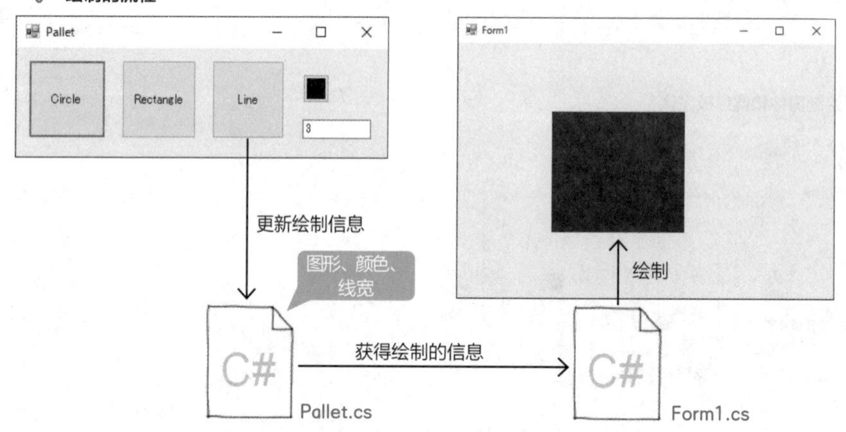

为每个按钮添加一个事件处理程序，以便将需要绘制的图形的信息保存到成员变量中。选择 **Pallet.cs[设计]** 选项卡，参考下图在属性窗口中添加事件处理程序。

Fig 添加事件处理程序

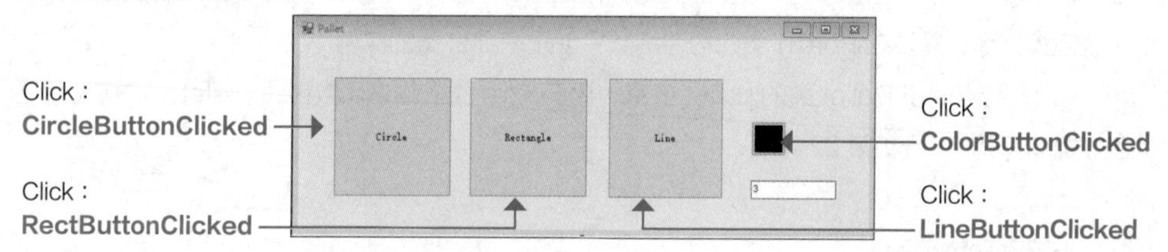

Pallet.cs 中添加了保留用户选择的图形、颜色、线宽的处理代码，**Form1.cs** 中添加了根据 Pallet 类信息绘制图形的处理代码。分别输入以下程序。

List 7-16 设定图形颜色和形状的代码(Pallet.cs)　　List 7-16.txt

```
1 using System;
2 using System.Collections.Generic;
3 using System.ComponentModel;
4 using System.Data;
5 using System.Drawing;
6 using System.Linq;
7 using System.Text;
8 using System.Threading.Tasks;
9 using System.Windows.Forms;
10
11 namespace DrawApp
12 {
13     public partial class Pallet : Form
14     {
15         int figureType;  // 图形形状
16
17         // 获取图形形状
18         public int GetFigureType()
19         {
20             return figureType;
21         }
22
23         // 获取线宽
24         public int GetPenSize()
25         {
26             int size;
27             if (int.TryParse(this.penSizeBox.Text, out size))
28             {
29                 return size;
30             }
31             else
32             {
33                 return 1;
34             }
35         }
36
37         // 获取图形颜色
38         public Color GetColor()
39         {
40             return colorButton.BackColor;
41         }
42
43         public Pallet()
44         {
```

```
45            InitializeComponent();
46            this.figureType = 1;
47        }
48
49        private void CircleButtonClicked(object sender, EventArgs e)
50        {
51            this.figureType = 1;
52        }
53
54        private void RectButtonClicked(object sender, EventArgs e)
55        {
56            this.figureType = 2;
57        }
58
59        private void LineButtonClicked(object sender, EventArgs e)
60        {
61            this.figureType = 3;
62        }
63
64        private void ColorButtonClicked(object sender, EventArgs e)
65        {
66            // 显示"颜色"对话框
67            ColorDialog colorDialog = new ColorDialog();
68
69            if (colorDialog.ShowDialog() == DialogResult.OK)
70            {
71                // 设定选择颜色的按钮
72                colorButton.BackColor = colorDialog.Color;
73            }
74        }
75    }
76 }
```

List 7-17 修改为使用Pallet类绘制图形（Form1.cs） List 7-17.txt

```
25 private void DrawFigures(object sender, PaintEventArgs e)
26 {
27     // 引用调色板信息
28     int type = this.pallet.GetFigureType();
29     Color color = this.pallet.GetColor();
30     int penSize = this.pallet.GetPenSize();
31
32     if (type == 1)  // 绘制圆形
33     {
34         SolidBrush brush = new SolidBrush(color);
```

```
35
36          int width = this.endPos.X - this.startPos.X;
37          int height = this.endPos.Y - this.startPos.Y;
38          e.Graphics.FillEllipse(brush, this.startPos.X,
39                              this.startPos.Y, width, height);
40      }
41      else if (type == 2)  // 绘制矩形
42      {
43          SolidBrush brush = new SolidBrush(color);
44
45          int width = this.endPos.X - this.startPos.X;
46          int height = this.endPos.Y - this.startPos.Y;
47          e.Graphics.FillRectangle(brush, startPos.X, startPos.Y,
48                                width, height);
49      }
50      else if (type == 3)  // 绘制直线
51      {
52          Pen p = new Pen(color, penSize);
53          e.Graphics.DrawLine(p, this.startPos.X, this.startPos.Y,
54                         this.endPos.X, this.endPos.Y);
55      }
56 }
```

运行后，可以在绘制窗体中绘制调色板窗体中选择的图形。改变颜色、图形的种类和线的粗细后，检查是否能够正常绘制。

Fig 绘制选定的图形

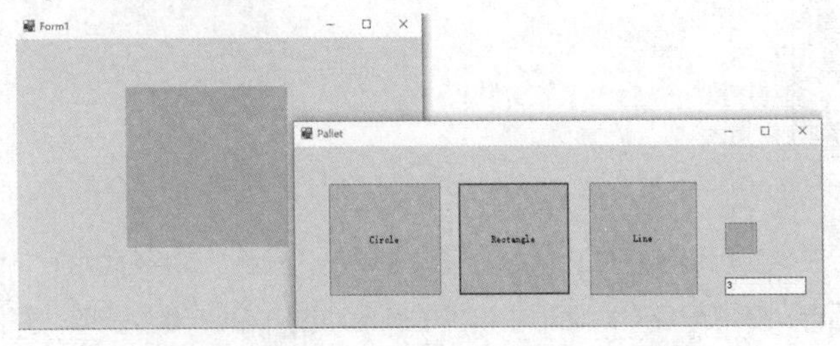

解说 调色板窗体中的内容

下面看一下 Pallet.cs 中的程序。要绘制的图形形状由 List 7-16 的第 15 行中声明的 figureType 变量决定。在构造函数中，将 figureType 变量设定为 1。在三个图形按钮各自的单击事件处理程序中，分别将 figureType 变量设定为 1、2、3。

如果单击选择颜色的按钮，则显示**“颜色”**对话框，如下图所示。

要显示“颜色”对话框，需要使用 **ColorDialog 类**。当单击选择颜色的按钮时，在 ColorButtonClicked 事件处理程序中创建了 ColorDialog 实例，并通过 **ShowDialog 方法**显示“颜色”对话框（第 67 ~ 73 行）。

Fig **“颜色”对话框**

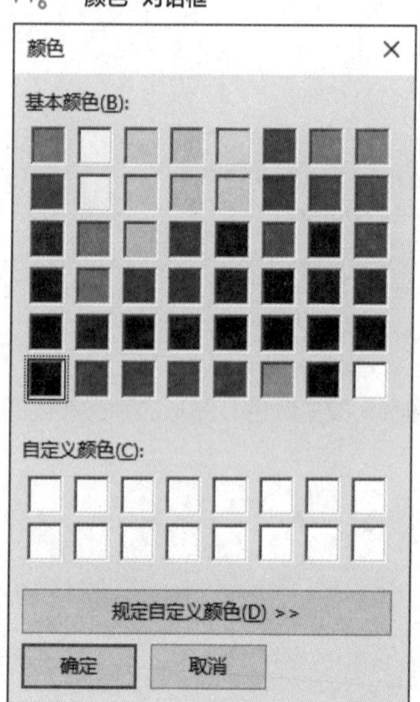

当“颜色”对话框正在运行时，应用程序将停止运行。只有在单击“颜色”对话框中的“确定”按钮后，应用程序才重新开始运行。在“颜色”对话框中选择的颜色通过 **Color 属性**获取，并传给按钮（colorButton 变量）的 **BackColor 属性**（第 72 行）。这样按钮的颜色就会变成用户选择的颜色。

同时为了让 Form1 类能够获得 Pallet 类的图形形状、颜色、线宽，编写了 **GetFigureType 方法**、**GetPenSize 方法**、**GetColor 方法**（第 18 ~ 41 行）。在 GetColor 方法中返回 colorButton 变量中的颜色值。在 GetPenSize 方法中，将 penSizeBox 变量中输入的值转换为 int 型值并返回。在 penSizeBox 变量中未设置正确值时，线条的宽度始终为 1。

Fig 获取调色板信息

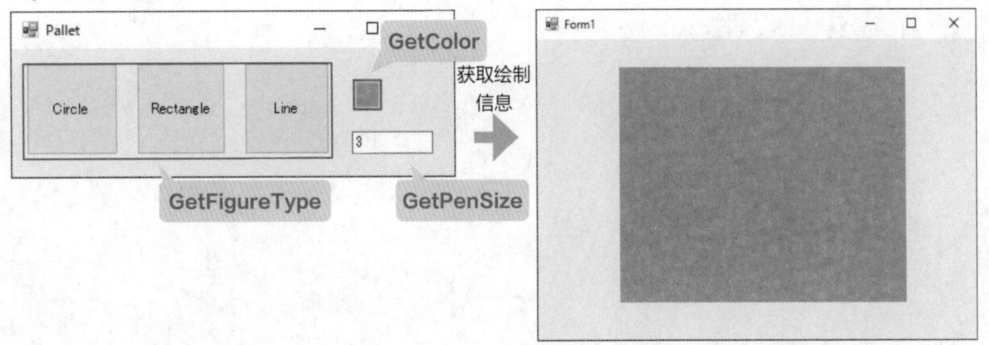

在 Form1 类中，使用 Pallet 类创建的方法获取“形状”“颜色”“线宽”，并使用这些信息在窗体中绘制图形。